马世拓◎著

MATLAB 数学建模

北京大学出版社
PEKING UNIVERSITY PRESS

内容提要

本书结合案例，系统介绍了使用 MATLAB 进行数学建模的相关知识和方法论。

本书分为 11 章，主要包括走进数学建模的世界、函数极值与规划模型、微分方程与差分模型、数据处理的基本策略、权重生成与评价模型、复杂网络与图论模型、时间序列与投资模型、机器学习与统计模型、进化计算与群体智能、其他数学建模知识、数学建模竞赛中的一些基本能力。

本书内容通俗易懂，适合刚刚接触数学建模的大中专院校学生和其他数学建模爱好者阅读，也适合作为相关组织和培训机构的教材和参考用书。

图书在版编目(CIP)数据

MATLAB数学建模从入门到精通 / 马世拓著. -- 北京 ：北京大学出版社，2024. 10. -- ISBN 978-7-301-35454-4

Ⅰ. O141.4

中国国家版本馆CIP数据核字第2024LE5929号

书　　名　MATLAB 数学建模从入门到精通
MATLAB SHUXUE JIANMO CONG RUMEN DAO JINGTONG

著作责任者　马世拓　著

责 任 编 辑　王继伟　蒲玉茜

标 准 书 号　ISBN 978-7-301-35454-4

出 版 发 行　北京大学出版社

地　　址　北京市海淀区成府路 205 号　100871

网　　址　http://www.pup.cn　新浪微博：@ 北京大学出版社

电 子 邮 箱　编辑部 pup7@pup.cn　总编室 zpup@pup.cn

电　　话　邮购部 010-62752015　发行部 010-62750672　编辑部 010-62570390

印 刷 者　北京鑫海金澳胶印有限公司

经 销 者　新华书店

787 毫米 ×1092 毫米　16 开本　18 印张　408 千字

2024 年 10 月第 1 版　2024 年 10 月第 1 次印刷

印　　数　1-4000 册

定　　价　79.00 元

前　　言

每到九月末进行校园社团招新的时候，笔者就会被问：

“什么是数学建模呀？”

何为数学建模，其实是一个见仁见智的问题。就像问“人生的意义是什么？”一样，得到的答案也同样五花八门。

在笔者看来，数学建模的本质就是利用凸优化、微分方程、统计学、机器学习等多种数学知识来解决科研、社会、经济等领域需要进行量化分析的问题，并通过模型求解对问题做出解答和提供决策支持。

本书特色

- **源于实际：**本书全面归纳和整理笔者多年的数学建模教学实践经验，体现了来源于实际服务于实际的原则。
- **由浅入深：**从基础知识开始逐步介绍数学建模的相关知识，学习门槛很低。
- **语言通俗易懂：**本书力争让晦涩的知识变得通俗易懂。
- **内容实用：**结合大量实例进行讲解，能够有效指导数学建模新手入门。

本书内容

本书分为 11 章。

第 1 章是对数学建模的总体介绍。

第 2 章到第 10 章是具体的理论与实战部分，包括函数极值与规划模型、微分方程与差分模型、数据处理的基本方法、权重生成与评价模型、复杂网络与图论模型、时间序列与投资模型、机器学习与统计模型、进化计算与群体智能、其他数学建模知识。

第 11 章介绍数学建模竞赛中的一些基本能力。

此外，在附录中收录了 2022 年国赛的部分试题。

本书读者对象

- 刚刚接触数学建模的学生。
- 备战数学建模竞赛并且想要获得进阶的学生。
- 对数学建模感兴趣的人员。

致谢

感谢袁博文、邓立桐、陈冰、赵晨璇、黄越、郑浩翔、杜创一、刘阳、刘羽童、宋葭禾、曾德明、田鸿毅、陈一婷、张子恒、关璇等同学为本书提供的宝贵资料。

温馨提示

本书资源已上传至百度网盘，供读者下载。请读者扫描右侧二维码，关注“博雅读书社”微信公众号，输入本书 77 页资源下载码，获取下载地址及密码。

目　录

第1章 走进数学建模的世界 1

1.1 **什么是数学建模** 2
- 1.1.1 何谓数学建模 2
- 1.1.2 什么是一个好的模型 2

1.2 **无处不在的数学建模** 3

1.3 **参加数学建模竞赛** 3
- 1.3.1 有哪些提升数学建模能力的途径 3
- 1.3.2 数学建模竞赛都应该参加吗 3

1.4 **MATLAB 的安装与简单使用** 4
- 1.4.1 MATLAB 的安装 4
- 1.4.2 MATLAB 的简单使用 4

1.5 **数学建模的“道、法、术、器”** 6

小结 6

第2章 函数极值与规划模型 7

2.1 **线性规划的基本模型** 8
- 2.1.1 线性规划的局限性 8
- 2.1.2 线性代数简要知识回顾与MATLAB 实现 9
- 2.1.3 线性规划的标准形式 13

2.2 **线性规划的求解算法** 14
- 2.2.1 什么是算法和程序设计 14
- 2.2.2 MATLAB 中的程序控制流 14
- 2.2.3 MATLAB 中的数组与向量 17
- 2.2.4 单纯形法与蒙特卡洛方法 18
- 2.2.5 利用 MATLAB 求解线性规划模型 22
- 2.2.6 松弛变量及其作用 22

2.3 **从线性规划到非线性规划** 23
- 2.3.1 非线性规划的标准形式 23
- 2.3.2 多元函数的 MATLAB 实现 23
- 2.3.3 利用 MATLAB 解非线性规划 25
- 2.3.4 非线性规划案例选讲 29

2.4 **整数规划与指派问题** 32
- 2.4.1 离散优化与连续优化 32
- 2.4.2 分支定界法 32
- 2.4.3 0-1 规划与指派问题 35
- 2.4.4 利用 MATLAB 解整数规划 36

2.5 **动态规划与贪心算法** 38
- 2.5.1 什么是动态规划 38
- 2.5.2 背包问题的 MATLAB 求解 39
- 2.5.3 贪心策略与动态规划的异同 40

2.6 **多目标规划的基本策略** 41

小结 43

第3章 微分方程与差分模型 44

3.1 **微分方程的理论基础 45**

3.1.1 函数、导数与微分 45

3.1.2 一阶线性微分方程的解 45

3.1.3 二阶常系数线性微分方程的解 . 46

3.1.4 利用 MATLAB 求函数的微分与积分 47

3.2 **常微分方程的求解 50**

3.2.1 符号解与数值解 50

3.2.2 利用 MATLAB 求微分方程的符号解 51

3.2.3 利用 MATLAB 求微分方程的数值解 53

3.3 **偏微分方程的求解 55**

3.3.1 多元函数的偏微分 55

3.3.2 偏微分方程的基本形式和典型方程 56

3.3.3 偏微分方程的数值求解 57

3.4 **微分方程的基本案例 60**

3.4.1 两类经典的人口增长模型——马尔萨斯和逻辑斯蒂模型 60

3.4.2 放射性物质半衰期模型 62

3.4.3 SI、SIS、SIR、SEIR 模型 62

3.4.4 洛特卡 – 沃尔泰勒种间竞争模型 67

3.5 **差分方程的典型案例 68**

3.5.1 差分方程与微分方程建模的异同 68

3.5.2 人口模型的新讨论——Leslie 模型 68

3.6 **基本的数值计算方法 71**

3.6.1 MATLAB 究竟靠什么求数值解 71

3.6.2 梯度下降法 71

3.6.3 牛顿法 72

3.6.4 欧拉法与龙格库塔法 74

小结 76

第4章 数据处理的基本方法 77

4.1 **什么是数据 78**

4.1.1 数据的概念 78

4.1.2 小数据与大数据 78

4.1.3 数据科学的研究对象 79

4.2 **数据的预处理 79**

4.2.1 为什么需要数据预处理 80

4.2.2 数据的空缺、冗余、异常 81

4.2.3 数据的规约 83

4.3 **数据的插值方法 84**

4.3.1 线性插值 84

4.3.2 三次样条插值 85

4.3.3 拉格朗日插值 85

4.3.4 空间插值 86

4.4 **数据的拟合方法 87**

4.4.1 最小二乘法公式的推导 87

4.4.2 MATLAB 拟合工具包的使用 .. 88

4.5 **数据可视化的基本方法 91**

4.5.1 折线图的绘制 91

4.5.2 条形图的绘制 92

4.5.3 扇形图的绘制 94

4.5.4 箱线图的绘制 94
4.5.5 热力图的绘制 95
4.5.6 三维曲线的绘制 96
4.5.7 subplot 的使用 97
4.5.8 可视化——叙事艺术 98
小结 98

第5章 权重生成与评价模型 99

5.1 层次分析法 100
5.1.1 层次分析法的层次 100
5.1.2 层次分析法的实现 101
5.2 熵权法 104
5.2.1 指标正向化 104
5.2.2 熵权法的定义与实现 105
5.3 TOPSIS 法 107
5.3.1 TOPSIS 法的原理 108
5.3.2 利用熵权法改进 TOPSIS 法 109
5.4 模糊综合评价法 111
5.4.1 模糊综合评价的由来 111
5.4.2 模糊综合评价的案例 112
5.5 CRITIC 法 113
5.5.1 CRITIC 法的原理 113
5.5.2 CRITIC 法的实现 115
5.6 主成分分析法 115
5.6.1 主成分分析法的原理 115
5.6.2 主成分分析法的实现 116
5.7 因子分析法 118
5.7.1 因子分析法的实现 118
5.7.2 因子分析法与主成分分析法的异同 120
5.8 数据包络分析法 121
5.8.1 数据包络分析法的原理 121
5.8.2 数据包络分析法的实现 122
小结 123

第6章 复杂网络与图论模型 125

6.1 复杂网络的研究对象 126
6.1.1 复杂网络与图论研究 126
6.1.2 图论中的一些基本概念 127
6.1.3 使用 MATLAB 构造复杂网络 127
6.1.4 深度优先遍历和广度优先遍历 128
6.2 最短路径问题 128
6.2.1 Floyd 算法 129
6.2.2 Dijkstra 算法 129
6.3 最小生成树问题 132
6.3.1 Prim 算法 132
6.3.2 Kruskal 算法 133
6.4 网络最大流问题 135
6.4.1 Ford-Fulkson 算法 135
6.4.2 使用 MATLAB 进行最大流计算 136
6.5 旅行商问题和车辆路径问题 137
6.5.1 旅行商问题 137

6.5.2 车辆路径问题......139

6.6 复杂网络模型的应用案例......140

6.6.1 问题一的思路......141

6.6.2 问题二的思路......142

小结......144

第7章 时间序列与投资模型 145

7.1 时间序列的基本概念......146

7.1.1 时间序列的典型应用......146

7.1.2 时间序列的描述与分解......146

7.2 移动平均法与指数平滑法......147

7.2.1 移动平均法......147

7.2.2 指数平滑法......149

7.3 ARIMA 系列模型......151

7.3.1 AR 模型......151

7.3.2 MA 模型......151

7.3.3 ARMA 和 ARIMA 模型......152

7.3.4 ARIMAX 和 SARIMA 模型......154

7.4 GARCH 系列模型......155

7.4.1 GARCH 的基本原理......155

7.4.2 GARCH 的实现......156

7.5 灰色系统模型......157

7.5.1 灰色预测模型......157

7.5.2 灰色关联模型......160

7.6 组合投资策略......162

7.6.1 投资组合的基本概念......162

7.6.2 马科维茨均值 - 方差模型......162

7.6.3 夏普比率......163

7.6.4 风险平价模型......164

7.7 马尔可夫模型......164

7.7.1 马尔可夫模型的相关概念......164

7.7.2 马尔可夫模型的实现......165

小结......166

第8章 机器学习与统计模型 167

8.1 假设检验......168

8.1.1 为什么需要假设检验......168

8.1.2 几种典型的假设检验及其实现......169

8.2 回归模型......173

8.2.1 线性回归模型......173

8.2.2 偏最小二乘回归和广义回归......173

8.2.3 调节效应和中介效应......176

8.2.4 结构方程模型......176

8.3 什么是机器学习......177

8.4 KNN 与机器学习工具箱......180

8.4.1 KNN 模型的原理......180

8.4.2 机器学习工具箱的使用......182

8.5 费希尔判别和支持向量机......183

8.5.1 费希尔判别......183

8.5.2 支持向量机......185

8.6 神经网络与神经网络工具箱......191

8.6.1 神经网络......191
8.6.2 长短期记忆神经网络......193
8.6.3 神经网络工具箱......194

8.7 **决策树......197**
8.7.1 决策树的相关概念......198
8.7.2 决策树的生成......198

8.8 **集成学习方法......200**
8.8.1 Boosting 系列方法......200
8.8.2 Bagging 系列方法......202

8.9 **经典的聚类方法及其实现......204**
8.9.1 K-means 算法......204
8.9.2 DBSCAN 聚类......206
8.9.3 层次聚类......207

8.10 **关联规则挖掘......208**
8.10.1 关联规则挖掘的相关概念......208
8.10.2 关联规则挖掘的应用......209

小结......215

第9章 进化计算与群体智能 216

9.1 **遗传算法......217**
9.1.1 遗传算法的基本原理......217
9.1.2 遗传算法的实现......217

9.2 **蚁群算法......225**
9.2.1 蚁群算法的基本原理......225
9.2.2 蚁群算法的实现......227

9.3 **粒子群算法......230**
9.3.1 粒子群算法的基本原理......230
9.3.2 粒子群算法的实现......232

9.4 **模拟退火算法......236**
9.4.1 模拟退火算法的基本原理......236
9.4.2 模拟退火算法的实现......237

小结......239

第10章 其他数学建模知识 240

10.1 **元胞自动机......241**
10.1.1 元胞自动机是什么......241
10.1.2 元胞自动机的实现......241

10.2 **基本的图像处理......243**
10.2.1 MATLAB 图像工具......243
10.2.2 机器视觉......247

10.3 **基本的文本处理......248**
10.3.1 文本的可计算性......248
10.3.2 一个文本分析的简单例子......250

10.4 **基本的信号处理......254**
10.4.1 信号数据的统计指标......254
10.4.2 MATLAB 的信号滤波......256

小结......260

第11章 数学建模竞赛中的一些基本能力 261

11.1 文献检索能力 262

11.2 模型架构能力 263

11.3 程序设计能力 264

11.4 数据可视化能力 264

11.5 解释说理能力 265

11.6 写作排版能力 267

小结 268

附 录 数学建模竞赛题目 270

1 2022 年国赛 A 题 270

2 2022 年国赛 B 题 273

3 2022 年国赛 C 题 276

「第 1 章」

走进数学建模的世界

从本章起我们就正式开始 MATLAB 数学建模的学习之旅了。提到数学建模，大家是不是有点一头雾水，感觉内心深处对数学的恐惧悄然涌现了呢？如果大家在翻开这本书之前已经对数学建模有了基本的了解，那么是否还在因为缺乏系统的学习路径而感到苦恼呢？不必担心，本书将以通俗易懂的语言帮助您轻松掌握数学建模的相关知识和方法论。本章主要涉及以下知识点。

- 了解数学建模的概念。
- 对数学建模和数学建模竞赛有初步的认识。
- MATLAB 的安装与基本使用。

注意：安装 MATLAB 比较耗时，请确保计算机有足够的内存。

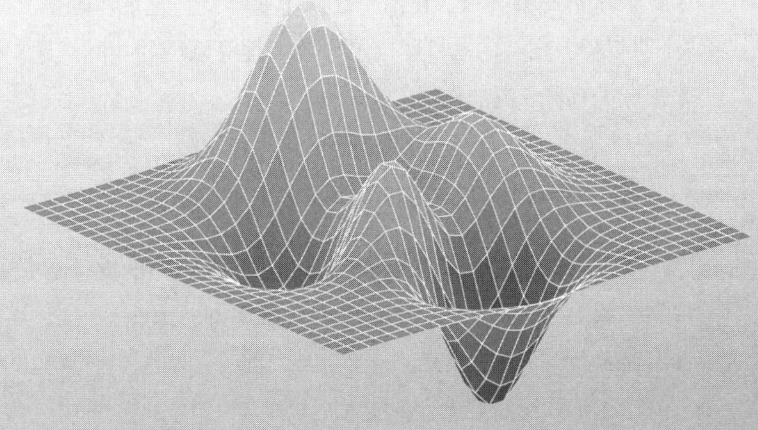

1.1 什么是数学建模

1.1.1 何谓数学建模

何谓“数学建模”？这个问题其实并没有一个明确的定义。根据著名数学建模教育专家姜启源教授的说法，数学建模就是通过建立数学模型解决实际问题。但这个定义还是抽象了些。“建立数学模型”，什么是“数学”的“模型”？怎样建这个“模型”？笔者刚开始对这个问题也感到很疑惑，于是去拜读了很多人的作品，诸如姜启源、谢金星、叶俊的《数学模型》，司守奎、孙玺菁的《数学建模算法与应用》等经典教材，隐约觉得这个“数学”的“模型”本质上还是一些数学知识，而建“模型”不能通过人工计算完成，必须借助计算机来设计相应的程序。可是，这些定义仍然比较抽象，数学建模的本质和核心究竟是什么呢？

图 1.1 描述了人类世界的三种基本模型。大家首先想到的可能会是第一种模型或第二种模型。

实物模型

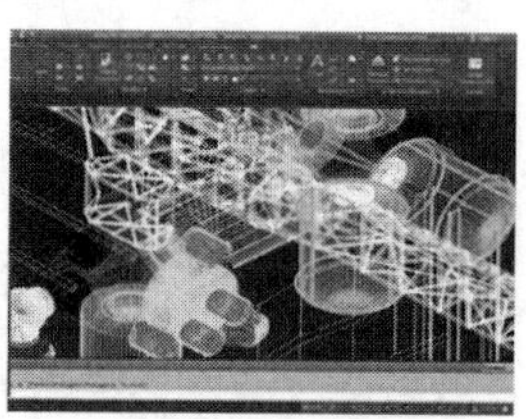

计算机建模

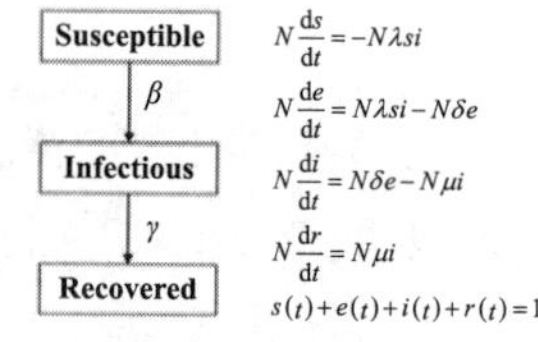

数学模型

图1.1 人类世界的三种基本模型

道理和工具都有了，如何建立“模型”呢？这个问题笔者从很久以前开始思考，一直思考至今。大家不要被“数学建模”这四个字吓到，它的本质其实就是解应用题，只是小学曾经做过的“小明买糖”之类的题目变成了如今工程等领域的实际问题。数学建模其实是一种思想，它在工程等领域中有着广泛的作用。

1.1.2 什么是一个好的模型

一个好的模型，往往既能够准确地反映问题，又不失简洁性。大道至简，无论是在数学还是哲学领域中，这都是一个很重要的思想原则。那么，什么样的模型才算得上好模型呢？具体来说，它需要遵循以下几个要点。

（1）形式简洁：模型不能太冗长。

（2）精度到位：求解精度符合工程实际的要求。

（3）理论创新：在理论层面上有一些创新。

（4）排除干扰：能够排除一些无关紧要的干扰项。

（5）可解释性：模型的结果有良好的可解释性。

（6）求解方便：模型能够利用 MATLAB 等求解工具进行求解。

注意

好的模型仍然需要不断进行调整。

1.2 无处不在的数学建模

数学建模的应用非常广泛，其本质是一种量化研究的思想。在物理力学中，微分方程与动力系统是数学建模；在运筹优化生产安排中，优化模型是数学建模；在股市投资中，价格的预测是数学建模；哪怕是一份调查问卷，也可以变成数学建模问题。

MATLAB 不是数学建模的唯一工具，更不同于数学建模本身；编程只是工具，模型与方法论才是灵魂。

1.3 参加数学建模竞赛

1.3.1 有哪些提升数学建模能力的途径

对于大专院校学生来说，参加数学建模竞赛是一种提升数学建模能力非常有效的途径。数学建模竞赛的基本规则是三人一组，在三到四天时间内队伍根据选题独立完成一篇数学建模论文，不得抄袭和伪造。关于竞赛中的一些技巧与注意事项，笔者会在第 11 章中介绍。

目前常见的四大数学建模类竞赛分别是全国大学生数学建模竞赛（以下简称“国赛”）、美国大学生数学建模竞赛（MCM/ICM，简称“美赛”）、中国研究生数学建模竞赛和全国大学生统计建模大赛。除此之外，各赛区、学会也会组织一些区域赛，比如四川的天府杯全国大学生数学建模竞赛、湖北的“华中杯”大学生数学建模挑战赛、山西的“金地杯”山西省大学生数学建模竞赛、广东的“大湾区杯”粤港澳金融数学建模竞赛和“深圳杯”数学建模挑战赛等。

1.3.2 数学建模竞赛都应该参加吗

数学建模竞赛种类繁多，全国每个赛区都会有自己的竞赛，几乎每个月都有一场。而每年的五月份更是区域赛最密集的时候，很多学生经常会连轴转着去参加比赛。建议大家在积累了初步的比赛经验后，有选择性地参加一些竞赛即可。

注意　华中科技大学的数学建模校赛于每年 11~12 月举行，面向全国学生开放。

1.4 MATLAB 的安装与简单使用

1.4.1 MATLAB 的安装

MATLAB 是由美国 MathWorks 公司所开发的一款编程和数值计算软件，在后续的建模工作中将主要使用这款软件。您可以打开 MathWorks 公司官网来获取正版 MATLAB 的下载链接，然后使用邮箱进行注册并获取相应的密钥。凭借该密钥，您就可以进入 MATLAB 的下载界面了。下载前请确保计算机有足够的内存。

注意　MATLAB 的正版服务是需要收费的，使用正版 MATLAB 前请确保您所在的组织已经购买了正版服务。由于美国对中国的制裁，有部分高校是被禁止使用正版 MATLAB 服务的。目前国产软件中已有北太天元等软件可以进行简单替代，另外开源软件 Octave、Python 等生态也很不错。

开始下载时，MATLAB 会让您勾选所需要的工具箱，您可以根据自己的需要进行选择。

1.4.2 MATLAB 的简单使用

进入 MATLAB 后，可以看到如图 1.2 所示的初始界面。

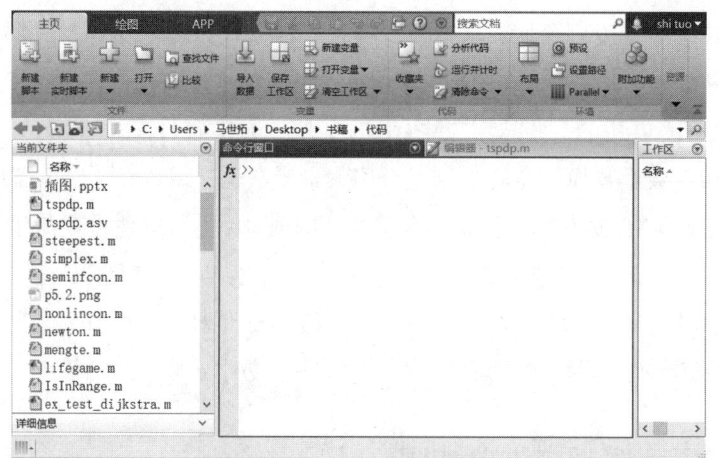

图1.2　MATLAB的初始界面

该初始界面为 MATLAB 的命令行模式。初始界面的左侧是当前文件夹，显示当前目录下所包含的文件夹和文件；右侧是工作区，显示变量和变量的格式，当双击某个变量时会显示变量的值；

上方是主页选项卡的工具栏，用户可新建 MATLAB 脚本、查找文件、导入数据等；绘图选项卡用于对变量进行绘图；APP 选项卡用于进行 GUI（图形用户）界面下的建模。

注意 MATLAB 提供了很多 APP。它们可以大大简化 GUI 开发过程，图 1.3 就是一个优化 APP。

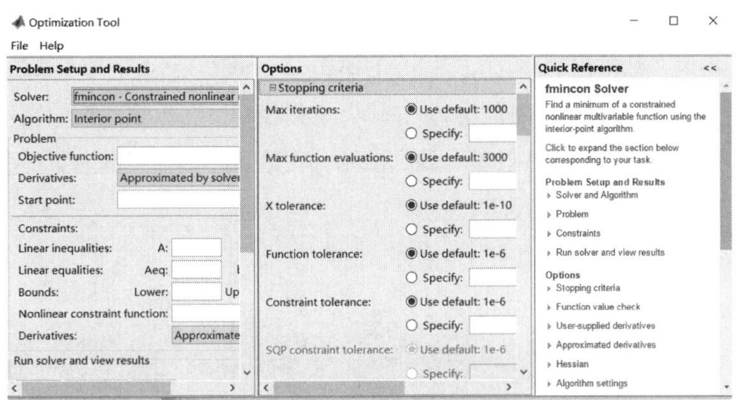

图1.3 一个优化APP

在命令行中如果输入 disp("hello world")，按回车键，会发现命令行区域马上会弹出一行文字 hello world（你好，世界）出来。这是即时编译的命令行模式下 MATLAB 的工作风格。如果大家希望像用 C 语言一样写 MATLAB，可以单击新建脚本或新建实时脚本，在编辑器中创建一个未命名的 .m 文件或 .mlx 文件。这二者的编程风格类似于 .py 和 .ipynb，也就是 Python 文件和 Jupyter Notebook 文件。

注意 MATLAB 中的单引号和双引号可以混用，就像 Python 一样。

另外，如果大家希望把某个 .m 文件中的某些代码段连同其中需要输入的变量整合为新的文件，以在其他 .m 文件中反复调用，可以使用 MATLAB 中的函数来实现，函数文件也是 .m 格式。在 Python 中使用 def 定义函数，而在 MATLAB 中使用 function 关键字定义函数，示例代码如下。

```
function hello(a)
    disp("hello world");
end
```

每个 function 关键字都需要有一个 end 关键字与其配对。

注意 MATLAB 语句后不加分号会在命令行输出变量的值，但加了分号就不会。另外，一个要求完整的函数应该要有参数、返回值、函数名称。

在后面的学习过程中，如果大家想进一步了解某个函数的用法，可以在命令行中键入这个函数的名称然后登录 MathWorks 官网去查阅相应的官方文档。例如，输入 >> help regress，就会弹出 regress 函数的相关文档。单击进去会弹出一个浏览器，在线的状态下链接到公司官网打开官方文档。

1.5 数学建模的“道、法、术、器”

春秋时期的哲学家老子提到，“人法地，地法天，天法道，道法自然”，天地万物都有其自身的运行法则，应循天道而非逆天道。他认为，万物都可以划分为“道、法、术、器”四个层次。其中，“器”就是工具，在数学建模中则是指 MATLAB、Python、SPSS 等工具的使用，这些是最基础的内容，必须经过反复练习才能熟能生巧；“术”就是技巧，在数学建模中表现为一个又一个模型和算法，这些是老师所能传授的；“法”就是法则，在数学建模中表现为竞赛所要求的基本能力和获奖小贴士；“道”就是最核心的哲学思想。

数学建模包括以下知识体系，如图 1.4 所示。

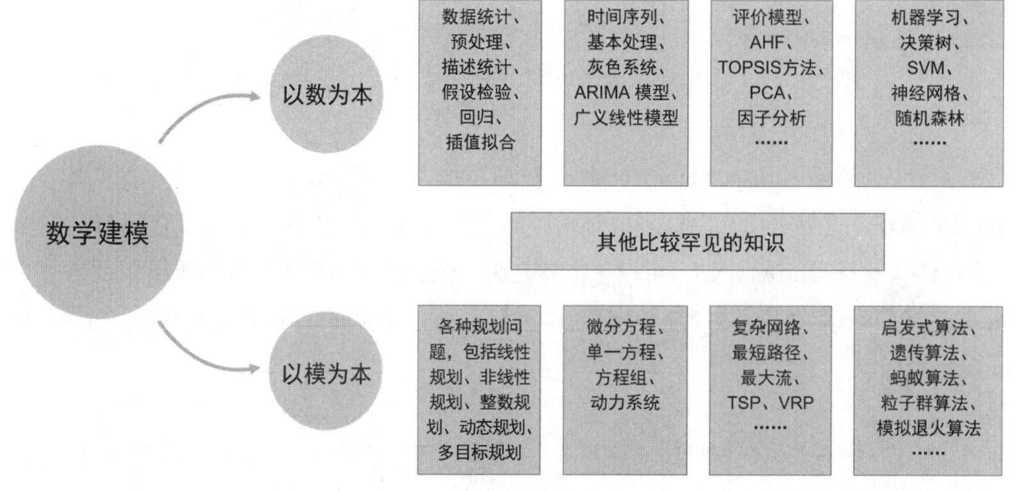

图1.4 数学建模的知识体系

这里笔者将“数学建模”拆解成了“数”和“模”，以“数”为本的是数据题，而以“模”为本的是模型题。当然，模型题中有数据，数据题中也会有模型，正如阴阳八卦图中“阴中带阳，阳中带阴”的中式哲学。

本章是全书的导引部分，介绍了数学建模的基本概念、数学建模竞赛的赛制规程、MATLAB 软件的安装和简单使用等。

第 2 章

函数极值与规划模型

本章将介绍函数极值与规划模型。约束条件下的极值求解是优化问题和运筹学研究的重点，也是各大数学建模竞赛重点考查内容。它主要针对目标函数在约束条件下的极值以及多种方案中的最优方案。本章主要涉及的知识点如下。

- 线性规划的基本模型与求解。
- 非线性规划的基本模型与求解。
- 整数规划的基本模型与求解。
- 动态规划的基本模型与求解。
- 多目标规划的基本策略。

注意： 除 MATLAB 外，一些优化求解软件如 LINGO、Gurobi 等也适合求解优化问题。

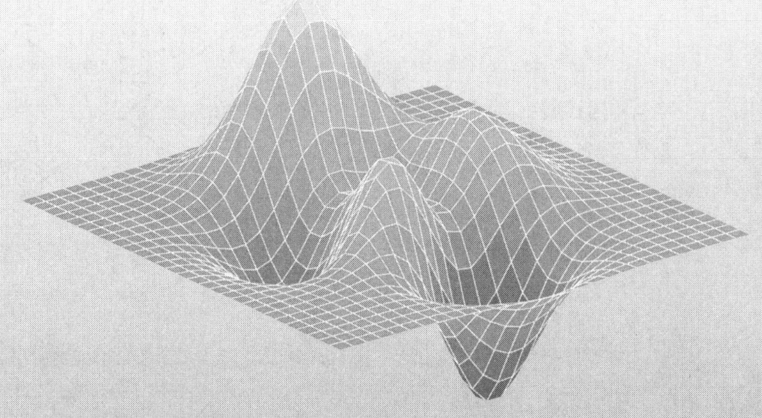

2.1 线性规划的基本模型

本节将首先介绍线性规划的知识，然后阐述线性代数的知识和用 MATLAB 解线性代数问题的指令，最后引出线性规划的标准形式。

2.1.1 线性规划的局限性

自从 1947 年 G. B. 丹齐格（G. B. Dantzig）提出求解线性规划的单纯形法以来，线性规划才真正得到重视。如果大家没有接触过线性规划，或者学过但已经忘记了，不妨一起来看看以下这道 2021 年全国乙卷文科数学高考题。

若 x, y 满足条件 $\begin{cases} x+y\geqslant 4 \\ x-y\leqslant 2 \\ y\leqslant 3 \end{cases}$，则 $z=3x+y$ 的最小值为（　　）。

A. 18　　B. 10　　C. 6　　D. 4

答案很简单，选择 C。这道题的解法是首先将不等式组中的不等式两两配对成三个二元一次方程组求解，得到三个点，然后把三个点分别代入 $z=3x+y$ 最后得到最小值。这是一种比较快的解题方法，在 90% 的情况下这种方法是很奏效的。大家也可以采取画图的方法，通过平移直线来求解。这个问题的可行域如图 2.1 所示。

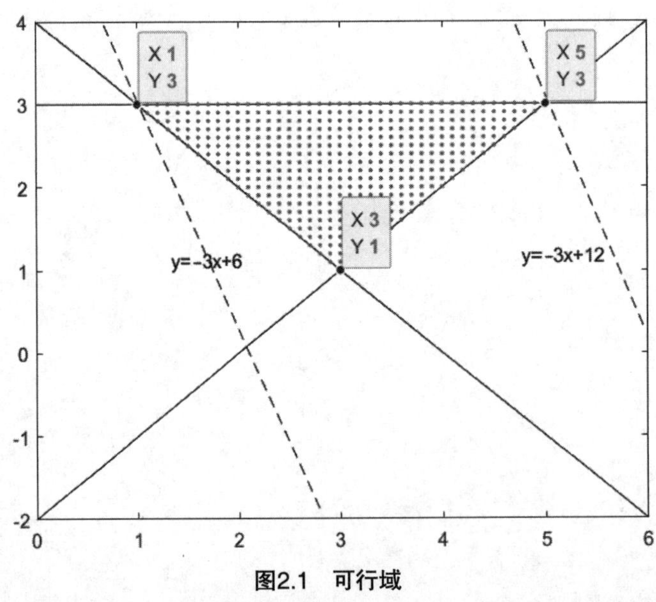

图2.1　可行域

这里将斜率为 −3 的直线平移 z 个单位看其在可行域哪个点的时候 z 最小，得出的结果是 6。

注意 平移直线法是一种通用的方法，但不排除在一些特殊情况下可行域是开放的，这个时候不一定存在最小值或最大值。

为什么把线性规划作为第一个知识点呢？因为线性规划真的非常重要和实用，也是初学者学习数学建模所需要掌握的一个基础数学知识。线性规划的实际应用有很多。比如，运输一批货物的时候使用大车能运五箱，使用小车只能运三箱，但大车和小车数量都有限，怎么安排运输方案才能实现在车辆够用的情况下使运费最小？如果把大车数量记为 x，小车数量记为 y，那么除了 x 和 y 的范围，$5x+3y$ 也有自己的一个范围，算上运费作为优化目标，就构成了一个线性规划。

再打个比方，生产产品 A、B 需要原材料甲、乙、丙，生产一吨 A 需要多少甲、多少乙和多少丙，这样就有了对 A、B 的三个原料约束。如果再来一个利润最大作为目标函数，也是线性规划。很多读者看到这些例子可能会想："这就是数学建模？我怎么感觉像在解小学应用题？难不成我被骗了？"是的，数学建模其实没有那么复杂，它只不过是用更多知识和编程方法解背景更学术化的应用题。因为数学建模是一门应用数学学科。

线性规划通常只有两个变量 x 和 y、三个不等式约束条件和一个形如 $z=ax+by$（这里的 a，b 都是常数）的目标函数。这样的式子既可以用方程来解，也可以通过画图来解。但在实际情况中，问题可能没有这么简单。还是以前面的生产原料问题为例，如果生产原料不止甲、乙、丙三种（通常在合成有机化合物时，可能需要使用十几种甚至上百种原料），产出产品也不止 A、B 而是数十种化合物，还能简单地用线性规划方法求解吗？

所以，线性规划存在以下局限性。

（1）决策变量（如果不好理解，暂且称之为自变量）往往不止两三个。

（2）当变量的数量超过三个的时候，不能在直角坐标系里画图。

（3）约束条件往往不止三个不等式，并且不等式可能比变量多。

（4）当变量较多的时候，还可能出现方程组成的约束条件。

为了更简单地描述一般的线性规划问题，我们借助一样数学工具——线性代数。

2.1.2 线性代数简要知识回顾与 MATLAB 实现

线性代数是一门基础数学课程，其主要研究矩阵、向量、线性方程组的求解等问题。线性代数在数学建模中有着广泛的应用，这里仅仅引入线性代数中比较重要的一些定义和计算方法。

向量可以用任意正数维。从代数的意义上，可以认为向量是一个集合；从几何的意义上，可以认为向量是一个 n 维欧几里得空间中的一个点。

$$\boldsymbol{x}=[x_1,x_2,\cdots,x_n]$$

与二维、三维空间中的向量一样，高维空间中的向量同样可以进行加减运算和数乘运算。在 MATLAB 的命令行中键入代码如下。

```
>> x=[1,2,3,5,8];
```

便可以创建一个向量并进行各种操作。

在 MATLAB 中，用逗号或空格隔开的是行向量，而用分号隔开的是列向量，通常只有同为行向量或同为列向量才能做加减和放缩。另外，行向量与列向量之间的转化可以通过转置符号 ' 来实现。示例代码如下。

```
>> a=[1 2 3 2 1];
>> b=[3 4 5 6 7];
>> a+b
ans =
     4     6     8     8     8
>> a-b
ans =
    -2    -2    -2    -4    -6
>> 2*a
ans =
     2     4     6     4     2
```

当直接键入 a*b 进行两个向量的乘法运算时，MATLAB 会报错。这是因为向量点乘不仅需要维度相同，还需要同行或同列。但如果键入 a.*b，得到的却是下面的结果。

```
>> a.*b

ans =

     3     8    15    12     7
```

注意，当向量同行或同列时 a.*b 表示将对应元素相乘。例如，上述结果中的第三项 15 实际上就是 a 的第三项 3 和 b 的第三项 5 相乘，以此类推。那如果想实现点乘，真正的方法有两个：第一个是利用 sum(a.*b) 把上面的结果做求和；第二个是利用矩阵相乘，将行向量与列向量进行相乘，即 a*b'。

向量的模通过 norm 函数来计算，而利用向量的模，可以求两个向量夹角的余弦值。示例代码如下。

```
>> costheta=(a*b')/(norm(a)*norm(b))
costheta =
    0.8885
>> acos(costheta)
ans =
    0.4767
```

这里 acos 表示反余弦函数，注意最后的角度单位是弧度。

数通过集合形成了向量，那向量集合以后又会变成什么呢？如果向量只是沿着同一个方向进行拼接，那么得到的只不过是一个更长一些的向量。但如果我们将向量在纵向上做拼接，那么或许可以把一个向量排成矩阵：

$$A=\begin{pmatrix} a_{11} & \cdots & a_{1n} \\ \vdots & \ddots & \vdots \\ a_{m1} & \cdots & a_{mn} \end{pmatrix}$$

矩阵作为向量的集合，自然也保留了向量的一些特性，因此我们可以对行列相同的矩阵进行加减法运算，对矩阵进行数乘运算，对满足条件的两矩阵进行乘法运算。其中，矩阵的乘法是把两个矩阵分别按行、列规约：

$$\boldsymbol{A}_{(m,n)}\boldsymbol{B}_{(n,k)}=\begin{pmatrix} a_1 \\ \vdots \\ a_m \end{pmatrix}\begin{pmatrix} b_1 & \dots & b_k \end{pmatrix}=\begin{pmatrix} a_1b_1 & \cdots & a_1b_k \\ \vdots & \ddots & \vdots \\ a_mb_1 & \cdots & a_mb_k \end{pmatrix}_{(m,k)}$$

矩阵排列好以后除了可以按行规约为一群向量的纵向分布，也可以按列规约成一群向量的横向分布，于是有了上述式子中的矩阵乘法计算方法。每一项都是两个同为 n 维的向量的相应元素相乘。

注意　矩阵乘法要求第一个矩阵的列数和第二个矩阵的行数相等，因此要注意维度问题。另外，矩阵乘法没有交换律，$\boldsymbol{AB}$ 不一定等于 $\boldsymbol{BA}$，甚至可能根本没有 $\boldsymbol{BA}$。

在 MATLAB 中可以对两个矩阵进行多种运算。示例代码如下。

```
>> A=[1 1 1 1; 1 2 3 4; 1 2 2 1];
>> B=[1 2 3 4; 2 3 3 2; 3 4 2 1];
>> A+B
ans =
     2     3     4     5
     3     5     6     6
     4     6     4     2
>> A-B
ans =
     0    -1    -2    -3
    -1    -1     0     2
    -2    -2     0     0
>> 2*A
ans =
     2     2     2     2
     2     4     6     8
     2     4     4     2
>> A.*B
ans =
     1     2     3     4
     2     6     9     8
     3     8     4     1
>> A'*B
ans =
```

```
     6     9     8     7
    11    16    13    10
    13    19    16    12
    12    18    17    13
```

上例的矩阵运算中，点乘（矩阵对应运算相乘）是通过运算符 .* 来实现的，矩阵乘法需要让前面矩阵的列数和后面矩阵的行数相等，用 ***A*'*B** 来表示，在数学上记作 $\boldsymbol{A}^{\mathrm{T}}\boldsymbol{B}$。

那我们能否类比向量的模，提出“矩阵的模”这一概念呢？在线性代数中确实存在这样一个类似的概念，这个概念叫作行列式：

$$\boldsymbol{A}=\begin{vmatrix} a_{11} & \cdots & a_{n1} \\ \vdots & \ddots & \vdots \\ a_{1n} & \cdots & a_{nn} \end{vmatrix}$$

行列式虽然同样是表格形式，但注意，矩阵是一个表格，行列式是一个数，它的值是可以计算出来的。有关行列式的计算方法有很多，但最经典、最通用的方法是代数余子式展开法。代数余子式的本质就是递归式求解，即将行列式中某个元素所在的行和列从原行列式中移除，然后求新的行列式的值，再乘以对应的符号。例如，行列式 $\boldsymbol{A}$ 的计算定义为

$$\boldsymbol{A}=\sum_{i=1}^{n} a_{ij}\boldsymbol{A}_{ij}$$

注意　行列式除了可以按某一行展开，也可以按某一列展开，这一展开行或展开列的选取是任意的，方便计算即可。另外，矩阵的行列数可以不相等，但行列式的行列数必须相等。

在递归过程中，我们仍然需要求解最低阶的二阶行列式。二阶行列式的定义为

$$\begin{vmatrix} a & b \\ c & d \end{vmatrix}=ad-bc$$

将 n 阶行列式降低到 n–1 阶，n–1 阶再降低为 n–2 阶，逐层展开到最后二阶，整个行列式求解就完成了。不过高阶行列式如果不是特殊行列式，计算会有些复杂，这里可以将这个过程交给计算机程序来完成。在 MATLAB 中输入以下命令，命令输出行就会输出矩阵 A 对应的行列式的值。

```
>> det(A)
```

有了行列式的概念，就可以用它来定义矩阵的逆矩阵计算方法。

矩阵 $\boldsymbol{A}$ 的逆矩阵 $\boldsymbol{A}^{-1}$ 可以定义为

$$\boldsymbol{A}\boldsymbol{A}^{-1}=\boldsymbol{A}^{-1}\boldsymbol{A}=\boldsymbol{I}=\begin{pmatrix} 1 & 0 & 0 & \cdots & 0 \\ 0 & 1 & 0 & \cdots & 0 \\ 0 & 0 & 1 & \cdots & 0 \\ \vdots & \vdots & \vdots & \ddots & \vdots \\ 0 & 0 & 0 & \cdots & 1 \end{pmatrix}$$

在 MATLAB 中，对矩阵求逆的指令为 inv，其具体用法如下。

```
>> det(C)
ans =
    3.0000
>> inv(C)
ans =
    1.0000    2.3333   -1.3333
   -3.0000   -5.6667    3.6667
    2.0000    3.0000   -2.0000
```

注意　并不是所有的矩阵都存在行列式和逆矩阵。只有行列数相等的矩阵才会有行列式，有行列式且行列式不为 0 的矩阵才有逆矩阵。当然，判定矩阵是否存在逆矩阵的方法还有很多，如矩阵的秩（在 MATLAB 中用 rank 函数可以实现）等，但有行列式且行列式不为 0 是最常用的一种方法。

2.1.3 线性规划的标准形式

前面提到线性规划的局限性在于难以描述多约束、多变量，但无论是目标函数、方程还是不等式，都可以看成是一个系数向量与变量向量的乘法运算。例如，$2a+3b-c$ 实际上可以看成向量 [2,3,-1] 与向量 $[a,b,c]$ 点数乘运算。多个约束条件就是把多个向量看成一个矩阵。

线性规划的标准形式包含三类约束条件，分别是不等式约束、等式约束和变量 $\boldsymbol{x}$ 的取值范围。其中，不等式约束统一为小于等于，其系数矩阵为 $\boldsymbol{A}$，右边的常数为 $\boldsymbol{b}$；等式约束的系数矩阵为 $\boldsymbol{Aeq}$，等号右边的常数为列向量 $\boldsymbol{beq}$；变量 $\boldsymbol{x}$ 在向量 $\boldsymbol{lb}$ 到 $\boldsymbol{ub}$ 之间取值。当目标函数的系数向量为 $\boldsymbol{c}$ 时，则线性规划的标准形式如下所示：

$$\min f = \boldsymbol{c}^{\mathrm{T}}\boldsymbol{x}$$
$$s.t.\begin{cases} \boldsymbol{Ax} \leqslant \boldsymbol{b} \\ \boldsymbol{Aeq}\cdot\boldsymbol{x} = \boldsymbol{beq} \\ \boldsymbol{lb} \leqslant \boldsymbol{x} \leqslant \boldsymbol{ub} \end{cases}$$

为了方便 MATLAB 编程，通常将问题统一为函数极小值问题，不等式约束统一为小于等于。如果原问题是最大值或有大于等于，那就乘 –1 进行取反即可。为了帮助大家理解，这里在 MATLAB 中整理一个线性规划的标准形式，并将各矩阵存储在 MATLAB 变量区中：

$$\min f = 3x_1 + 2x_2 - x_3$$
$$s.t.\begin{cases} 3x_1 - x_2 + x_3 \leqslant 18 \\ x_1 + 2x_2 \leqslant 16 \\ x_1 + x_2 + x_3 \geqslant 2 \\ x_1 + 2x_2 + 3x_3 = 15 \\ x_1 - x_3 = 4 \\ 0 \leqslant x_{1,2,3} \leqslant 16 \end{cases}$$

注意，由于约束条件的第三个不等式是大于等于，所以将不等式左右两边同时乘以 -1 从而将其转化为小于等于的标准形式；第二个不等式和第二个方程中缺少了一个自变量，这是因为缺少的那一个自变量的系数是 0。把各个矩阵和向量存储在 MATLAB 中的示例代码如下：

```
>> c=[3 2 -1];
>> A=[3 -1 1;1 2 0;-1 -1 -1];
>> b=[18;16;-2];
>> Aeq=[1 2 3;1 0 -1];
>> beq=[15;4];
>> lb=[0;0;0];
>> ub=[16;16;16];
```

那么，怎么求解这个线性规划呢？且在下一节进行讲解。

2.2 线性规划的求解算法

线性规划的求解只需调用函数就可以了。但我们不仅要知其然，更要知其所以然。因此本节将从“算法”的角度来详细介绍 MATLAB 解线性规划背后的底层逻辑。

2.2.1 什么是算法和程序设计

算法，是解决一个问题所需要的操作的集合，可以说，程序设计 = 算法 + 数据结构所需要的操作的集合。它具有以下特点。

（1）确定性：算法的结果是确定的，不会每运行一次都得出一个随机的结果。

（2）有穷性：算法的步骤是有限的，是可以结束的而不会陷入死循环。

（3）可行性：算法是可行的，不存在理论上的冲突或实际条件的冲突。

（4）明确的输入：算法有确定的输入。

（5）明确的输出：算法有确定的输出。

算法是对特定问题求解步骤的一种描述，在计算机中表现为指令的有限序列，并且每条指令表示一个或多个操作。程序设计是指利用算法和编程语言完成一系列操作进而使计算机实现某种功能。

2.2.2 MATLAB 中的程序控制流

在程序设计中，语句结构也就是指令操作的流向分为三大类型，如图 2.2 所示。

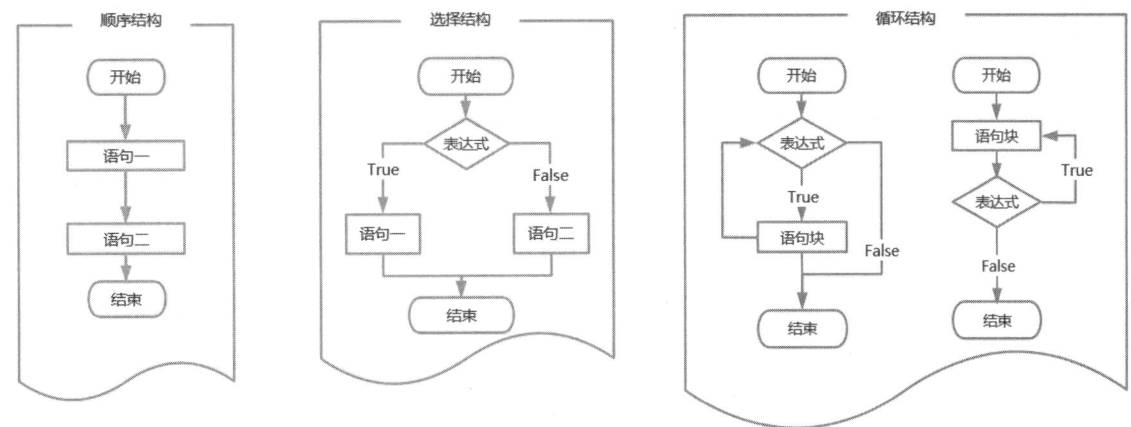

图2.2　三种典型的语句结构

顺序结构其实非常简单，把指令一行一行写好，然后让它按顺序执行就可以了。这里我们将主要介绍选择结构和循环结构。

选择结构中 MATLAB 通常使用 if 或 if…else…语句来实现。它的基本结构如下。

```
if condition
    Operation(...)
end
```

如果 if 后面不加括号，而是直接写判断条件，那么当这个判断条件为真时，程序将执行一系列操作命令。注意，每个 if 后面都需要使用 end 来标记函数的结果。如果是多个条件判断，就可以写成如下形式。

```
if condition1
    Operation1
    if condition2
    Operation2
    if condition3
        ......
    end
    end
end
```

在 MATLAB 中，可以通过在 if 语句中不断嵌套其他 if 语句来实现复杂的条件判断。不过，更常见的做法是用 if…elseif…else 来进行判断。

```
if condition1
    Operation1
elseif condition2
    Operation2
elseif ...
    ...
else
```

```
    Operation0
end
```

注意 每一个 if 语句的后面都需要跟一个 end 来标记条件语句块的结束，但 elseif 后面不需要 end。if…elseif 语句连写的时候是一个整体，只需要最后有一个 end 与最开始的 if 匹配就可以了。

循环语句在每执行一次以后都会判断条件，如果满足条件，就继续重复执行操作直到条件被破坏为止。通常用 while 语句和 for 语句来实现循环。

```
while condition
    Operation(...)
end
```

下面我们在 MATLAB 中输入一个例子来感受一下 while 循环的用法。示例代码如下。

```
a=0
while a<10
    disp(2^a);%在屏幕上打印2的a次方
    a=a+1;%等号实际上是个赋值语句，是把a+1的值重新存储回a中
end
```

结果是逐行打印 2 的 0 ~ 9 次方。这里的 a=a+1 是赋值指令，类似的赋值指令还有 a=a*2 等。在 MATLAB 中，运算符号 ^ 表示乘方，而 = 是赋值指令。逻辑比较的相等，通常用 == 来表示。另外，与运算 &、或运算 |、非运算 ~ 也是在逻辑判断中常用的指令。

另一种方法是用 for 语句：

```
for i=start:step:end
    Operation(...)
end
```

用 for 语句来改写上面的代码就是：

```
for a=0:1:9
    disp(2^a);%在屏幕上打印2的a次方
    %a同样会从0一步步增加到9，每一步增加1
end
```

在 a=start:step:end 中，start 是数列的起始值，end 是数列的终止值，step 是数列的步长。实际上该方法也可以用于创建一个等间距向量。使用 for 语句能够更简洁地书写循环体。如果 step 为 1，通常可以将其省略。

下面再列举一个例子，以加深大家对 MATLAB 控制流的理解。

编写函数，找出 N 以内所有的质数并打印在屏幕上。

判断一个数是不是质数可以用循环一个个去试，直至试到 N/2 为止。

```
function isprime(N)
    for i=1:N
        s=0; %用一个变量记录状态
        for j=1:floor(i/2) %用循环一个个去尝试，到它的一半取整为止
```

```
            if mod(i,j)==0 && j~=1 %能够被不是1的整数整除那就是合数
                s=0;
            else
                s=1;
            end
        end
        if s==1
            disp(i)
        end
    end
end
```

注意 编写函数需要使用 function 关键字，将编写好的函数保存后可以方便我们在日后的工作中复用以前的代码。

2.2.3 MATLAB 中的数组与向量

前面介绍了 MATLAB 中的向量与矩阵，实际上向量可以看作是特殊的矩阵。另一种常用的数据结构是元胞数组，它存储的数据类型有很多，如整数、浮点数、字符、字符串、结构体对象等。在 MATLAB 中向量与元胞数组的关系像 Python 中的列表与元组一样。下面我们简单了解一下 MATLAB 中元胞数组的用法。

元胞数组的关键标识符是 {}。创建一个元胞数组可以直接用赋值语句创建一个空元胞，如 a={}。创建元胞数组需要指定 m 和 n 的值，示例代码如下：

```
A=cell(n) %一个n*n的元胞数组
B=cell(m,n) %一个m*n的元胞数组，也可以作cell([m,n])
C= {1, [1,2,3], 'abc'; {1,2}, @(x) x^2, rand(2,3)} %元胞里面存放的东西很多种
```

对矩阵进行索引通常使用小括号，比如 a(3,2)，而对元胞数组进行索引既可以用小括号又可以用大括号。当我们用索引给元胞数组赋值时，下面的两个写法是等价的。

```
A{1, 1} = [1, 2, 3; 4, 5, 6]
A(1, 1) = {[1, 2, 3; 4, 5, 6]}
```

还有一种重要的数组是结构体数组。结构体数组的单位是结构体，其类似于 C 语言中时结构体，以及 C++、Python 中面向对象的方式。它把描述同一对象的不同属性综合起来，构造方式如下。

```
A=struct('category','tree','height',28.5,'name','brich')
```

如果想创建结构体数组，可以创建空数组或用小括号索引等方式进行赋值。另外，也可以按照字段进行赋值，如：

```
A(1).id='001'
A(1).score=75
A(2).id='002'
A(2).score=99
```

注意 结构体和元胞之间是可以互换的。数值、结构体和元胞之间的转换通常使用 num2cell、cell2num、struct2cell、cell2struct 等函数。

2.2.4 单纯形法与蒙特卡洛方法

熟悉了 MATLAB 编程的基本操作以后，我们再一起来看看 MATLAB 计算线性规划的底层逻辑，并试着编写一些程序进行计算。

在前面我们介绍了线性规划的标准形式，但注意这种标准形式是针对程序设计工具而言的。如果读者有凸优化理论的背景可能会狐疑："为什么我看到的标准形式和这里的写法不太一样？"是的，经典的凸优化教材会把模型写作：

$$\max f = \boldsymbol{c}^{\mathrm{T}}\boldsymbol{X}$$
$$s.t.\begin{cases} \boldsymbol{A}^{*}\tilde{\boldsymbol{X}} = \boldsymbol{b}^{*} \\ \boldsymbol{X} \geqslant 0 \end{cases}$$

为了和前面提出的标准形式区分开来，暂且把上述形式称为规范形式。规范形式求的是函数的极大值，并且把不等关系和等式关系统一为等式关系以方便求解。有人可能会疑惑："不等式怎么可以充当方程呢？"这是一种数学思想。可能有人可以理解方程是不等式的特例，但不一定理解不等式也可以视为方程的特例，下面举一个例子。比如，不等式 $2a+3b+c<10$ 的左边比右边小，但是小多少呢？这里把这个差额记作 d，左边如果补上这个差额就可以写作 $2a+3b+c+d=10$，这样就转化成了等式。这里的 d 被称为松弛变量。在标准形和规范形转换的过程中，原本用来限制决策变量范围的上下界 ***lb*** 和 ***ub*** 也会通过引入松弛变量的方式被改写为等式。例如，$x_1<1$ 这一条件，可以通过引入松弛变量 x_2，被改写为 $x_1+x_2=1$ 且 x_2 不小于 0。

在单纯形法中，我们通常在理论上都会把问题转换为规范形式来求解，对每一个不等式都引入一个松弛变量去增广原问题。但这些松弛变量不会出现在目标函数中。

注意 在程序设计中用户输入的是优化问题的标准形式，而 MATLAB 底层以规范形式进行运算，只是从标准形式到规范形式这个操作我们看不见。不等式条件中增广了 n 个松弛变量的同时等式条件也会增广，只不过在增广后的等式条件中松弛变量的系数都是 0。

单纯形法其实有些类似于代入边界点轮换求解的方法，它可以说是运筹学中最经典的一类方法。其基本原理是通过对生成的基向量解不断进行轮换来得到最优解。

单纯形法的基本流程如下。

（1）确定初始可行基和初始基可行解，并建立初始单纯形表。

（2）在当前表的目标函数对应的行中，若所有非基变量的系数非正，则得到最优解，算法终止，否则进入下一步。

（3）若单纯形表中 1 至 m 列构成单位矩阵，在 $j=m+1$ 至 n 列中，若有某个对应 $\boldsymbol{x}_k$ 的系数列向量 $\boldsymbol{P}_k \leqslant 0$，则停止计算，否则转入下一步。

（4）挑选目标函数对应行中系数最大的非基变量作为进基变量。假设 $\boldsymbol{x}_k$ 为进基变量，按下式所定义的规则计算，可确定 $\boldsymbol{x}_u$ 为出基变量，转步骤（5）。

$$\boldsymbol{x}_u = \min\left(\frac{b_i}{a_{ik}} \mid a_{ik} > 0\right)$$

其中，b_i 为规范型规划的常数项，a_{ik} 为在第 i 个约束中变量 k 的系数。

（5）以 a_{uk} 为主元素进行迭代，对 $\boldsymbol{x}_k$ 所对应的列向量进行如下变换。

$$\boldsymbol{P}_k = \begin{pmatrix} a_{1k} \\ a_{2k} \\ \vdots \\ a_{uk} \\ \vdots \\ a_{mk} \end{pmatrix} = \begin{pmatrix} 0 \\ 0 \\ \vdots \\ 1 \\ \vdots \\ 0 \end{pmatrix}$$

（6）重复第（2）~（5）步，直到所有检验数非正后终止，得到最优解。

下面我们用 MATLAB 来实现单纯形法。

```
%MATLAB 单纯形法的实现
%求解目标：max(f) 其中f=c'X
%约束条件：A*x=b ; x>=0
%x_opt：最优解；f_x_opt:最优解对应的最优函数值；inter:迭代次数
function [x_opt,f_x_opt,inter]=Simple_A(A,b,c)
%输入：A为约束条件中的系数矩阵；b为约束条件中等式右边的列向量；c为求解目标中的系数
%输出：x_opt:目标最优解；      f_x_opt：目标最优解对应的函数值；     inter:迭代次数
    [m,n] = size(A);
    if m > n
        error('约束条件过多，无解。');
    end
    % 随机选择一个初始基
    basis_index = randperm(n, m);
nobasis_index = setdiff(1:n,basis_index);
inter = 0;
while true
    x0 = zeros(n,1);
    x0(basis_index) = A(:,basis_index)\b;%解基变量
    cb = c(basis_index);
    sigma = zeros(1,n);
    sigma(nobasis_index) = c(nobasis_index)' - (cb' * A(:,nobasis_index));
    [~,s] = min(sigma);
        if sigma(s) >= 0  % 如果没有负检验数，则已找到最优解
            x_opt = x0;
```

```
                f_x_opt = c' * x_opt;
                break;
            end
            % 计算θ
            theta = b / A(:, s);
            theta(theta <= 0 | isinf(theta)) = inf;  % 排除非正数和无穷大
        [~,q] = min(theta);
        q = basis_index(q);
            % 换基
            basis_index(q) = s;
            nobasis_index = setdiff(1:n, basis_index);
            % 更新A和b
            A(:, basis_index) = eye(m,m);
        A(:,nobasis_index) = A(:,basis_index) \ A(:,nobasis_index);
        b = A(:,basis_index) \ b;
        inter=inter+1;
    end
    end
```

现在我们举一个例子来对上述代码进行测试。

```
    A=[1 -5 11 1 0 0;
        17 -16 -11 0 1 0;
        -1 31 9 0 0 1];
    b=[12 15 91]';
    c=[41 -2 14 10 42 20]';
    [x_opt,f__x_opt,inter]=Simple_A(A,b,c);
    disp("最优解为：");disp(x_opt);
    disp("最优函数值");disp(f__x_opt);
    disp("迭代次数");disp(inter);
```

最终得到结果为：最优解为 [4.4692,2.5450,1.8415,0,0,0]，最优函数值为 203.9278，迭代 3 轮就得到了最优解。

蒙特卡洛方法是另一种求解规划时常用的方法。该方法的基本思想是：在大量重复试验的基础上通过频率来估计概率，也就是用大规模的候选解模拟出一个近似值逐步逼近精确解。理论上只要实验次数够多、精度够细，近似值就可以无限逼近精确解。

上中学的时候老师可能会讲法国数学家 C. 蒲丰（C.Buffon）投针估计圆周率的故事，或者讲解撒黄豆估计圆周率的方法：在一个正方形中画一个内切圆，往正方形内撒一大把黄豆，通过数出圆里面的黄豆和正方形里面的黄豆之比可以估计圆周率的近似值。这一原理也被广泛用于求函数的定积分。图 2.3 所示是一个利用蒙特卡洛方法求定积分的例子，通过统计正方形中的点的个数和曲线下方的点的个数之比，就可以近似模拟定积分与正方形面积之比。

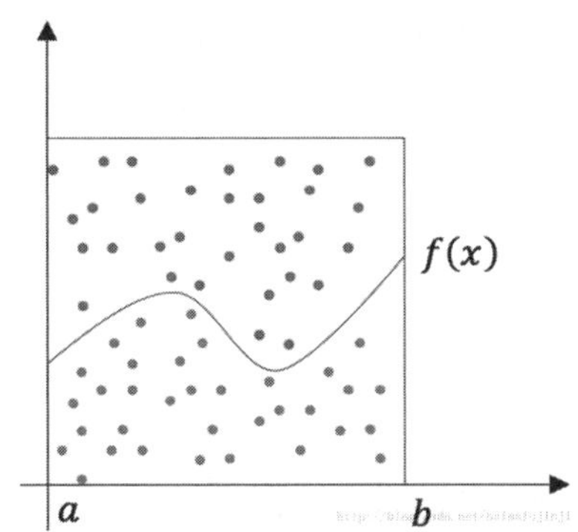

图2.3　利用蒙特卡洛方法求定积分的例子

下面再看一个用蒙特卡洛方法求线性规划的近似最优解的例子。

$$\max f = x_1 + x_2 + 3x_3 + 4x_4 + 2x_5$$

$$s.t.\begin{cases} x_1 + x_2 + x_3 + x_4 + x_5 \leqslant 400 \\ x_1 + 2x_2 + 2x_3 + x_4 + 6x_5 \leqslant 800 \\ 2x_1 + x_2 + 6x_3 \leqslant 200 \\ x_3 + x_4 + 5x_5 \leqslant 200 \end{cases}$$

将蒙特卡洛方法和这个线性规划都编写成函数，代码如下。

```
function [f,g] = fcons(x)
%目标函数是需要最大化的对象
f=x(1) + x(2) + 3*x(3) + 4*x(4) + 2*x(5);
%约束函数
g=[sum(x)-400  %sum()函数用于对向量求和
   x(1) + 2*x(2) + 2*x(3) + x(4) + 6*x(5) - 800
   2*x(1) + x(2) + 6*x(3) - 200
   x(3) + x(4) + 5*x(5) - 200];
end
```

进行大量重复试验的代码如下。

```
%蒙特卡洛方法试验的代码
p=0;
for i = 1:10^6
    x=randi([0,200], 1, 5); %产生一行五列的在区间[0, 200]上的随机整数，使用randi()函数产生一个随机整数矩阵
    [f, g] = fcons(x);
    if all(g<=0) && p < f   %满足约束并找最大的f
            x0 = x;
            p = f; %进行值和状态的更新
    end
end
x0,p %不加分号的情况下可以输出x0和p的值
```

它的本质是在大范围内进行多次随机采样，并统计在可行域内的样本点的函数值来得到最优解。最终解得的最大值为 876。

2.2.5 利用 MATLAB 求解线性规划模型

前面我们将线性规划转化成了 MATLAB 能识别的标准形式，这里我们继续学习通过调用 linprog 函数来求它的最优解和最小值。

```
>> [x fval]=linprog(c,A,b,Aeq,beq,lb,ub)

Optimal solution found.


x =

      71/12
       5/3
      23/12


fval =

    115/6
```

上述代码的底层逻辑虽然是单纯形法，但我们没有必要将其写那么复杂。感兴趣的读者可以自行从底层编写单纯形法，并与 MATLAB 内置的 linprog 函数对比，看哪个性能更优。

2.2.6 松弛变量及其作用

松弛变量的引入常常是为了便于在更大的可行域内求解。若为 0，则收敛到原有状态；若大于 0，则约束松弛。线性规划问题的研究通常是基于规范形式进行的。因此，对于给定的非规范线性规划问题的数学模型，需要在底层计算时变换为规范形式。

在规划原始问题中引入松弛变量的一种典型案例是绝对值问题。线性计算的结果不会直接表达为不等号形式，而是以绝对值的形式给出约束。比如，不等式 $|a-b+c|<12$ 的偏差量就比单纯的线性规划更加复杂。绝对值内的数值既可能是正数也可能是负数。这时就可以通过引入两个松弛变量来描述 $-12 \sim 12$ 之间的两个偏差。

需要引入松弛变量的另一个重要的地方就是支持向量机（SVM）。在支持向量机中引入松弛变量的目的是在分类过程中获得一定的包容度。

2.3 从线性规划到非线性规划

非线性规划比线性规划的应用更为普遍。非线性规划在本质上是一个非线性函数的约束极值求解问题，属于函数极值求解的延伸与拓展。非线性规划可以是目标函数的非线性，也可以是约束条件的非线性，包括等式条件和不等式条件。虽然凸优化理论中有一系列关于非线性规划的求解理论，但我们往往主要关注它的数值解法。与前面介绍的线性规划类似，对非线性规划的介绍也会从 MATLAB 函数的调用和背后的底层逻辑两个部分展开。

2.3.1 非线性规划的标准形式

非线性不等式和非线性方程分别用 $C(\boldsymbol{x})$ 和 $Ceq(\boldsymbol{x})$ 表示。非线性规划的标准形式与线性规划的标准形式类似，为：

$$\min f(\boldsymbol{x})$$

$$s.t.\begin{cases} \boldsymbol{Ax} \leqslant \boldsymbol{b} \\ C(\boldsymbol{x}) \leqslant 0 \\ \boldsymbol{Aeq} \cdot \boldsymbol{x} = \boldsymbol{beq} \\ Ceq(\boldsymbol{x}) = 0 \\ \boldsymbol{lb} \leqslant \boldsymbol{x} \leqslant \boldsymbol{ub} \end{cases}$$

非线性规划仍然将问题统一为函数极小值问题，不等式约束统一为小于等于。如果原问题是最大值或有大于等于，那就乘 −1 进行取反即可。

注意 非线性规划中只要破坏了等式约束、不等式约束或目标函数中任何一个的线性就可以说是一个非线性规划。仅仅破坏其中一个条件，问题的求解难度就会提高很多。

2.3.2 多元函数的 MATLAB 实现

函数是从一个集合（定义域）到另一个集合（值域）的一一对应的映射，那多元函数是否就是多个集合到一个集合的映射呢？多元函数也是从一个集合到另一个集合的映射，只不过自变量的集合不是数集，而是点集，或者说是 n 维空间里面向量的集合。

比如，一个地方的海拔越高温度就越低，另外一天 24 小时的温度是中午高、早晚低，呈现周期变化，那么气温就受到海拔和时间两个因素的影响。假定这个地方的温度规律为 $T=(40-25\cos t)(1-\frac{h}{4})$，那么可以作出如图 2.4 所示的曲面图。

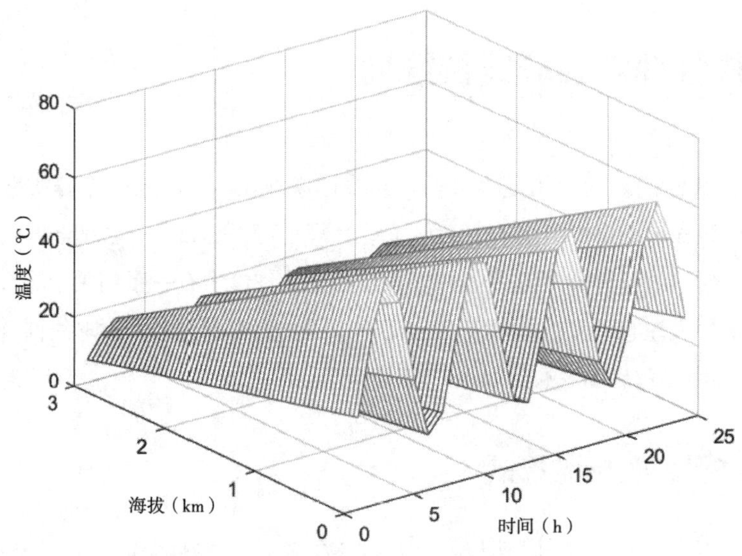

图2.4　气温、海拔与时间的关系图

一元函数求极值的一个方法是求导并令导数为 0。多元函数求极值与一元函数类似，在无约束条件下，只需对多元函数的每个变量分别求导（这个过程叫作求偏导），当所有偏导数都为 0 时，解方程组得到的结果就是极值点的候选解。当然，有可能解出来的是 x^3=0 这种极值解，在这种情况需要通过二阶导数的符号作进一步判定。

注意

在求某个变量的偏导数的时候我们通常把其他变量视为常数，这种策略叫作主元策略。

在对有约束条件下的非线性函数求极值的时候，通常使用拉格朗日法。例如，广义的含等式约束条件（先暂时只考虑等式问题）的极值问题是：

$$\min f(x)$$
$$s.t.\begin{cases} C_1(x)=0 \\ C_2(x)=0 \\ \quad\vdots \\ C_n(x)=0 \end{cases}$$

这里首先通过引入 n 个拉格朗日乘子的常数把原问题改写为新的函数：

$$\min L(x,\lambda)=f(x)+\lambda_1C_1(x)+\lambda_2C_2(x)+\cdots+\lambda_nC_n(x)$$

其次像解无约束极值一样对每个 x 和乘子求偏导即可解决问题。如果在问题中考虑不等条件，那么这个问题的求解策略与上面的问题类似，称其为 KKT 条件：

$$\min f(x)$$
$$s.t.\begin{cases} h(x)=0 \\ g(x)\leqslant 0 \end{cases}$$

分别引入两个不同的乘子，函数 L 将在 X 取得极值当且仅当：

$$\min L(x,\lambda,\mu)=f(x)+\lambda h(x)+\mu g(x)$$

$$s.t.\begin{cases}\dfrac{\partial L}{\partial X}=0\\ \lambda\neq 0\\ \mu\geqslant 0\\ \mu g(X)=0\\ h(X)=0\\ g(X)\leqslant 0\end{cases}$$

当然，如果想求的不是一个精确解而是一个近似的数值解，那么方法同样有很多。除在第 3 章中会介绍的一些数值方法外，蒙特卡洛模拟几乎是用得最广泛的一种。

2.3.3 利用 MATLAB 解非线性规划

在 MATLAB 中有很多内置函数可以进行非线性规划包括一元函数极值、多元函数极值、有约束极值（非线性规划）、二次规划等。下面以一个一元函数和一个多元函数为例来求解极值。

我们选取的测试函数分别为 $y=-\dfrac{\ln x}{x}$ 和 $z=(x-1)^2+(y-1)^2$。

表 2.1 中总结了 MATLAB 中常见的规划函数及其作用。

表 2.1 MATLAB 中常见的规划函数与作用

函数	作用
fminbnd	求一元函数在某个范围内的极值
fminsearch	求多元函数在某个点附近的极值（从起始点开始搜索）
fminunc	求一元或多元函数在某个点附近的极值
fmincon	求解约束极值（非线性规划）
fseminf	求解半无限约束极值
fminimax	求多元函数的最小值和最大值的差
linprog	求解线性规划问题
quarprog	求解二次规划问题
ga	利用遗传算法求解约束极值问题

fminbnd 函数的作用是搜索一元函数在某个区间内的极小值。传递参数除函数外，还需要给出自变量的搜索区间，比如：

```
>> func=@(x)-log(x)/x;
>> [x fval]=fminbnd(func,0,5)


x =
```

```
    2.7183


fval =


   -0.3679
```

解决无约束的多元函数极值问题，常用的函数有 fminsearch 函数和 fminunc 函数，它们的用法如下所示。

```
>> newfunc=@(x)(x(1)-1)^2+(x(2)-1)^2;
>> [x fval]=fminunc(newfunc,[0,0])
>> [x fval]=fminsearch(newfunc,[0,0])
```

尽管这两个函数传递的参数都一样，即都需要给出目标函数和起始搜索的位置（这里设置从 [0,0] 开始搜索），但在 MATLAB 中两个函数的运行结果并不一样。fminunc 函数会返回准确的解 0，而 fminsearch 函数则返回一个很小的但并不是 0 的数。

注意 fminunc 实际上返回的是一个精确解，fminsearch 返回的是一个有精度的数值解。但在实际问题中不是所有问题都有精确解，所以学会查找数值解也是很有必要的。

现在我们介绍约束极值的求解。约束极值的求解最常用的方法是使用 fmincon 函数。这个函数的调用模式为：

```
[x fval] = fmincon(fun,x0,A,b,Aeq,beq,lb,ub,nonlcon)
```

在利用 fmincon 函数求解约束极值的时候，往往和 fminsearch 函数一样需要指定一个搜索区间，而且后面的非线性约束往往写成数组的方式，如：

$$\min f = x_1^2 - 4x_1x_2 + 2x_2^2$$

$$s.t.\begin{cases} x_1 + x_2 \leqslant 10 \\ 4x_1 + x_2 \leqslant 18 \\ x_1^2 - x_2^2 \leqslant 2 \\ 0 \leqslant x_{1,2} \leqslant 10 \end{cases}$$

在这个问题中，既有线性约束条件 A 和 b，又有一个非线性约束条件。这里的非线性约束条件应该编写成函数形式：

```
function [g,h]=nonlincon(x)
    g=[x(1)^2-x(2)^2-2];%非线性不等式约束，做成数组的形式
    h=[];%非线性等式约束，同样是数组，没有就设置为空
end
```

上述函数的调用格式如下。

```
newfunc=@(x)x(1)^2-4*x(1)*x(2)+2*x(2)^2; %这里的函数其实类似于lambda表达式
A=[1 1;4 1];
b=[10;18];
```

```
lb=[0;0];
ub=[10;10];
[x fval]=fmincon(newfunc,[0,0],A,b,[],[],lb,ub,@nonlincon) %这里的@表示引用函数作为参数
```

最终的运行结果如下。

```
Local minimum found that satisfies the constraints.

Optimization completed because the objective function is non-decreasing in
feasible directions, to within the value of the optimality tolerance,
and constraints are satisfied to within the value of the constraint tolerance.

<stopping criteria details>

x =

    3.6569    3.3724


fval =

  -13.2110
```

注意 这里的约束条件一定要写成函数形式，并且 g 和 h 缺一不可，如果某个约束条件不存在，也要补入一个空数组。另外，匿名函数和 function 都可以用于创建函数，在函数中如果自变量是多元的，可以把多个自变量写成数组，如 x，其中 x(2) 表示第二个变量，依次类推。

在上面的例子中如果约束条件中没有非线性约束，而且目标函数是一个二次式，那么我们可以用二次规划来求解。二次规划的标准形式其实就是在一个线性规划的基础上加了二次项：

$$\min f=\frac{1}{2}\boldsymbol{x}^{\mathrm{T}}\boldsymbol{H}\boldsymbol{x}+\boldsymbol{c}^{\mathrm{T}}\boldsymbol{x}$$

$$s.t.\begin{cases}\boldsymbol{Ax}\leqslant\boldsymbol{b}\\ \boldsymbol{Aeq}\cdot\boldsymbol{x}=\boldsymbol{beq}\\ \boldsymbol{lb}\leqslant\boldsymbol{x}\leqslant\boldsymbol{ub}\end{cases}$$

如果上述问题没有 $x_1^2-x_2^2\leqslant 2$，还可以调用 quadprog 函数来求解。quadprog 函数的调用格式如下。

```
[x fval] = quadprog(H,f,A,b,Aeq,beq,lb,ub,x0)
```

用代码来实现该问题，就是：

```
A=[1 1;4 1];
b=[10;18];
lb=[0;0];
ub=[10;10];
H=2*[1 -2;-2 2];
c=[0 0];
[x fval]=quadprog(H,c,A,b,[],[],lb,ub,[0 0])
```

注意 这里的 $\boldsymbol{H}$ 是以二次型的方式表示的。但请注意这里的乘 2，不要漏掉。如果不清楚二次型的概念，请翻阅相关线性代数教材，这里我们不再赘述。

半无限约束下的非线性规划比标准非线性规划多了标量函数约束：

$$\min f(\boldsymbol{x})$$
$$s.t.\begin{cases}\boldsymbol{Ax}\leqslant \boldsymbol{b}\\ C(\boldsymbol{x})\leqslant 0\\ \boldsymbol{Aeq}\cdot \boldsymbol{x}=\boldsymbol{beq}\\ Ceq(\boldsymbol{x})=0\\ \boldsymbol{lb}\leqslant \boldsymbol{x}\leqslant \boldsymbol{ub}\\ K_i(\boldsymbol{x},w_i)\leqslant 0\end{cases}$$

这里的 K 是一个标量函数，w 是引入的外变量，可以把 w 理解为一个参变量。对于这类问题，可以用 fseminf 函数来求解，具体可以看这样一个例子：

$$\min f(x)=(x-1)^2$$
$$s.t.\begin{cases}g(x,t)=(x-\frac{1}{2})-(t-\frac{1}{2})^2\\ 0\leqslant x\leqslant 2\\ 0\leqslant t\leqslant 1\end{cases}$$

解决问题对应的 MATLAB 代码如下。

```
objfun = @(x)(x-1)^2;
x0 = 0.2;
ntheta = 1; %有几个半无限约束（即带t的约束）
A = [];
b = [];
Aeq = [];
beq = [];
lb = 0;
ub = 2;
[x,fval,exitflag,output,lambda] = fseminf(objfun,x0,ntheta,@seminfcon,A,b,Aeq,beq,lb,ub)

Local minimum found that satisfies the constraints.

Optimization completed because the objective function is non-decreasing in
feasible directions, to within the value of the optimality tolerance,
and constraints are satisfied to within the  value of the constraint tolerance.

<stopping criteria details>

x =

    0.5000
```

```
fval =

    0.2500
```

注意

半无限约束极值和标准的非线性规划之间其实也是可以互相转化的。

函数族的 min-max 问题是什么意思呢？这里我们结合一个例子来进行讲解。根据正弦函数和余弦函数的图形（如图 2.5 所示）来找出 f=max{sin(x),cos(x)} 的极值点。

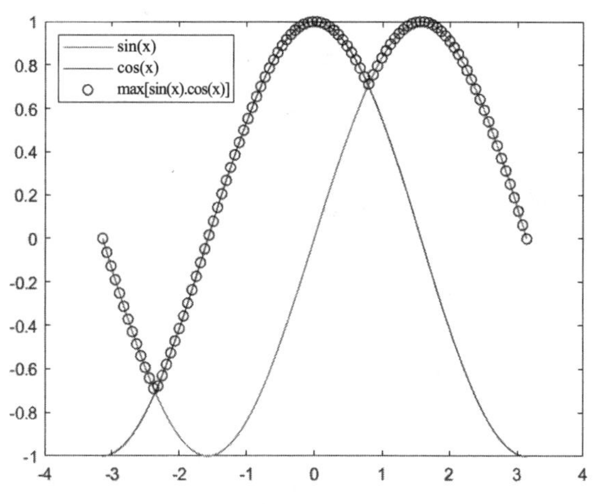

图2.5　正弦函数和余弦函数的图形

图 2.5 中的圆圈所描述的就是 $f(x)$ 的图形，找到 $f(x)$ 的最小值就是针对 {sin(x),cos(x)} 而言的 min-max 问题。对于这类问题，可以利用 MATLAB 中内置的 fminimax 函数进行求解。

```
fun = @(x)[sin(x);cos(x)];
x0 = -1;
x1 = fminimax(fun,x0)
```

找到的最终极值点 x 为 –2.3562。

```
[x fval] = fminimax(fun,x0,A,b,Aeq,beq,lb,ub,nonlcon)
```

我们除了可以使用 MATLAB 提供的内置函数求函数极值外，还可以用两种方法编写自定义的求解器：一种是运筹学派所提倡的数值方法，包括梯度下降法、牛顿法、欧拉法等；另一种是启发学派提倡的启发式搜索，包括遗传算法、粒子群算法、模拟退火等。这些方法在后续的章节中都会介绍。

2.3.4　非线性规划案例选讲

本小节将结合 2 个例子，来帮助大家加深对非线性规划的理解。

例 1：某公司有 6 个建筑工地要开工，每个工地的位置（用平面坐标系 a,b 表示，距离单位为千米）及水泥日用量 d（吨）由表 2.2 给出。公司计划设立 A、B 两个料场，其日储量各为 20 吨。假设料场与工地之间均由直线道路相连。试确定料场的位置，并制定每天的供应计划，使从 A、B 料场分别向各工地运送水泥的总吨千米数最小。

表 2.2　附件表

参数	工地 1	工地 2	工地 3	工地 4	工地 5	工地 6
a（千米）	1.25	8.75	0.5	5.75	3	7.25
b（千米）	1.25	0.75	4.75	5	6.5	7.25
d（吨）	3	5	4	7	6	11

可以分析一下这个问题。规划问题的核心有 3 个要素：决策变量、目标函数和约束条件。决策变量包括哪些？ 2 个料场的坐标未知，坐标分横纵坐标，于是就有了 4 个变量；同时，2 个料场到 6 个工地 12 条线路上的运输量也未知，于是又有了 12 个变量，一共是 16 个变量。距离可以用欧几里得距离来计算，所以可以写出如下目标函数。

```
function s=tkm(x)
    s=0;
    j=4;
    a=[1.25 8.75 0.5 5.75 3 7.25];
    b=[1.25 0.75 4.75 5 6.5 7.25];
    for i=1:6
        s=s+x(j+1)*sqrt((x(1)-a(i))^2+(x(2)-b(i))^2)+x(j+7)*sqrt((x(3)-a(i))^2+(x
(4)-b(i))^2);
        j=j+1;
    end
end
```

这里的 x 是一个 16 维的向量，前 4 维表示 2 个料场的坐标，后 12 维分别表示从料场 1 到 6 个工地的运输量和从料场 2 到 6 个工地的运输量。运输量之间需要满足限制条件：首先，从料场 1 到 6 个工地的运输量之和与从料场 2 到 6 个工地的运输量之和都不能超过 20 吨，这是日储量限制；其次，每个工地从 2 个料场获取的运输量之和得等于自己的需求量。这里可以把每个工地的限制看作大于等于零的约束条件，但为了方便求解也可以把其看作等式约束。

$$\min f(x)=\sum_{i=1}^{6}\sum_{j=1}^{2}m_{ij}\sqrt{(x_j-a_i)^2+(y_j-b_i)^2}$$

$$s.t.\begin{cases}\sum\limits_{i=1}^{6}m_{ij}\leqslant 20, j=1,2\\ \sum\limits_{j=1}^{2}m_{ij}=d_i, i=1,2,\cdots,6\\ m_{ij}\geqslant 0\\ x_1,x_2,y_1,y_2\geqslant 0\end{cases}$$

这样就可以写出等式约束和不等式约束，并使用 fmincon 求解。

```
d=[3 5 7 7 6 11];
%前面4个维度代表料场坐标，接下来6个维度是A到每个工地的运载量，最后6个维度是B到每个工地的运载量
Aeq=[0 0 0 0 1 0 0 0 0 0 1 0 0 0 0 0;%每一行是每个工地求和
     0 0 0 0 0 1 0 0 0 0 0 1 0 0 0 0;
     0 0 0 0 0 0 1 0 0 0 0 0 1 0 0 0;
     0 0 0 0 0 0 0 1 0 0 0 0 0 1 0 0;
     0 0 0 0 0 0 0 0 1 0 0 0 0 0 1 0;
     0 0 0 0 0 0 0 0 0 1 0 0 0 0 0 1];
beq=d';
A=[0 0 0 0 1 1 1 1 1 1 0 0 0 0 0 0; %对料场1求和
   0 0 0 0 0 0 0 0 0 0 1 1 1 1 1 1];%对料场2求和
b=[20 20]';
lb=[0 0 0 0 0 0 0 0 0 0 0 0 0 0 0 0];
ub=[inf inf inf inf inf inf inf inf inf inf inf inf inf inf inf inf];
[x fval]=fmincon(@tkm,rand(16,1),A,b,Aeq,beq,lb,ub);
```

运行这个函数，就可以求得最小的吨千米数和 2 个料场的坐标。

注意

这里由于运载量和 2 个料场的坐标都是未知的，所以目标函数实际上是一个非线性规划问题。大家还可以思考一下，如果把所有的约束都看成不等式约束，那么结果会怎么变？其实最终结果仍然是在边界处取得。

例 2：现在有 3 种产品，产品的收益与成本的关系分别为：

$$\begin{cases} P_1 = 3 + 0.04x_1 + 0.0025x_1^2, 100 \leqslant x_1 \leqslant 200 \\ P_2 = 4 - 0.02x_2 + 0.0033x_2^2, 150 \leqslant x_2 \leqslant 250 \\ P_3 = 6 + 0.0015x_3^2, 150 \leqslant x_3 \leqslant 300 \end{cases}$$

假如你有 700 万元的本金，你应该如何投资使总收益最大？

这个例子也很简单，约束条件无非只有 $x_1 + x_2 + x_3 \leqslant 700$，将目标函数写出来用 fmincon 做优化即可。

```
A=[1 1 1];
b=700;
lb=[100 150 150]';
ub=[200 250 300]';
[x fval]=fmincon(@earn,rand(3,1),A,b,[],[],lb,ub)
function s=earn(x)
    P1=3+0.04*x(1)+0.0025*x(1)^2;
    P2=4-0.02*x(2)+0.0033*x(2)^2;
    P3=6+0.0015*x(3)^2;
    s=-(P1+P2+P3);
end
```

注意

大家可以思考一下，如何把这个问题变成一个二次规划并用 quadprog 求解？

2.4 整数规划与指派问题

在很多实际问题中，变量的取值不仅是有范围的，有时候还有一项重要约束：变量必须取整数。整数这一限制就将连续的空间割裂成了离散的状态空间。一般而言，如果不做特殊说明，这里求解的是整数线性规划问题。

2.4.1 离散优化与连续优化

离散和连续是一对重要的概念。这一对概念其实非常好理解。连续变量的取值是连续的实数，即任意的浮点数（小数）。离散变量的取值是不连续的，可以是整数，也可以是有限的取值。

一类离散优化问题是把前面的线性规划或非线性规划加上一条约束"自变量取整数"。不加整数约束的最优解可能是浮点数，但加上整数约束以后究竟在哪个整数点上取到最优解就难以确定了。如果用枚举的方式去解，复杂度将成倍上涨。

另一类离散优化问题是匹配问题和组合优化问题。比如，给 100 个人匹配 100 项任务，百配百就有 5000 种匹配模式。究竟哪一个匹配模式是最优解呢？那就得在 5000 种匹配模式中搜索，变量就是某一个人是否匹配某一项任务，取值只能是 {0,1}。所以，这是一种离散优化。下面我们还会对这类问题进行介绍。

2.4.2 分支定界法

同单纯形法与蒙特卡洛法之于线性规划，解整数规划的方法也有很多，但其中最典型的两种算法是分支定界法和割平面法。

分支定界法是一种经典的搜索算法，它在规划问题中的主要作用是对上下界进行搜索。分支定界本质上是构造一棵搜索树进行上下界搜索，它会把问题的搜索空间组织成一棵树。分支就是从根出发将原始问题按照整数约束分为左子树和右子树，通过不断检查子树的上下界搜索最优解的过程。

例如，求以下规划的最优解：

$$\max x_1 + x_2 + x_3$$

$$s.t.\begin{cases} 7x_1 + 8x_2 + 7x_3 \leqslant 14 \\ x_{1,2,3} = 0,1 \end{cases}$$

首先如果忽略取值 {0,1} 这个条件，把该问题当作一个取值范围为 [0,1] 的线性规划去做，肯定是有最优解的。这里从 x_3 开始分支，分别按取 0 和取 1 对原始问题进行划分。如果 x_3 取值为 1，那么原始问题变成了 $7x_1+8x_2\leqslant 7$ 的条件下最大化 x_1+x_2+1；如果取值为 0，那么原始问题变成了

$7x_1+8x_2 \leqslant 14$ 的条件下最大化 x_1+x_2。然后分别计算两边的最优解，如果两边都可能存在最优整数解，就对这两种情况再进行划分。每划分一次就会对同一层的子问题求解对应的线性规划（把整数条件换成区间条件）通过比较各子问题的解，我们可以确定哪个子问题的解最小以及哪些子问题还可分，到最后遍历完成就得到了最优解，如图 2.6 所示。

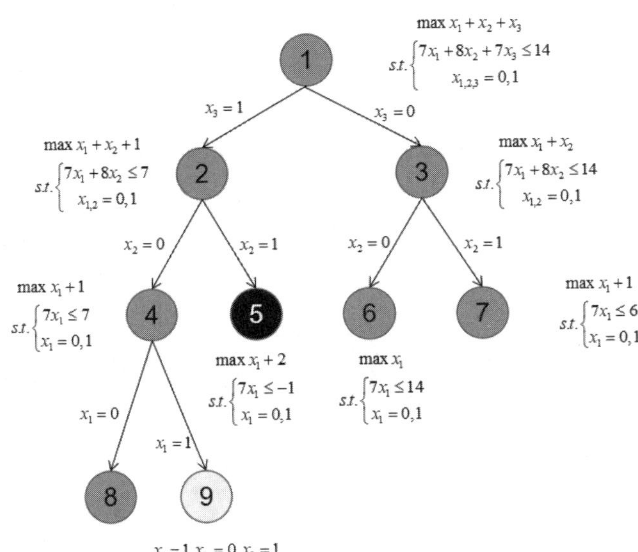

图2.6　分支定界法的流程图

> 注意　在分支定界法中，每经过一层就会更新一个线性规划的最优解（也可以叫作松弛解），在根节点处通常可以将它设置为负无穷，而在子节点中只要能够比上一次的最优解更优就会更新这个最优解。比如，在第三层，节点 4 的最优解是 2，而节点 6 的最优解 1 和节点 7 的最优解 1.8571 再怎么分都不会比节点 4 更优，所以下一步只对节点 4 分支并按照这一分支为子问题定界。

分支定界法的 MATLAB 代码如下。

```
    function [xnew, fxnew, flagOut, iter] = fenzhidingjie(c, A, b, Aeq, Beq, lb, ub, x_best, f_best, iter)
        %递归求解整数规划问题
        iter = iter + 1;
        % 使用linprog求解线性规划问题
        options = optimoptions('linprog', 'Display', 'off'); % 关闭显示输出
        [x, f, exitflag, output] = linprog(c, A, b, Aeq, Beq, lb, ub, [], options);
        % 设置精度
        eps = 1e-4;
        % 检查是否找到可行解
        if exitflag < 0
            flagOut = exitflag;
            xnew = [];
```

```
            fxnew = inf;
            return;
        end
        % 检查解是否为整数解
        isInteger = all(abs(round(x) - x) < eps);
        % 如果解是整数且函数值更优，则更新最优解
        if isInteger && f <= f_best
            x_best = x;
            f_best = f;
        end
        % 如果没有找到整数解，则进行分支
        if ~isInteger
            % 找出第一个非整数解的下标
            [~, pid] = max(abs(round(x) - x)); % 注意：这里使用max是为了找到最大的非整数偏
差，但通常第一个就足够了
            % 分支1：上界分支
        if ub(pid) >= fix(x(pid)) + 1
        templb = lb;
            templb(pid) = fix(x(pid)) + 1;
                [x_temp, f_temp, flagTemp, ~] = fenzhidingjie(c, A, b, Aeq, Beq, templb,
ub, x_best, f_best, iter + 1);
                if flagTemp == 1 && f_temp < f_best
                    x_best = x_temp;
                    f_best = f_temp;
                end
            end
            % 分支2：下界分支
            if lb(pid) <= fix(x(pid))
            tempub = ub;
            tempub(pid) = fix(x(pid));
                [x_temp, f_temp, flagTemp, ~] = fenzhidingjie(c, A, b, Aeq, Beq, lb,
tempub, x_best, f_best, iter + 1);
                if flagTemp == 1 && f_temp < f_best
                    x_best = x_temp;
                    f_best = f_temp;
                end
            end
        end
        % 设置输出
        xnew = x_best;
        fxnew = f_best;
        flagOut = 1; % 假设找到最优解（或至少是一个可行解）
        if isnan(fxnew) || isinf(fxnew)
            flagOut = -3; % 表示没有找到可行解
        end
    end
```

下面用如下例子进行测试。

```
clear;
clc;

A = [9 7;7 20];
b = [56 70];
c = [-40,-90];%标准格式是求min，此题为max，需要转换一下

lb = [0; 0];%x值的初始范围下界
ub=[inf;inf];%x值的初始范围上界

optX = [0; 0];%存放最优解的x，初始迭代点(0,0)
optVal = 0;%最优解
[x, fit, exitF, iter] = fenzhidingjie(c,A, b,[], [], lb, ub, optX, optVal, 0)
```

找到的最优解 x 为 [4,2]，f 为 340，迭代成功。

线性规划在欧几里得空间中的可行域本质上是一个类似于“多边形”的结构，而整数规划的目的本质上是在这个“多边形”中进行修剪找到一个边界都是整数的可行域。对这个可行域的修剪过程又称为割平面法。当然，除割平面法外，隐枚举法、蒙特卡洛方法等也都是解整数规划的常用方法。如果想深入了解这些方法的原理，可以参考相关运筹学教材。这里主要介绍分支定界法的策略，以了解现代优化工具背后运作的底层逻辑。

2.4.3 0-1 规划与指派问题

0-1 规划是整数规划中最特殊的一种。它不仅要求变量是整数，而且只能取 0 或 1，故而名曰 0-1 规划。事实上，在数学建模竞赛中，0-1 规划可以说是最常见的整数规划，是学习的重点。

指派问题又是什么呢？来看下面这个例子。

现在有 4 个人 {A,B,C,D} 可以做 4 项工作 {1,2,3,4}，他们每个人只能做一项工作，所需要的时间如表 2.3 所示。

表 2.3 工作所需时间

人员	工作时间（小时）			
	工作 1	工作 2	工作 3	工作 4
A	6	7	11	2
B	4	5	9	8
C	3	1	10	4
D	5	9	8	2

如果把 4 个人与 4 项工作对应的 4×4=16 项安排作为决策变量，变量取值为 {0,1}，就可以表示某个人是否执行某项工作。一个人只能做一项工作，一项工作也只能由一个人来做。比如，对 A 而言，如果 A 做了 2，就不能做 1,3,4，所以 A 匹配的 4 个变量只能有一个是 1，其余 3 个都是 0。同样，对任务 2 而言，如果它被安排给了 A，那么就不能由 B,C,D 来做，所以任务 2 匹配的 4 个变量也只能有一个是 1，其余 3 个都是 0。由此，给出定义：

$$\min f(x)=\sum_{i=1}^{4}\sum_{j=1}^{4}x_{ij}T_{ij}$$

$$s.t.\begin{cases}\sum_{i=1}^{4}x_{ij}=1\\ \sum_{j=1}^{4}x_{ij}=1\\ x_{ij}=0,1\end{cases}$$

指派问题和 0-1 规划的求解既可以用 MATLAB 的整数规划函数，又可以使用匈牙利法。匈牙利法的操作方法为：对于时间排布表，首先将每行减去当前行的最小值，其次将每一列的值减去当前列的最小值，接着用最少的水平线和竖直线覆盖所有的 0 项。如果线条总数为 4，那么算法停止，给出指派方案；如果线条总数少于 4 条，则将没有被覆盖的每行减去最小值，被覆盖的每列加上最小值，然后重新进行覆盖，整个过程如图 2.7 所示。

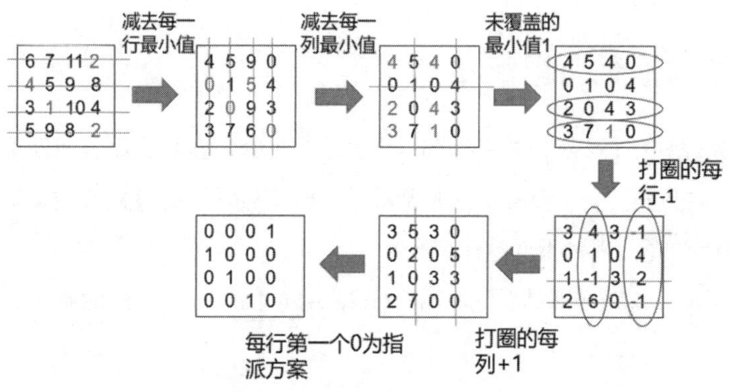

图2.7　指派问题的解法流程

2.4.4　利用 MATLAB 解整数规划

MATLAB 解整数规划的函数为 intlinprog，其调用格式与线性规划的函数 linprog 类似。下面通过两个例子来熟悉它的用法。

现有 6 件货物需要运输，但我们只有一辆载重为 20 吨的汽车，如何安排才能使货物运输的总价值最高？货物的价值和重量如表 2.4 所示。

表 2.4 货物的价值和重量

货物	1	2	3	4	5	6
价值(万元)	540	200	180	350	280	450
重量(吨)	8	3	4	5	3	6

如果把 6 件货物的运输状态用 6 个 0-1 变量来表示，那么约束条件只有重量一条：

$$\max f(\boldsymbol{x}) = \boldsymbol{c}^{\mathrm{T}}\boldsymbol{x}$$

$$s.t.\begin{cases} \boldsymbol{w}^{\mathrm{T}}\boldsymbol{x} \leqslant 20 \\ x_i \in \{0,1\} \end{cases}$$

注意，这里有 6 个 0-1 变量，在 intlinprog 中需要指定变量个数，格式如下。

```
c = [540 200 180 350 280 450];
c = -c;
A = [8 3 4 5 3 6];
b = 20;
intcon = [1:6]; %这一变量是说原问题中有6个0-1变量
lb = zeros(1,6);
ub = ones(1,6);
[x,fval] = intlinprog(c,intcon,A,b,[],[],lb,ub) %调用格式
fval = -fval;
```

在上述问题中当运输货物 1,2,5,6 时会获得最优解 1470。这个问题是一个典型的背包问题，在 2.5 节中还会继续讨论背包问题的解法。

还有一个典型例子是前面提到的排班问题。在处理这个问题时，需要将 0-1 变量按 4×4 矩阵的方式理解，但按 16×1 的矩阵计算。

```
c = [6 7 11 2 4 5 9 8 3 1 10 4 5 9 8 2]';%目标函数系数矩阵
intcon = [1:16]; %16个决策变量
A = zeros(4,16);
%A中1-5对应1号的五件事做不做，6-10对应2号……
%最多只能做一件，且可以一件都不做
for i = 1:4
A(i,(4*i-3):4*i) = 1;
end
b = [1;1;1;1];
Aeq = [repmat(eye(4),1,4)]; %每个事件只有一个人参加
beq = [1;1;1;1];
lb = zeros(16,1); %约束下限
ub = ones(16,1); %约束上限
[x,fval] = intlinprog(c,intcon,A,b,Aeq,beq,lb,ub);
fval
reshape(x,4,4)'
```

2.5 动态规划与贪心算法

动态规划和贪心算法是算法研究的重要组成部分。它们主要用于衡量局部最优与全局最优的关系。

2.5.1 什么是动态规划

有这样一个数学故事：一对小兔子，在成长一年后就可以生下一对小兔子，小兔子再长一年就又能生下一对新的小兔子……这个兔子数列又叫斐波那契数列（Fibonacci），形式是 1，1，2，3，5，8……假设不考虑兔子死亡，怎么推算一百年以后有多少只兔子呢？

我们知道，斐波那契数列的算法是从第三项往后，每一项等于前两项之和。如果把它写成数学上的递推公式，它就被写作：

$$F(n)=F(n-1)+F(n-2), n\geqslant 3$$

而斐波那契数列的前两项为 1。把这个公式翻译为 MATLAB 代码，如下所示。

```
function F=fibonacci(n)
if n==1 || n==2
    F=1;
else
    F=fibonacci(n-1)+fibonacci(n-2);
end
end
```

这段代码中的函数好像在"自己调用自己"，这就是递归的结构。如果想求 $F(100)$，就得先计算 $F(99)$ 和 $F(98)$，而想求 $F(99)$，就又得计算 $F(98)$ 和 $F(97)$。依次类推，一直到 $F(1)$ 和 $F(2)$。当递归到最后的 $F(1)=F(2)=1$ 时，就可以自底而上击破所有的通项。但运行这段代码去求 fibonacci(100) 的时候，会发现 MATLAB 卡顿非常严重。从图 2.8 所示的递归树中可以看到，诸如 $F(98)$、$F(97)$ 等都重复计算了很多次，因此 MATLAB 计算了很多不必要的东西，也增加了很多不必要的时间开销。

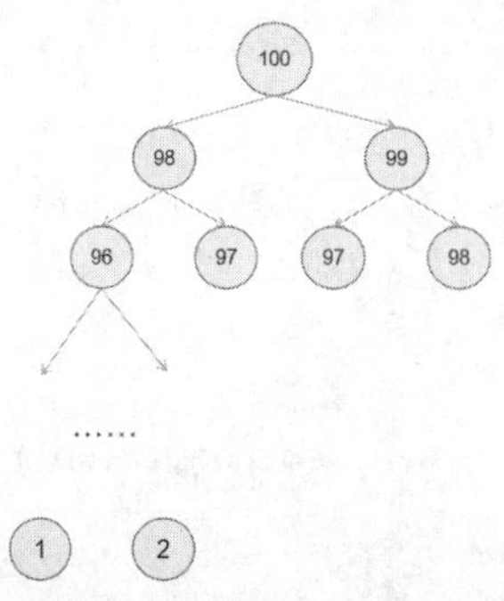

图2.8　斐波那契数列的递归树

为了尽可能减少重复计算的次数，一种可行的方法就是把重复计算的东西存储到一张表中。当需要计算时，不用从头开始递归，而是采取查表的方法开箱即用。这样做虽然减少了重复计算时间开销，但代价是需要占用一定的存储空间，也就是空间开销。这种以空间换时间的方式就是动态规划。

在动态规划中，最主要的就是递归方程。像图 2.8 这样把问题的递归状态空间树画出来是一种很好的理解方式。在画状态空间树的时候，就会发现搜索过程中对于某些问题，有些节点（也就是解）是不合理的，可以采取剪枝策略进行优化。

2.5.2 背包问题的 MATLAB 求解

2.4.4 小节给出的背包问题的案例其实可以用动态规划来求解，由于物品只能选择整个或者不选，不能只选取一部分，所以又叫作 0-1 背包问题。0-1 背包问题在 MATLAB 中没有内置的函数可供调用，所以如果要用 MATLAB 写动态规划结构只能自己写代码，因为情况很灵活。

为了记录方便，可以建立一个数组来存储每一次操作后的背包容量和商品的利润。在开始状况下，背包容量为 20 吨。在检索每一个物品时，我们需要比较物品的体积和背包的剩余容量。如果物品的体积比现有剩余容量大，我们需要从背包中取出某样物品后放入这样物品；如果现有剩余容量可以装得下它，那么我们还需考虑装下它的最优利润和不装它的最优利润。每次装入物品背包的容量都会发生变化。当容量不再是 20 吨时，物品被替换后最优利润的求解难度也就不一样了；如果子问题能够在建立的备忘录数组中检索到，那么这个问题也就可解了。

根据上述描述，可以编写如下 MATLAB 代码。

```
p = [540 200 180 350 280 450]; %利润
w = [8 3 4 5 3 6];  %重量
W = 20; %容量
[x fval] = dp01(p,w,W)

function [IND f] = dp01(p,w,W)
    m = length(p);
    DP = zeros(m,W);
%DP(i,j): 将前i件物品选择性地放入容量为j的背包中所能获得的最大利润
%初始化
    if w(1) <= W
        DP(1,w(1):end) = p(1);
    end
    for i = 2:m
        DP(i,1) = max([p(w(1:i) == 1),0]);
    end
    %i,j>1的情况
    for i = 2:m
        for j = 2:W
```

```
            if w(i) > j  %第i件物品的重量w(i)大于背包的容量j
                DP(i,j) = DP(i-1,j) ;
            elseif w(i) == j  %第i件物品的重量w(i)等于背包的容量j
                if DP(i-1,j)>p(i)
                    DP(i,j) = DP(i-1,j);
                else
                    DP(i,j) = p(i);
                end
            else  %第i件物品的重量w(i)小于背包的容量j
                if DP(i-1,j) > p(i)+DP(i-1,j-w(i))
                    DP(i,j) = DP(i-1,j);
                else
                    DP(i,j) = p(i)+DP(i-1,j-w(i));
                end
            end
        end
    end
    f = DP(m,W);
    IND = [];
    if f > 0
        ww = W;
        tmp = DP(:,ww);
        while 1
            ind = find(tmp == max(tmp),1) ;  %找到装入背包的那个物品
            ww = ww - w(ind);  %更新背包的剩余容量
            IND = [IND,ind];  %更新IND里面的元素
            if ind > 1 && ww>0  %只要不是第一个物品或者背包容量为空
                tmp = DP(1:ind-1,ww);  %重新取出剩余容量的那一列（只保留前面的物品）
            else
                break   %跳出循环
            end
        end
    end
end
```

最后得到的结果为：拿货物 6,5,2,1 时，最大利润可达到 1470 万元。

2.5.3 贪心策略与动态规划的异同

贪心策略是指在问题求解中，每一步总是选择当前最好的选择的策略。以前面介绍的运输货物的背包问题为例，如果一个人采取贪心策略，就不会考虑容量问题和全局最优，只想着怎么把当前的最优选择拿到。第一步他会选择货物 1，因为它最贵重，这个时候只剩下了 12 吨；第二步他看到第二贵重的 6 号货物，这时就只剩下 6 吨空余；第三步他看到第三贵重的 4 号货物并装上车，结果剩下 1 吨空余什么货物也装不了。但显然，这并不是使利益最大化的方案。

贪心策略在某些问题中是有效的，因为它基于一个假设：只要每一步的选择都是最好的，最后的结果一定是最好的。而动态规划是一种全局思想，它主张在决策过程中暂时放弃全局最优解，转而寻求次优解，以确保最后获得最好的结果。

二者的共同之处点是都通过每一步选择一件物品来划分原始问题为子问题，都有子问题结构和可分性，而且它们的最终目标都是使得最后的总价值是最优的。究竟什么问题适合使用贪心策略，什么问题适合使用动态规划，需要具体问题具体分析。

2.6 多目标规划的基本策略

多目标规划是指存在多个目标函数。例如，当你进行投资选股的时候，并不会简单地考虑收益最大化，还会考虑风险。在市场上，没有风险就没有收益，但这个风险你不一定承担得起，所以你会综合考虑多个优化目标。有关投资选股的策略，在后续章节中我们也会简单进行介绍，这里主要介绍如何解决多目标规划。

根据非线性规划的标准形式，我们可以将二目标规划（其实多目标的策略和二目标是一样的）定义为：

$$\min f(\boldsymbol{x}), g(\boldsymbol{x})$$
$$s.t.\begin{cases} \boldsymbol{Ax} \leqslant \boldsymbol{b} \\ C(\boldsymbol{x}) \leqslant 0 \\ \boldsymbol{Aeq} \cdot \boldsymbol{x} = \boldsymbol{beq} \\ Ceq(\boldsymbol{x}) = 0 \\ \boldsymbol{lb} \leqslant \boldsymbol{x} \leqslant \boldsymbol{ub} \end{cases}$$

多目标规划问题的求解方法主要有以下四种。

第一种（也是最常见的一种）就是将多目标问题转化为单目标问题，这就需要对二目标进行综合。具体方法是取一个合适的常数对其进行加权求和：

$$\min f(\boldsymbol{x}) + \lambda g(\boldsymbol{x})$$
$$s.t.\begin{cases} \boldsymbol{Ax} \leqslant \boldsymbol{b} \\ C(\boldsymbol{x}) \leqslant 0 \\ \boldsymbol{Aeq} \cdot \boldsymbol{x} = \boldsymbol{beq} \\ Ceq(\boldsymbol{x}) = 0 \\ \boldsymbol{lb} \leqslant \boldsymbol{x} \leqslant \boldsymbol{ub} \end{cases}$$

常数的取值可以测试不同的数值，在后续也可以探讨最优解与这个常数取值之间的关系（这种关系往往被视为一种灵敏性分析）。

第二种方法是取乘积或取比值。比如，如果想最小化风险 R 并最大化收益 E，可以最大化这样一个目标函数：

$$\max \frac{E(x)}{R(x)}$$

后续章节中，我们还会用这两种方法来求解投资选股问题。

第三种方法理想点法，其基本思想是：与最优解越近的点，其目标函数值往往也越接近最优解。所以，可以先在可行域内分别求两个目标的最优解，然后再在可行域内找点，让这个点到两个目标最优解的距离之和最小。例如，求解下面的多目标规划。

$$\max f_1 = -3x_1 + 2x_2$$
$$\max f_2 = 4x_1 + 3x_2$$
$$s.t.\begin{cases} 2x_1 + 3x_2 \leqslant 18 \\ 2x_1 + x_2 \leqslant 10 \\ x_{1,2} \geqslant 0 \end{cases}$$

用理想点法可以这样求解：

```
fx1=[3;-2];
a=[2 3;2 1];
b=[18;10];
lb=[0;0];
ub=[];
[x1,fav1]=linprog(fx1,a,b,[],[],lb,ub);
fx2=[-4;-3];
a=[2 3;2 1];
b=[18;10];
lb=[0;0];
ub=[];
[x2,fav2]=linprog(fx2,a,b,[],[],lb,ub);
x0=[1;1];
a=[2 3;2 1];
b=[18;10];
lb=[0;0];
ub=[];
x=fmincon('((-3*x(1)+2*x(2)-12)^2+(4*x(1)+3*x(2)-24)^2)^(1/2)',x0,a,b,[],[],lb,ub)
f1=-3*x(1)+2*x(2)
f2=4*x(1)+3*x(2)
```

第四种方法是序贯法等一系列方法，但使用序贯法等方法得到的结果未必是我们最想要的。因为在进行多目标规划的时候，不同的人对各个目标有不同的权衡。比如，投资中，有人希望获得更大的收益，宁可冒一点风险；但有一些人“小心驶得万年船”，更注重防范风险。常言道“一千个人眼中有一千个哈姆雷特”。如何对目标做综合其实是一件富有主观性的工作。所以，在多目标规划问题上，笔者其实倾向于用加权法来进行综合求解。

本章介绍了线性规划、非线性规划等各种规划问题概念，并通过一些案例展示了如何建立相应的数学模型并用 MATLAB 求解。规划问题的核心在于三个要素：决策变量、目标函数和约束条件。学习不仅要知其然，更要知其所以然，所以笔者在介绍 MATLAB 求解线性规划、非线性规划、整数规划、指派问题、动态规划、多目标规划的时候，还介绍了它们背后的逻辑：单纯形法、分支定界法、蒙特卡洛方法、拉格朗日乘子法、匈牙利法……

习题

1. 试着编写程序求解下面的线性规划：

$$\min f_1 = 2x_1 + 3x_2 - x_3$$
$$s.t.\begin{cases} 2x_1 + 3x_2 + 3x_3 \leqslant 100 \\ x_1 + x_2 - 4x_3 \leqslant 60 \\ 3x_1 - 4x_2 \geqslant 15 \\ x_{1,2,3} \geqslant 0 \end{cases}$$

2. 试着编写程序求解下面的非线性规划：

$$\max f_1 = x_1^2 + 3x_2^2 - x_1x_3$$
$$s.t.\begin{cases} x_1 + x_2 + 3x_3 \leqslant 18 \\ 2x_1 + x_2 \geqslant 10 \\ x_{1,2,3} \geqslant 0 \end{cases}$$

3. 五位勇士与五个强盗进行一对一的战斗。勇士只有在最短的时间内打败所有强盗才能救出公主。试问如何将勇士与强盗进行配对才能使五场战斗的总时长最短？每位勇士与每个强盗的战斗时长如表 2.5 所示。

表 2.5　勇士与强盗的战斗时长　　（单位：秒）

勇士	强盗				
	A	B	C	D	E
1	22	16	20	35	18
2	20	12	35	40	26
3	11	19	15	17	21
4	25	30	21	37	40
5	22	26	35	30	19

第 3 章

微分方程与差分模型

本章主要介绍微分方程与差分模型。微分方程在数学领域的研究是一个热点问题，同时在工程中的动力系统也有着广泛的应用。本章除了会从高等数学与计算数值方法的角度来分析微分方程的求解方法与底层逻辑，还会介绍在数学模型中有着广泛应用的微分方程模型。本章主要涉及的知识点如下。

- 微分方程的基本理论。
- 常微分方程的求解。
- 偏微分方程及其求解。
- 微分方程的基本案例。
- 差分方程的求解。
- 一些基本的数值计算方法。

注意：本章内容重在体会微分方程在实际工程中的应用。

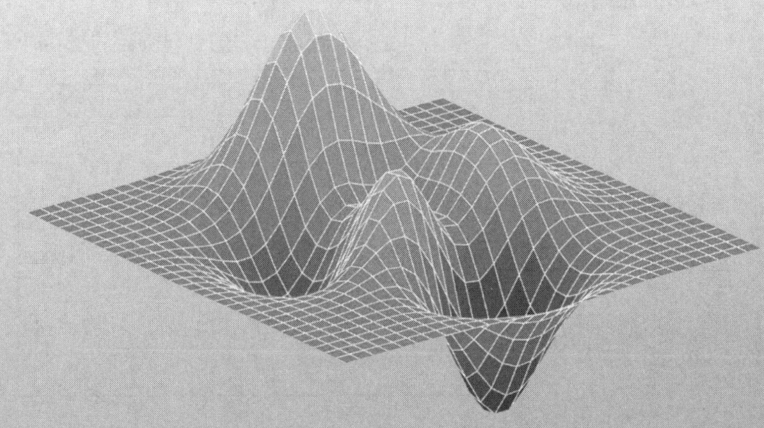

3.1 微分方程的理论基础

微分方程是指含有未知函数及其导数的关系式，其可用于推出未知函数的解析式或函数值随着自变量的变化而呈现的曲线。

3.1.1 函数、导数与微分

微分与导数之间有着密切的联系。导数的几何意义是函数在某一点上的切点的斜率。而微分描述的是，函数在某一点处给自变量 x 一个很小的增量 dx，函数值的变化量与 dx 之间的数量关系。而当 dx 足够小的时候，用极限思想“以直代曲”，即函数的变化量和函数在这一点上切线的变化量 dy 变得非常接近。所以，也记作：

$$\frac{\mathrm{d}y}{\mathrm{d}x}=f'(x)$$

图 3.1 描述的是函数、导数和微分之间的关系。这里微分描述的实际上是 M 点切线的斜率，导数描述的是 MN 这条割线的斜率。但当 dx 足够小的时候，切线斜率等于割线斜率。

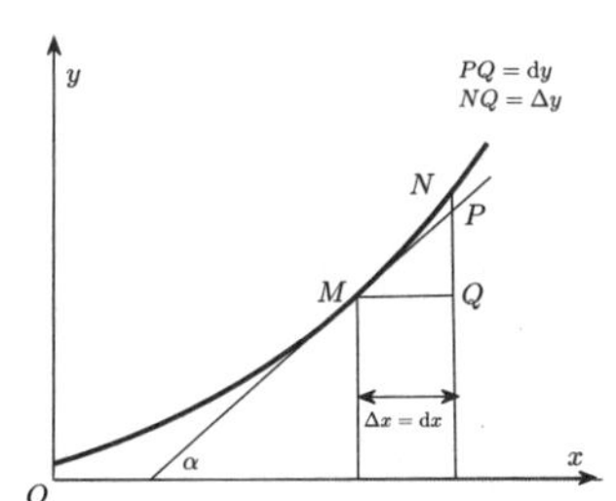

图3.1　函数、导数和微分之间的关系

与求微分相对应的概念是求积分，积分分为不定积分和定积分。其中，不定积分在本质上是给定导函数反推原函数。定积分是反推回原函数以后还需要计算原函数在积分区间的值之差。常见的求微分与求不定积分可以通过对常见函数的导数表来反推。

> **注意**　可能有些人会疑惑：为什么割线斜率等于切线斜率？注意这里的前提是 dx 足够小，是一种极限与逼近的思想。线段 NQ 与 PQ 之间相差了一个线段 PN 所代表的无穷小量。

3.1.2 一阶线性微分方程的解

一阶线性微分方程的形式为

$$\frac{\mathrm{d}y}{\mathrm{d}x}+yP(x)=Q(x)$$

上述方程给出了一元函数 y 和 y 的微分，满足这样一种关系式（其中 P 和 Q 是另外的函数）。解这个方程的常用方法是分离变量积分法和常数变易法。首先解一个特殊的齐次方程，即让 $Q(x)=0$ ：

$$\frac{\mathrm{d}y}{\mathrm{d}x}+yP(x)=0$$

然后分离变量，将两边变形从而得到：

$$\frac{1}{y}\mathrm{d}y=-P(x)\mathrm{d}x$$

接下来在两边加上求不定积分符号，从而得到通解 $y=\mathrm{C}\mathrm{e}^{-\int P(x)\mathrm{d}x}$ ，其中 C 为常数。但 $Q(x)$ 并不一定为 0，所以我们还需要把 C 替换为函数 $C(x)$，然后对 y 求导并将结果带回原方程，再求 $C(x)$ 的表达式。这就是常数变易。有兴趣的读者可以推导一下，这里方程的通解为：

$$y=\mathrm{e}^{-\int P(x)\mathrm{d}x}(\int Q(x)\mathrm{e}^{\int P(x)\mathrm{d}x}\mathrm{d}x+\mathrm{C})\text{（其中 C 为常数）}$$

> **注意** 引入不定积分符号是为了求原函数。齐次方程的右边是 0，而非齐次方程的右边不恒为 0，解非齐次方程更具有一般性，但很多非齐次方程的解也是基于齐次方程的解来进一步求解。

3.1.3 二阶常系数线性微分方程的解

二阶常系数线性微分方程的形式为

$$f''(x)+pf'(x)+qf(x)=C(x)$$

这个方程涉及二阶微分（或者说二阶导数）、一阶导数和原函数之间的关系。要解这个方程，同样先需要将问题转换为齐次方程，也就是先让 $C(x)$ 为 0 ：

$$f''(x)+pf'(x)+qf(x)=0$$

解这个二阶常系数齐次线性微分方程，通常使用特征根法其特征方程为

$$r^2+pr+q=0$$

齐次方程的解的形式与特征方程的解有关。当特征方程有两个不同的实数根、两个相同的实数根、一对共轭复数根时，齐次微分方程的解形式也随着 r 的变化而变化：

$$\begin{cases} y=\mathrm{C}_1\mathrm{e}^{\alpha_1 x}+\mathrm{C}_2\mathrm{e}^{\alpha_2 x}, r_1=\alpha_1, r_2=\alpha_2 \\ y=(\mathrm{C}_1 x+\mathrm{C}_2)\mathrm{e}^{\alpha x}, r_1=r_2=\alpha \\ y=(\mathrm{C}_1\sin\beta x+\mathrm{C}_2\cos\beta x)\mathrm{e}^{\alpha x}, r=\alpha\pm\beta i \end{cases}$$

> **注意** 有读者可能不理解为什么上式中的二次方程根和齐次方程解有关系，其实这正是数学之美的一种体现。如果想验证这个方程的解是不是正确的，其实并不难，用一元二次方程的韦达定理将 p 和 q 进行代换，把两个方程统一，再利用换元法将其降阶为一阶微分方程加以验证即可。

对于一般的二阶非齐次线性微分方程，可以根据右边 $C(x)$ 的形式推出一个特解。而非齐次的

通解，等于齐次的通解加上非齐次的特解。一个微分方程的特解很可能需要通过观察法才可以求出，但幸运的是，有两种特殊形式的微分方程是存在公式的：

$$C(x) = P_m(x)\mathrm{e}^{\lambda x}$$
$$C(x) = \mathrm{e}^{\lambda x}(P_m(x)\cos\omega x + Q_n(x)\sin\omega x)$$

其中，$P_m(x)$ 是一个 m 次多项式，$Q_n(x)$ 是一个 n 次多项式。这两种形式对应的特解为

$$f(x) = x^k P_m(x)\mathrm{e}^{\lambda x}$$
$$f(x) = x^k \mathrm{e}^{\lambda x}(P_i(x)\cos\omega x + Q_i(x)\sin\omega x), i = \max\{m, n\}$$

k 的取值为特征方程根的个数。若特征方程有两个不同的实根则 k=2，若有两个相同的实根则 k=1，若没有实根则 k=0。通过上面的形式就可以解出二阶线性微分方程。

特征根法和“特解 + 通解”的模式不仅适用于二阶线性微分方程，也适用于一般的高阶线性微分方程，无非是特征方程从二次方程变成了多项式方程。但只要特征方程是多项式，就满足韦达定理。

3.1.4 利用 MATLAB 求函数的微分与积分

下面试着利用 MATLAB 来进行微积分中的一些常见运算。在开始进行常见运算之前我们先了解一下符号变量的概念。通过使用 syms 函数来声明符号变量能够帮助我们避免编写复杂的函数，实现表达式即写即用，所求的结果也以通解形式为主而非具体的数值。

在 MATLAB 中，limit 函数可以实现基本的极值运算。该函数的基本调用格式为 limit(f,x,a)，其中各个参数的意义如下。

（1）f 为待求极限的表达式形式。

（2）x 为待求极限的变量。

（3）a 为变量的趋近值。

例如，如果想求 $f = \lim\limits_{x\to a}\dfrac{x^{\frac{1}{m}} - a^{\frac{1}{m}}}{x-a}$ 的极限值，可以输入下面的 MATLAB 代码。

```
syms a m x; %声明符号变量
f=(x^(1/m)-a^(1/m))/(x-a); %不使用function或lambda表达式，直接写函数形式
limit(f,x,a) %调用方法
```

最终求解的结果如下。

```
ans =

a^(1/m - 1)/m
```

MATLAB 给出的是一个通解。syms 类型的数据作为符号变量时，其表达式的书写类似于 function 或 lambda 表达式中的函数，但并不是严格意义上的函数。这一类计算叫作符号计算。符号计算还

可以用来计算函数的微分和积分。比如，如果想计算函数 f 的微分，可以调用 diff 函数：

```
>> diff(f,x,n)
```

它会给出 f 对 x 的 n 阶求导（如果不指定 n，则默认为 1），同时把 m 和 a 视为参数（也可以理解为第 2 章中提过的偏导）。

```
ans =

(a^(1/m) - x^(1/m))/(a - x)^2 - x^(1/m - 1)/(m*(a - x))
```

计算积分的函数为 int，它既可以用于计算定积分又可以用于计算不定积分。比如，如果想求函数 $y=1+\ln(x)$ 的不定积分与 [1,12] 上的定积分，可以像这样调用 int 函数：

```
>> syms g x;
>> g=1+log(x);
>> int(g,x) %不定积分，求解的是原函数x*log(x)，但注意真正的不定积分还会在后面加上常数项C
>> int(g,x,1,12) %定积分，求解的是数值
```

需要注意的是，数学上求不定积分是不可以漏掉常数项 C 的。但用 int 函数求不定积分时往往会忽略掉常数项 C，它没有被列入不代表在最终书写符号解时可以忽略。不定积分要带上常数项的原因也很简单，因为不定积分描述的是一个函数的原函数，原函数加上常数再求导以后这个常数项求导被消除了，但无论加上多大的常数，原函数的求导结果都等于这个函数。所以，在原函数后面通常会带上一个常数项 C。

定积分的结果是精确的形式“12*log(12)”，而非给出一个数值。但如果想求一个保留四位小数的数值，可以使用 eval 表达式求值函数，输入 eval(int(g,x,1,12))。它会输出结果 29.8189。

> **注意** MATLAB 中的 int 和 C、C++、Java、Python 中的 int 不一样。在 Python 中，int 表示整型数，C++ 中还有不同位数（主要是 32bit 和 64bit）的整型变量之分。但在 MATLAB 中 int 是一个函数。MATLAB 变量不需要像 C 语言那样先声明后引用（如 int a=1;）。

多项式的求导、求积分具有一些特殊性，因为有非常明确的规律可循，完全可以利用多项式求导的规律加快求导、求积分的过程，规避一般性运算带来的大开销。在 MATLAB 中，可以用一个向量来记录一个多项式从高次项到常数项的系数。例如，对于一个五次多项式 $y=x^5+3x^3-2x^2+4x+6$ 可以用向量 $\boldsymbol{p}$=[1 0 3 -2 4 6] 来描述。

求多项式的微分与积分除了可以使用 diff 和 int 函数外，还可以使用 polyder 和 polyint 函数。比如，对于上面的多项式，用 polyder 函数求微分为

```
>> polyder(p)

ans =

     5     0     9    -4     4
```

上述结果是一个四次式，其四次项系数为 5，三次项函数为 0，二次项系数为 9，一次项系数为 -4，常数项函数为 4。使用 polyint 函数时需要注意，用 int 函数求不定积分是不会加上常数项 C

的，但用 polyint 函数求解时需要指定常数项 *C*，也就是求积分所得到的多项式常数项应该是多少，比如：

```
>> polyint(p,1)

ans =

    0.1667         0    0.7500   -0.6667    2.0000    6.0000    1.0000
```

另外，polyval 函数也可以用于计算多项式的值。该函数可以计算不同 x 对应的 y，并调用 plot() 折线图绘制函数把图像绘制出来。示例代码如下。

```
>> x=-20:20;
>> y=polyval(p,x);
>> plot(x,y)
```

上述代码中的 plot(x,y) 表示以 x 为横坐标、y 为纵坐标画折线图，–20：20 的用法在第 2 章讲 for 语句时有所提及，polyval 函数则用于求给定多项式 p 在每个 x 值处的函数值。曲线图如图 3.2 所示。

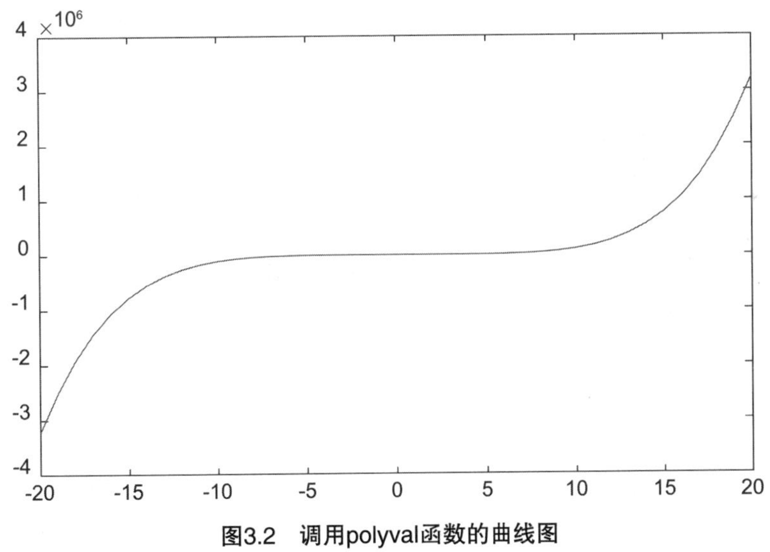

图3.2 调用polyval函数的曲线图

给出了函数 y 的取值，还可以利用 diff 函数求每个点上的导数。与符号变量中的 diff 函数不同，数值向量中，diff 函数的作用是计算相邻两项向量差值。如果 x 的步长足够小，比如 x=–20：0.01：20，y 的微分近似值就可以用 y 的差值向量比 x 的差值向量来描述。例如，求数值导数代码如下。

```
>> diff(y)./diff(x)
ans =

  列 1 至 13
```

```
        727406        589690        472542        373802        291430        223506
168230        123922        89022        62090        41806        26970        16502

    列 14 至 26

        9442        4950        2306        910        282        62
10        6        50        262        882        2270        4906

    列 27 至 39

        9390        16442        26902        41730        62006        88930
123822        168122        223390        291306        373670        472402        589542

    列 40

        727250
```

注意 同样一个函数，传递的参数不同，实现的功能不同，这样的过程其实类似于 C++ 面向对象中的函数重载。

3.2 常微分方程的求解

前面我们了解了微分方程的理论基础和如何用 MATLAB 求微分和积分，现在就开始学习利用 MATLAB 求微分方程的解。

3.2.1 符号解与数值解

符号变量与符号解的目的是在求微分、积分、极限等代数运算时最终得到一个准确的代数表达式。比如，3.1 节的例子求的是定积分，其结果应该是一个确切的数值，但 MATLAB 并没有立刻把它写成小数，而是将完整的精确形式 12*log(12) 写在工作区。

数值变量的目的是求一个满足精度要求的数值。在 3.1 节的最后，利用 diff 函数求解了一个多项式的数值近似微分。当利用 diff 函数求解时，得到的结果不是一个通项而是每个 x 对应的数值微分。如果利用数值积分去求，最终得到的也并非 12*log(12)，而是一个满足精度的小数。当然，这个精度也是根据工程上的需要来确定的，可能是四位，也可能是六位、八位等。

注意 大多数微分方程是没有符号解的，但是很多可以求数值解，所以数值解法比符号解法的应用更加广泛。

3.2.2 利用 MATLAB 求微分方程的符号解

利用 MATLAB 符号变量的等量关系求解，主要需要了解表 3.1 中几个函数的用法。

表 3.1 常见解方程函数

函数	作用
solve	解方程或方程组的符号解
fsolve	从某一点开始搜索函数的零点，可以解方程和方程组
dsolve	解微分方程或微分方程组的符号解
vpasolve	解方程或方程组的数值解
fzero	求非线性函数的零点

其中，solve 函数最大的作用是解超越方程（组）。

在 solve 函数中输入的方程为 $F(x)=0$，将等式的右边统一设为 0，将左边的表达式作为输入函数即可求解。接下来我们试着用 solve 函数解一个单一方程。

```
>> syms x y a b
>> solve(x^4-3*a*x^2+4*b,x) %先输入方程，后输入变量

ans =

  ((3*a)/2 - (9*a^2 - 16*b)^(1/2)/2)^(1/2)
  ((3*a)/2 + (9*a^2 - 16*b)^(1/2)/2)^(1/2)
 -((3*a)/2 - (9*a^2 - 16*b)^(1/2)/2)^(1/2)
 -((3*a)/2 + (9*a^2 - 16*b)^(1/2)/2)^(1/2)
```

输入的方程是 $x^4-3ax^2+4b=0$。solve 函数没有固定的参数，是一个变参函数，可以输入若干个方程，然后指定若干个求解变量。但它求出的并不一定是符号解，比如下面这个例子由于符号解找不到，自动求出了数值解。

```
>> [x1,x2]=solve(x1-3*x2-sin(x1),2*x1+x2-cos(x2),x1,x2) %求解方程组
警告: Unable to solve symbolically. Returning a numeric solution using vpasolve.
```

代码中的警告信息告诉我们，用 vpasolve 函数可以在同样的输入参数下求超越方程（组）的数值解。

fsolve 函数是 MATLAB 优化工具包提供的一种搜索函数零点的方法，与 fzero 类似，只是 fsolve 不仅可以解单一方程，还可以解方程组。示例代码如下。

```
F=@(x)[x(1)-3*x(2)-sin(x(1));2*x(1)+x(2)-cos(x(2))];
[x,fv]=fsolve(F,[0 0])                    %优化求解
```

最终会给出从 [0,0] 处搜索两个函数的解，结果分别为 0.4966 和 0.0067，函数值精度可达小数点后 10 位。如果想测试单一方程的根，也可以用 fzero 函数：

```
fun = @(x) exp(-exp(-x)) - x; %函数
```

```
x0 = [0 1]; %初始范围
options = optimset('Display','iter'); %迭代过程
[x fval] = fzero(fun,x0,options)
```

这里 fzero 输入的 x_0 并非起始的搜索点，而是给定的一元函数的区间范围。想求解的零点也是在 [0,1] 区间范围内搜索，最终结果为 0.5671。

注意 options 函数也是 MATLAB 中的一个重要参数，在优化工具包中几乎所有的函数都可以在最后再加上 options 参数，它的作用是将内部计算的中间结果打印在屏幕上。但这个迭代过程可能非常冗长，所以通常我们不显示这些中间结果，也就不使用这一参数。

dsolve 函数用于解微分方程和微分方程组。首先可以看一个 dsolve 函数解单一微分方程的符号解的例子。

```
>> syms x y t
>> x=dsolve('D2x+3*x=cos(2*t)','t')
```

上述代码指定了函数 x 对自变量 t 的微分方程求解，得到的符号解通项如下。

```
x =

sin(3^(1/2)*t)*(sin(2*t - 3^(1/2)*t)/2 - sin(2*t + 3^(1/2)*t)/2 + (3^(1/2)*sin(2*t +
3^(1/2)*t))/3 + (3^(1/2)*sin(2*t - 3^(1/2)*t))/3) + C8*cos(3^(1/2)*t) - C9*sin (3^(1/
2)*t) - cos(3^(1/2)*t)*(cos(2*t + 3^(1/2)*t)/2 + cos(2*t - 3^(1/2)*t)/2 - (3^(1/2)*
cos(2*t + 3^(1/2)*t))/3 + (3^(1/2)*cos(2*t - 3^(1/2)*t))/3)
```

可以发现，这里的常数项都是不确定的，那是因为没有给出微分方程的初始条件，常数项系数无法确定。所以，还需要加入一些初始条件。

```
>> x=dsolve('D2x+3*x=cos(2*t)','Dx(0)=1/5','x(0)=0','t')
```

dsolve 和 solve 函数均是变参数函数，不仅可以输入单一方程，还可以输入微分方程组。其使用方法为：先输入若干个微分方程组成方程组，再接着输入若干个初始条件（没有也可以忽略），然后输入若干个待求解的自变量。下面我们利用一个例子来介绍如何求微分方程组。

求微分方程组的解：

$$\begin{cases} x''(t)+y'(t)+3x(t)=\cos(2t) \\ y''(t)-4x'(t)+3y(t)=\sin(2t) \end{cases}, x''(0)=\frac{1}{5}, y''(0)=\frac{6}{5}, x'(0)=y'(0)=0$$

利用 MATLAB 提供的 dsolve 函数，可以将方程和初始条件一同输入命令中并计算出结果。

```
>> [x,y]=dsolve('D2x+Dy+3*x=cos(2*t)','D2y-4*Dx+3*y=sin(2*t)','Dx(0)=1/5',
'x(0)=0', 'Dy(0)=6/5','y(0)=0','t') %用符号解的形式给出方程及其初始条件，试图求解解析解

x =

cos(2*t)/5 - (2^(1/2)*cos(3*t + pi/4))/20 - (10^(1/2)*cos(t + atan(1/3)))/20
```

```
y =

(3*sin(2*t))/5 - (2^(1/2)*cos(3*t - pi/4))/10 + (10^(1/2)*cos(t - atan(3)))/10
```

3.2.3 利用 MATLAB 求微分方程的数值解

利用 MATLAB 求微分方程数值解的通用调用格式如下。

```
[t,x]=solver('f',ts,x0,options)
```

（1）t 代表变量，x 代表函数值，solver 代表求解函数，常见的求解函数有 7 种，ts 代表自变量的初始值和终止值，也可以是一个向量。

（2）x0 为函数的初始值。

（3）f 是关于 x 与 t 的微分方程，需要写成函数形式（用 function 和匿名表达式均可）。

（4）options 可以使用 odeset 功能设置误差等内容。

注意 这里的 solver 不是 MATLAB 中内置的函数，而是一个统称。求解微分方程数值解的函数有好几个，不同的微分方程分刚性求解、柔性求解等，这与它的数值特性有关，这里不进行赘述。

表 3.2 列出了 7 种常见的 ode 求解器及其特性。

表 3.2 一种常见的 ode 求解器及其特性

求解器	何时使用	特性
ode45	利用 4-5 阶龙格库塔法求解，精度更高，为首选测试方法	非刚性
ode23	利用 2-3 阶龙格库塔法求解，精度相对低一些	
ode113	利用梯度算法求解，速度快，适合复杂系统	
ode23t	利用梯形算法求解，适合适度刚性问题	刚性
ode15s	精度中等，若 ode45 无效可尝试使用	
ode23s	精度较低，计算时间比 ode15s 更短	
ode23tb	利用梯形算法求解，精度与 ode23s 接近，比 ode15s 更快	

除表 3.2 列出的求解器外，也有 ode89 等高精度求解器。那么，它们背后的底层逻辑——数值计算方法，包括梯度下降法、切线法、欧拉法、龙格库塔法等的工作原理和代码复现，将会在本章的最后一节进行介绍。这里主要介绍如何使用 ode 工具。在 ode 系列求解器中最常使用的是 ode45，把 ode45 的使用方法掌握了，其他 6 个就相对容易了。例如，求解以下微分方程：

$$y-y'=\mathrm{e}^x, y(0)=1$$

这里可以基于函数句柄（使用 @ 符号定义表达式）构造微分方程并调用 ode45 函数来求该微分方程在 [0,1] 区间内不同点的数值解。

```
>> func=@(x,y) y-exp(x); %定义函数
```

```
>> [x y]=ode45(func,[0 1],1); %给出求解范围和初始值
>> plot(x,y)
```

微分方程的解的变化曲线如图 3.3 所示。这里指定的初始值和终止值分别为 0 和 1，步长为 0.25，精度相对较高。

除了单一的微分方程，ode45 还可以用于解微分方程组。例如，求解以下微分方程组在 [0,2] 的数值解：

$$\begin{cases} x'(t)=5(1-x(t))\sin(y(t)) \\ y'(t)=5(t-y(t))\cos(x(t)) \end{cases}, x(0)=y(0)=0$$

此时需要将微分方程组写成一个函数，将 x 和 y 的值都写入一个两维数组中，然后调用这个函数求解该微分方程并绘制图形，代码如下。

```
[t,y]=ode45(@func,[0,2],[0,0]);
plot(t,y(:,1),'b',t,y(:,2),'r')
function dy=func(t,y)
    %说明微分变量是二维的，令y(1)=x,y(2)=y
    dy=zeros(2,1);
    %微分方程组
    dy(1)=5*(1-y(1))*sin(y(2));
    dy(2)=5*(t-y(2))*cos(y(1));
end
```

程序运行得到的解的图形如图 3.4 所示。

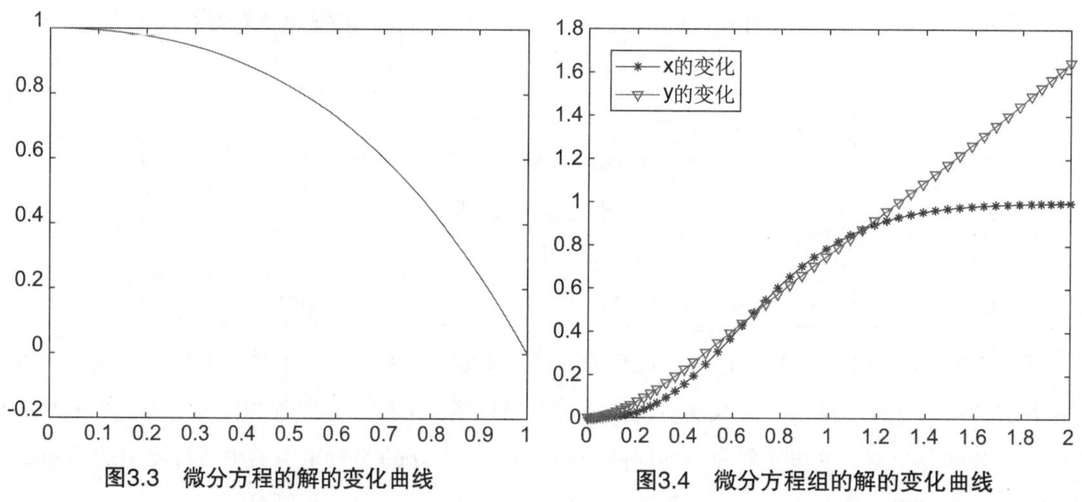

图3.3 微分方程的解的变化曲线

图3.4 微分方程组的解的变化曲线

那么对于高阶微分方程又如何用 ode 求解呢？高阶微分方程（二阶及以上）通常需要降阶为一阶的微分方程组来求解，这样就可以把二阶导数看作一阶导数的导数。例如，求解以下高阶微分方程：

$$y''-(1-y^2)y'+y=0, y(0)=2, y'(0)=0$$

解题思路是把 y' 看作新的函数 z，然后通过一次变形将原方程变成方程组 $\begin{cases} y'=z \\ z'-(1-y^2)z+y=0 \end{cases}$ 其中，$y(0)=2, z(0)=0$。

注意

微分方程降阶本质上是一种换元法，这一策略对多元高阶微分方程组同样奏效。

于是，编写如下代码。

```
vdp1=@(t,y)[y(2); (1-y(1)^2)*y(2)-y(1)];
[t,y] = ode45(vdp1,[0 20],[2; 0]);
```

y 随 t 的变化曲线，如图 3.5 所示。

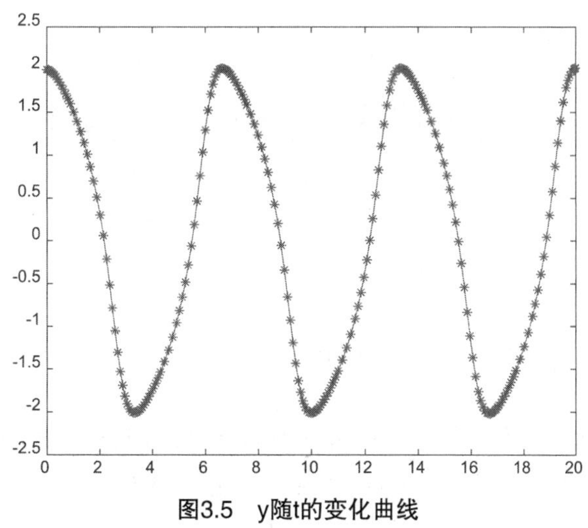

图3.5　y随t的变化曲线

注意

从图 3.5 可知，这个方程组的数值解结果呈周期性变化，这使我们很容易联想到三角函数。读者若有兴趣，可以解出它的解析解并将其与数值解进行对比，分析其系统稳定性和数值计算精度。

3.3 偏微分方程的求解

偏微分方程是数学研究中非常热门的一个领域，一些偏微分方程的符号解和数值解吸引了很多数学家的关注。本节主要介绍偏微分方程的基本形式以及微分方程组的求解方法。

3.3.1 多元函数的偏微分

一个多元函数可能存在多个变量。将多元函数的某一个变量 x 视为“主元”，将其他变量看作参量对“主元”求微分的过程，称为函数对 x 的一阶偏微分。与一阶偏微分对应的是偏导数。有一阶也就有高阶，也就是对 n 阶偏微分再求一次偏微分，但此时可以更换主元。例如，对于 $f(x,y)$ 而言，可以先对 x 求一次偏微分后，再对 y 求一次偏微分。

我们也可以用偏微分定义一些非常重要的量来描述一个多元函数。在后面的内容中我们会频繁地遇到梯度这一说法。它的本质就是将多元函数 $f(x)$ 在某个点上对每个变量分别求偏微分，然后组合成一个向量。假设 $x=[x_1,x_2,\cdots,x_n]$，那么 $f(x)$ 在某一点 X^* 的梯度可以定义为

$$grad(f)=[\frac{\partial f}{\partial x_1},\frac{\partial f}{\partial x_2},\cdots,\frac{\partial f}{\partial x_n}]\bigg|_{x=X^*}$$

而函数的二阶偏微分则可以构成一个矩阵，这个矩阵叫作海森矩阵：

$$\boldsymbol{H}(f)=\begin{pmatrix} \frac{\partial^2 f}{\partial x_1^2} & \frac{\partial^2 f}{\partial x_1\partial x_2} & \cdots & \frac{\partial^2 f}{\partial x_1\partial x_n} \\ \frac{\partial^2 f}{\partial x_2\partial x_1} & \frac{\partial^2 f}{\partial x_2^2} & \cdots & \frac{\partial^2 f}{\partial x_2\partial x_n} \\ \vdots & \vdots & \ddots & \vdots \\ \frac{\partial^2 f}{\partial x_n\partial x_1} & \frac{\partial^2 f}{\partial x_n\partial x_2} & \cdots & \frac{\partial^2 f}{\partial x_n^2} \end{pmatrix}$$

3.3.2 偏微分方程的基本形式和典型方程

偏微分方程的基本形式类似于常微分方程，但不同的是偏微分方程中出现的是多元函数和多元函数的偏微分，有时也会以方程组的形式出现。偏微分方程的研究是基础数学和计算数学领域中比较热门的问题之一，这里主要介绍几个典型的偏微分方程。

比如，常用的二元函数的二阶偏微分方程，其基本形式为

$$A\frac{\partial^2 f}{\partial x^2}+2B\frac{\partial^2 f}{\partial x\partial y}+C\frac{\partial^2 f}{\partial y^2}+D\frac{\partial f}{\partial x}+E\frac{\partial f}{\partial y}+Ff=0$$

如果 A,B,C 三个常系数不全为 0，定义判别式 $\Delta=B^2-AC$，若判别式大于 0，则称其为双曲线式方程；若判别式等于 0，则称其为抛物线式方程；若判别式小于 0，则称其为椭圆式方程。

又如，工程物理中应用颇广的三维热传导方程：

$$\frac{\partial T}{\partial t}=\alpha\left(\frac{\partial^2 T}{\partial x^2}+\frac{\partial^2 T}{\partial y^2}+\frac{\partial^2 T}{\partial z^2}\right)$$

这是一个典型的偏微分方程。温度函数 $T(x,y,z,t)$ 在三维空间坐标 (x,y,z) 处的温度 T 随时间 t 的变化与坐标位置的演变关系如上所示。

再如，大名鼎鼎的“北大韦神”韦东奕在流体流速方程中取得的重要研究进展——有关纳

维 - 斯托克斯方程的研究：

$$\rho\left(\frac{\partial v}{\partial t}+v\cdot\nabla v\right)=-\nabla p+\mu\nabla^2 v+f$$

这一方程更多的是描述流体流速与流体密度、压力、外阻力之间的关系，在机械工程、能源工程等制造领域有着重要应用。

物理学中还有很多著名的常微分方程和偏微分方程（组），比如麦克斯韦方程组、洛伦兹方程等，这些都是基础数学在物理学和工程中的典型应用。

3.3.3 偏微分方程的数值求解

偏微分方程更多的是求数值解，因为多数偏微分方程是没有符号解的。

求数值解主要利用差分代替微分的思想，这与求常微分方程很类似。

下面我们来求解一个椭圆方程：

$$\frac{\partial^2 u}{\partial x^2}+\frac{\partial^2 u}{\partial y^2}=0, x\in[0,a], y=[0,b],$$

$$u(0,y)=0, u(a,y)=\lambda\sin\frac{3\pi y}{b},$$

$$u(x,0)=0, u(x,b)=\lambda\sin\frac{2\pi x}{a}\cos\frac{\pi x}{a}$$

其中，$a=1, b=1, \lambda=1$。学习过数学物理方法的人或许知道，该问题可以用雅克比迭代法解决。方程右侧为0的椭圆方程的一个迭代模式遵循下面的公式。

$$u_{ij}=\frac{1}{4}[u_{i,j-1}+u_{i,j+1}+u_{i-1,j}+u_{i+1,j}]$$

注意 无论是偏微分方程还是常微分方程，始终把握核心思想都是用差分代替微分。

求解思路为：将求解区域初始化为0，设置好边界以后反复迭代，直到前后两次迭代结果的误差小于一个很小的阈值（这里不妨设置为10的-5次方）时停止。求解的代码如下。

```
x=0:0.01:1;
y=0:0.01:1;
[X,Y]=meshgrid(x,y);
Z=0.5*(1/sinh(2*pi)*sinh(2*pi*Y).*sin(2*pi*X)+...   %解析结果，用于与差分方程结果做比较
    1/sinh(4*pi)*sinh(4*pi*Y).*sin(4*pi*X))+...
    1/sinh(3*pi)*sinh(3*pi*X).*sin(3*pi*Y);
N=100;
M=100;
u=zeros(N+1,M+1);
lambda=1;
```

```
u(N+1,1:M+1)=lambda*sin(3*pi*(0:M)*0.01);
u(1:N+1,M+1)=lambda*sin(3*pi*(0:N)*0.01).*cos(pi*(0:N)*0.01);  %设置边界
uold=u;
u(2:N,2:M)=u(2:N,2:M)+2; %启动值
while mean(mean(abs(u-uold)))>=1e-5
        uold=u;
        u(2:N,2:M)=(u(3:N+1,2:M)+u(1:N-1,2:M)+u(2:N,3:M+1)+u(2:N,1:M-1))/4;
end
u_error=mean(mean(u'-Z))
figure; colormap hot;
subplot(1,2,1);meshc(X,Y,Z);  %meshc输出三维等高线图
title('解析法得到的温度场的三维图与等高图')
subplot(1,2,2); meshc(X,Y,u');
title('差分法得到的温度场的三维图与等高图');
```

椭圆方程的数值解与解析解的对比如图 3.6 所示。

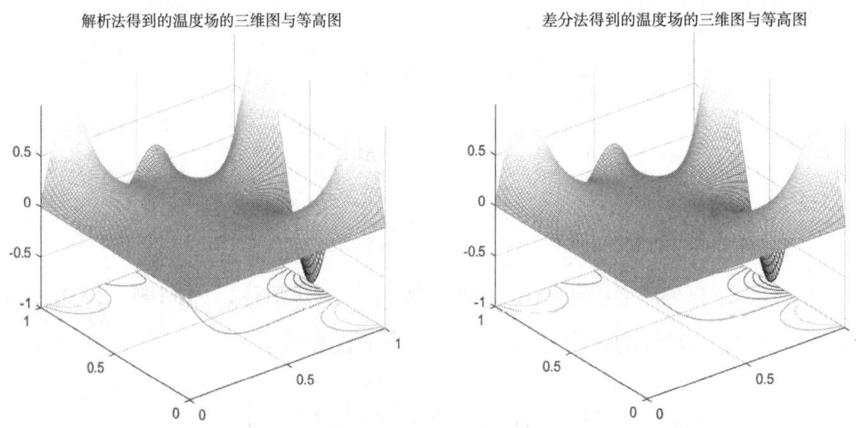

图3.6　椭圆方程的数值解与解析解对比

经计算，总体的平均误差仅为 0.008，数值解非常接近解析解。

接下来我们再解一个一维热传导方程。

$$\frac{\partial u}{\partial t}=\alpha\frac{\partial^2 u}{\partial x^2},u(0,t)=65,u(x,0)=20(x\neq 0),u(1,t)=37,\alpha=0.0002$$

同样基于差分代替微分的思想，利用二阶中心差商将微分改为差分：

$$\frac{u(x_i,t_{j+1})}{d_t}=\alpha\frac{u(x_{i+1},t_j)-2u(x_i,t_j)+u(x_{i-1},t_j)}{d_x^2}$$

求解的代码如下。

```
nx=200; %x被分为等距的200组
nt=200; %t也被分为等距200组
xmax=1; %与热源的最大一维距离为1
```

```
    tmax=1000; %时间步长为1000ms
    dt=1/nt; %一步是0.005s,但乘以总时间1000也就是5ms
    dx=xmax/nx; %步长
    alpha=0.001; %热传导系数，可以自行调整，alpha越大表示传热越快
    condition=zeros(nx+1,floor(tmax*nt)+1); %生成偏微分分析区域
    condition(end,:)=37;
    condition(:,1)=20; %边界条件
    condition(1,:)=65;
    for j=1:floor(tmax*nt)
        for i=2:nx
            condition(i,j+1)=(1-2*alpha*dt/dx^2)*condition(i,j)+(alpha*dt/dx^2)*(condi
tion(i+1,j)+condition(i-1,j));
        end
    end
    figure
    X=0:dx:xmax;
    xl=size(X,2);
    T=0:1:tmax;
    tl=size(T,2);
    [xx,tt]=meshgrid(X,T);
    Z=zeros(xl,tl);
    for i=1:xl
        for j=1:tl
            Z(i,j)=condition(floor(X(i)*nx/xmax)+1,floor(T(j)*nt)+1);
        end
    end
    mesh(xx,tt,Z')
    xlabel('与热源之间的距离d/m')
    ylabel('经过的时间t/ms')
    zlabel('温度/℃')
```

得到的结果如图 3.7 所示。

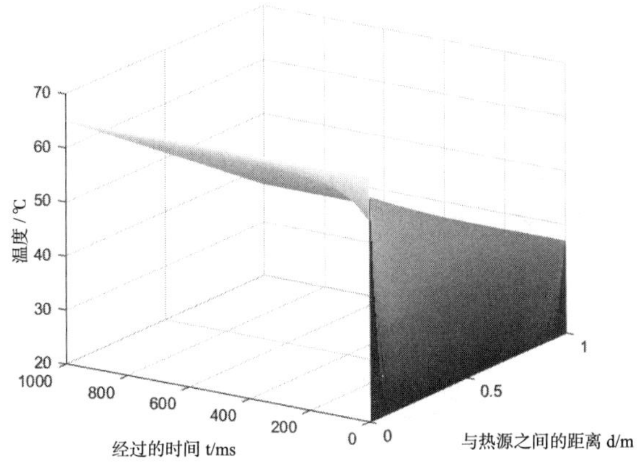

图3.7　一维热方程的仿真模型

图 3.7 展示了与热源不同距离的位置在经过不同的时间 t 温度的变化规律。这个问题是根据 2018 年全国大学生数学建模竞赛 A 题改编而来。

图 3.7 的仿真模型也是国赛中一个非常重要的知识点。

3.4 微分方程的基本案例

本节将主要介绍几个微分方程在实际工业、生活中的建模应用案例，以帮助大家加深对微分方程建模流程的理解。

3.4.1 两类经典的人口增长模型——马尔萨斯和逻辑斯蒂模型

人口增长问题是微分方程建模的一个典型案例。

人口预测中的一个经典模型是马尔萨斯模型，它假设人口的增长率保持不变为一个常数，当年新增的人口数取决于当年现有人口数：

$$\frac{\mathrm{d}x}{\mathrm{d}t}=rx, x(t_0)=x_0$$

即使不使用 MATLAB 我们也可以很快手动计算出该微分方程的结果：

$$x(t)=x_0\mathrm{e}^{r(t-t_0)}$$

其中，增长率 r 为一个常数值。这一模型假设包括如下几点。

（1）不考虑死亡率对人口的影响，只考虑净增长率。

（2）不考虑人口迁移对问题的影响，只考虑自然变化。

（3）不考虑重大突发事件对人口的影响。

（4）不考虑人口增长率变化的时滞性因素。

但是事实上，人口增长率会受到很多外部因素的影响。

因此我们可以使用逻辑斯蒂模型对人口增长率做一些修正：假设某个地区的最大的人口承载量为 xm（也就是我们以前接触到的 K 值），增长率的变化随着人口增长呈线性衰减，原始的马尔萨斯模型被更正为

$$\frac{\mathrm{d}x}{\mathrm{d}t}=r\left(1-\frac{x}{x_m}\right)x, x(t_0)=x_0$$

这个方程是可以求出解析解的，而且我们可以根据计算结果绘制一条S形曲线。方程的解析解为

$$x(t)=\frac{x_m}{1+\left(\frac{x_m}{x_0}-1\right)e^{-r(t-t_0)}}$$

注意 这两个模型都是人口预测中的经典模型，是需要重点掌握的。但这两个模型都比较宏观，没有考虑人口结构、人口迁移等微观的因素，并且在数据量方面也存在一定的限制，当数据量太大时则需要使用时间序列方法。

下面我们来看一个例子。

已知某地1980～2010年的人口变化数据，试对比马尔萨斯模型和逻辑斯蒂模型对人口变化的拟合效果并预测2011年的人口数据。数据在MATLAB代码中存储，这里我们将其解锁出来并保存到变量中。

```
t=[1980:2010];
p=[7285 7397 7519 7632 7737 7847 7985 8148 8317 8491 8649 8763 8861 ...
    8946 9027 9100 9172 9243 9315 9387 9488 9555 9613 9667 9717 9768 ...
    9820 9869 9918 9967 10437];
```

这里我们需要使用曲线拟合工具进行数据处理。

```
y = log(p); %求ln(p)函数值
a = polyfit(t,y,1) %用一次多项式对t和y进行拟合
z = polyval(a,t); %求得以a为系数的多项式在t处的函数值
z1 = exp(z)
r = a(1)
t = t-1980; %整体减去1980
x0 = [11000,0.001]; %待定参数x的初值（可以根据实际情况给出初值，之后再不断调整；其中第一个参数为最大人口数，第二个参数为人口增长率）
x = lsqcurvefit(@population,x0,t,p) %使用函数求得最终的（xm, r）
p1 = population(x,t);
figure;
plot(t+1980,p,'ko',t+1980,z1,'b^-',t+1980,p1,'-r*')
title('模型拟合图')
xlabel('年');
ylabel('人口数');
legend('实际数据','马尔萨斯模型','逻辑斯蒂模型')
function g = population(x,t)
g = x(1)./(1+(x(1)/7285-1)*exp(-x(2)*t));
end
```

最终画出的模型的拟合效果，如图3.8所示。

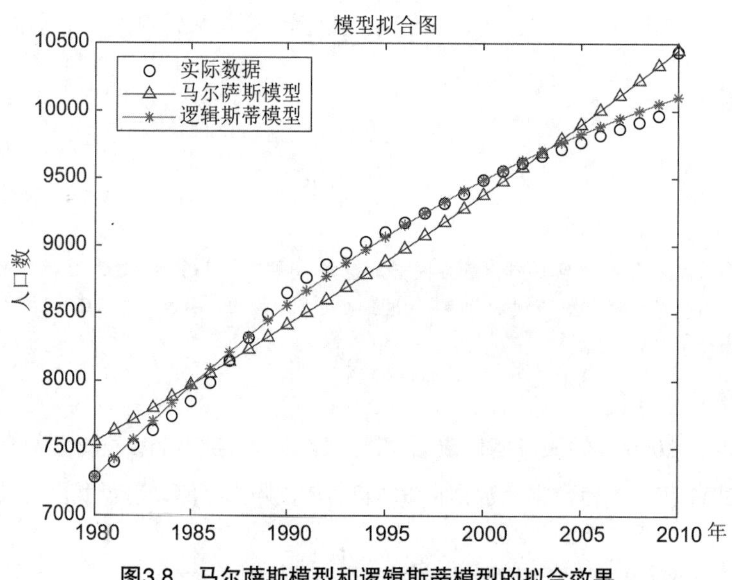

图3.8 马尔萨斯模型和逻辑斯蒂模型的拟合效果

从图 3.8 中可以看到，与马尔萨斯模型相比，逻辑斯蒂模型的拟合值更接近实际数据。从代码中可以看到，逻辑斯蒂模型预测的最大人口为 11000 人，人口增长率初始值为 0.001。代入公式即可预测 2011 年的人口数据。

3.4.2 放射性物质半衰期模型

放射性物质的衰变过程其实与马尔萨斯模型很类似，只是一个是衰减一个是增长。放射量与目前放射性物质的含量有关，其定义为：

$$\frac{\mathrm{d}x}{\mathrm{d}t}=-rx, x(t_0)=x_0$$

结果为

$$x(t)=x_0\mathrm{e}^{-r(t-t_0)}$$

这一方程较为简单，就不进行模拟仿真了。

3.4.3 SI、SIS、SIR、SEIR 模型

SI、SIS、SIR 和 SEIR 模型在还原传染病传播的动力学过程、计算传播能力（传播阈值）、评估效果方面具有独特的优势。

这里结合新型冠状病毒感染来介绍 4 个模型的用法。新型冠状病毒感染性强、变异速度快很难研发出有效的疫苗。所以在建模过程中要考虑易感染者、无症状感染者、感染者三者之间的平衡关系。

注意　这个问题中只要把病毒传染和感染者恢复的速度与人员流向弄清楚就很容易编写代码了。

假如仅考虑将人群的健康码状态分为绿码、黄码和红码，则它们有以下一些动力学特性。

（1）传播速度快，规模大，而且可以连续变化。

（2）三种健康码的比例总和等于 1。

（3）绿码减少的数量与黄码增加的数量相等，黄码减少的数量与红码增加的数量相等，康复的红码数量与恢复的绿码数量相等，即有出就有进，总体保持平衡。

SI 模型是最简单的传播模型，它把人群分为易感者（S 类）和感染者（I 类）两类，可以提高卫生水平，强化防控手段，降低病人的日接触率，推迟传染病高潮的到来。SI 模型的示意图如图 3.9 所示。

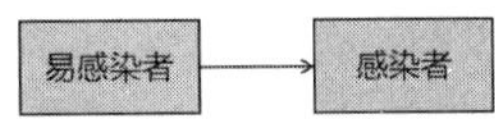

图3.9　SI模型的示意图

易感染者与感染者接触即被感染，变为感染者。以一天作为模型的最小时间单元，设总人数为 N，不考虑人口的出生与死亡、迁入与迁出，即总人数保持不变，将 t 时刻两类人群占总人数的比率分别记为 $s(t)$、$i(t)$，两类人群的数量为 $S(t)$、$I(t)$，初始时刻 t=0 时，各类人数量所占初始比率为 $s0$、$i0$，每个感染者每天接触的易感染者的日接触数 λ，可得数学模型为

$$N\frac{\mathrm{d}i(t)}{\mathrm{d}t}=\lambda Ns(t)i(t)$$

$$s(t)+i(t)=1$$

显然这是一个逻辑斯蒂模型，而逻辑斯蒂模型的图形是一条 S 形曲线，也就是说所有的人都会被感染。这个结果显然不合理，说明模型肯定忽略了某些因素。

SI 模型的仿真代码如下。

```
[t,h] = ode45(@SI,[0 120],0.01);     %0.01为初始感染者占比
plot(t,h,'r*');
hold on;
plot(t,1-h,'g*');
legend('感染人口占比I','健康人口占比S');
title('SI模型')
grid on

function dy=SI(t,x)
beta = 0.1;     %感染率
dy=beta*x*(1-x);
end
```

SI 模型的仿真结果如图 3.10 所示。

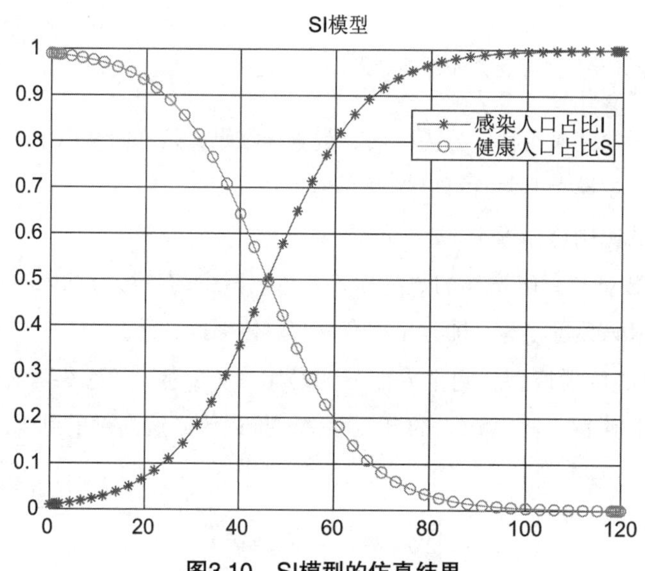

图3.10　SI模型的仿真结果

在 SI 模型的基础上考虑病愈免疫的康复者（R 类）就可以得到 SIR 模型，其示意图如图 3.11 所示。

图3.11　SIR模型的示意图

除了日接触数 λ，SIR 模型还引入了参数日治愈率 μ。模型的表达式为

$$N\frac{\mathrm{d}s}{\mathrm{d}t}=-N\lambda si$$

$$N\frac{\mathrm{d}i}{\mathrm{d}t}=N\lambda si-N\mu i$$

$$s(t)+i(t)+r(t)=1$$

SIR 模型的仿真代码如下。

```
figure;
[t,h] = ode45(@SIR,[0 300],[0.01 0.99]);      %[初始感染人口占比 初始健康人口占比]
plot(t,h(:,1),'r*',t,h(:,2),'b*');
hold on;
plot(t,1-h(:,2),'g*');
legend('感染人口占比I','健康人口占比S','治愈人口占比R');
title('SIR模型')
grid on;

function dy=SIR(t,x)
beta = 0.1;          %感染率
gamma = 0.02;    %治愈率
```

```
dy=[beta*x(1)*x(2)-gamma*x(1);-beta*x(1)*x(2)];
end
```

SIR 模型的仿真结果如图 3.12 所示。

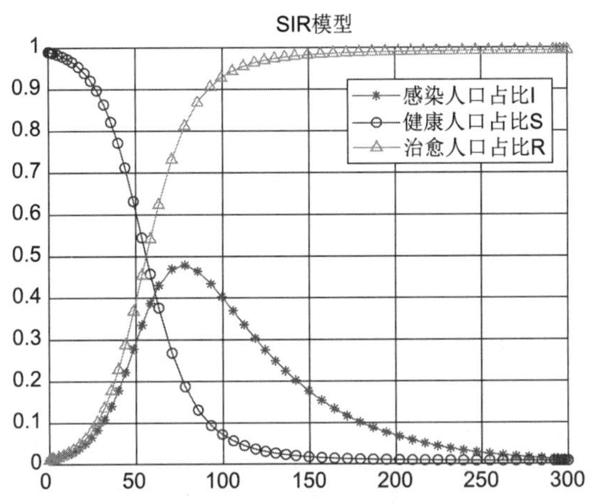

图3.12 SIR模型的仿真结果

SIR 模型的结果已经非常接近真实的传染病传播轨迹。但对于新型冠状病毒感染这类存在潜伏期的疾病，还需要考虑一类人群——疑似病例。现假设易感染者变为暴露者的暴露速度为 λ，疑似病例被确诊感染的速度为 δ，感染者被治愈的速度为 μ，即可得到一种最接近实际情况的模型，也就是 SEIR 模型，其示意图如图 3.13 所示。

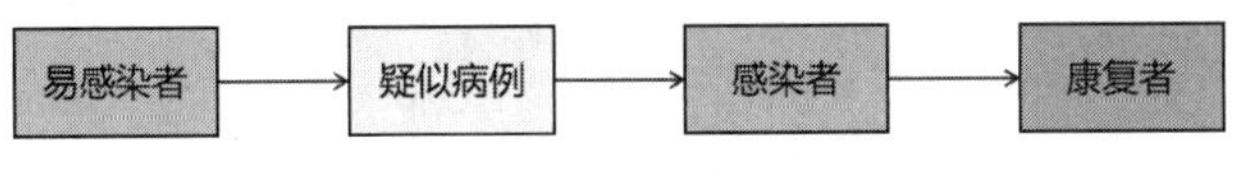

图3.13 SEIR模型的示意图

SEIR 模型的表达式为

$$
\begin{aligned}
&N\frac{\mathrm{d}s}{\mathrm{d}t}=-N\lambda si\\
&N\frac{\mathrm{d}e}{\mathrm{d}t}=N\lambda si-N\delta e\\
&N\frac{\mathrm{d}i}{\mathrm{d}t}=N\delta e-N\mu i\\
&N\frac{\mathrm{d}r}{\mathrm{d}t}=N\mu i\\
&s(t)+e(t)+i(t)+r(t)=1
\end{aligned}
$$

注意 SEIR 模型中可以加入不同的路径图。例如，康复者仍有一定概率变为易感染者，因为新型冠状病毒感染可能有一定的概率发生突变；易感染者也可能通过接种疫苗的方式直接获得免疫变为康复者等。

SEIR 模型的仿真代码如下。

```
figure;
[t,h] = ode45(@SEIR,[0 300],[0.01 0.98 0.01 0]);  %[初始感染人口占比 初始健康人口占比 初始潜伏人口占比 初始治愈人口占比]
plot(t,h(:,1),'r');
hold on;
plot(t,h(:,2),'b');
plot(t,h(:,3),'m');
plot(t,h(:,4),'g');
legend('感染人口占比I','健康人口占比S','潜伏人口占比E','治愈人口占比R');
title('SEIR模型')
grid on;

function dy=SEIR(t,x)
beta = 0.1;             %感染率
gamma1 = 0.05;          %潜伏期治愈率
gamma2 = 0.02;          %患者治愈率
alpha = 0.5;            %潜伏期转阳率
dy=[alpha*x(3) - gamma2*x(1);
    -beta*x(1)*x(2);
    beta*x(1)*x(2) - (alpha+gamma1)*x(3);
    gamma1*x(3)+gamma2*x(1)];
end
```

SEIR 模型的仿真结果如图 3.14 所示。

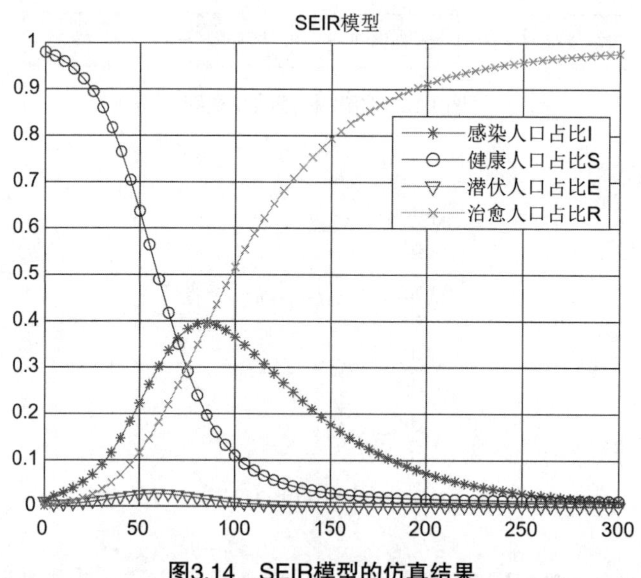

图3.14　SEIR模型的仿真结果

从图 3.14 中可以看到，此时模型已经非常接近实际的新型冠状病毒感染传播情况，可以用于预判新型冠状病毒感染的拐点。

注意

学者认为新型冠状病毒感染的特点是变化的，因此应该分阶段进行模拟仿真。

3.4.4 洛特卡－沃尔泰勒种间竞争模型

洛特卡－沃尔泰勒种间竞争模型是逻辑斯蒂模型的延伸，其主要用于对生物物种之间的竞争关系进行研究。

假设森林里有狼和羊两种动物，狼以羊为食。在没有捕食者的情况下，羊的数量将按增长率为 r_1 的指数律增长。由于捕食者的存在，羊的数量因而减少，设减少的速率与两者数量的乘积成正比：

$$\frac{\mathrm{d}x_1}{\mathrm{d}t} = x_1(r_1 - \lambda_1 x_2)$$

$$\frac{\mathrm{d}x_2}{\mathrm{d}t} = x_2(r_2 - \lambda_2 x_1)$$

上述模型的仿真模拟代码如下。

```
f=@(t,x)[x(1)*(2-0.01*x(2));x(2)*(-1+0.01*x(1))];
[t,x]=ode45(f,[0,30],[10,20])
subplot(1,2,1);
plot(t,x(:,1),'-',t,x(:,2),'-*');
legend('x1（t）','x2（t）');
xlabel('时间');
ylabel('物种数量');
grid on
subplot(1,2,2);
plot(x(:,1),x(:,2))
grid on
```

于是我们得到狼与羊的物种数量变化曲线与相轨线，如图 3.15 所示。

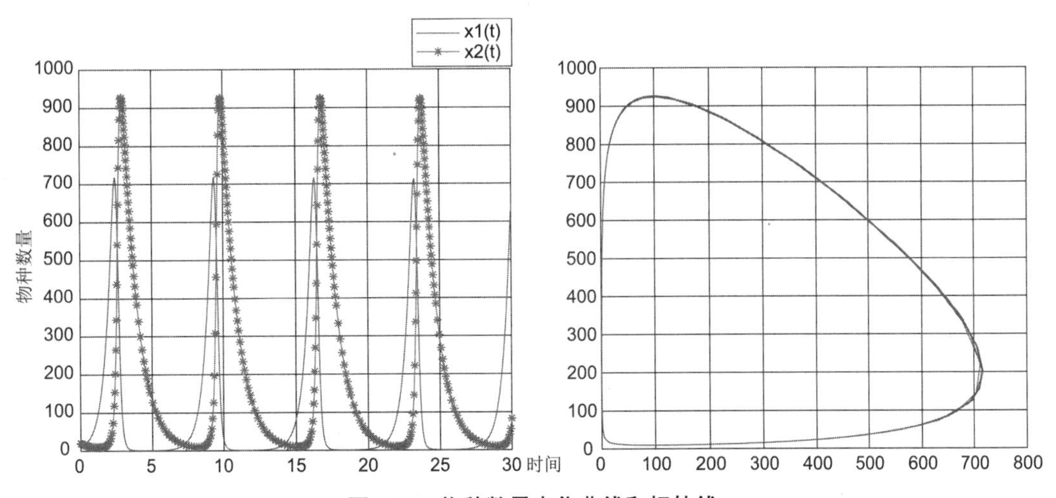

图3.15 物种数量变化曲线和相轨线

在洛特卡－沃尔泰勒种间竞争模型中，两个微分同时为 0 的点被称为不动点。很显然，当狼和羊同时清零的时候是一个不动点，这是没有意义的。因此，我们需要寻找一个新的不动点，也就是 $(\frac{r_1}{\lambda_1},\frac{r_2}{\lambda_2})$，从而使系统保持稳定状态。图 3.15 右侧的相轨线在本质上就是以狼和羊的物种数量为横纵坐标绘制的闭合曲线，它对于分析系统稳定性很有意义。读者若有兴趣，可以尝试改变模型参数观察相轨线的变化。

3.5 差分方程的典型案例

差分方程是一种描述离散时间变量之间关系的数学方程。

3.5.1 差分方程与微分方程建模的异同

差分方程在本质上是微分方程的离散化，解差分方程也是使用递推的方法。另外，常微分方程的通解求解方法与对应的差分方程求解方法也是一样的。微分方程使用建模相对容易，能够考虑到多变量构成的系统，但求解并不容易。相较而言，差分方程是对连续系统的离散化处理，能够考虑更多因素，整体比微分方程应用更为宽泛。

3.5.2 人口模型的新讨论——Leslie 模型

之前介绍的逻辑斯蒂模型和马尔萨斯模型只考虑了增长率的问题，没有考虑人口结构、性别比例和人口迁移等因素的影响。而在正常社会条件或自然条件下，生育率与死亡率是与群体的年龄结构息息相关的。因此我们需要对整个群体按年龄进行层次划分，构建与年龄相关联的人口模型。其中一个典型的代表便是 Leslie 模型。该模型基于不同年龄段人群生育率不同的事实构建变化矩阵，并充分考虑了种群内性别比和年龄段之间的差异。

这里我们将女性人口按年龄大小等间隔划分成 n 个年龄组，并对时间进行离散化处理，从而使时间间隔与年龄组间隔相同。设各个年龄组的生育率 b、存活率 s 不随时间变化，则

$$\begin{cases} f_i(t+1)=\sum_{i=1}^{n} b_i f_i(t) \\ f_{i+1}(t+1)=s_i f_i(t) \end{cases}$$

其中，$i=1,2,\cdots,n-1$。

在上式中，假设已去掉了在 t 时段以后出生而活不到 $t+1$ 时段的人口，记为 Leslie 矩阵：

$$
\boldsymbol{L}=\begin{pmatrix} b_1 & b_2 & \cdots & b_n \\ s_1 & 0 & \cdots & 0 \\ 0 & s_2 & \cdots & 0 \\ \vdots & \vdots & \ddots & \vdots \\ 0 & 0 & \cdots & s_n \end{pmatrix}
$$

记$\boldsymbol{f}(t)=[f_1(t),f_2(t),\cdots,f_n(t)]^{\mathrm{T}}$，则上式可以写作：

$$
\boldsymbol{f}(t+1)=\boldsymbol{L}\boldsymbol{f}(t)
$$

只要求出矩阵$\boldsymbol{L}$并根据人口分布初始变量$f(0)$，就可以求出t时刻的女性人口分布向量$f(t)$。再将预测的女性人口数除以女性占比就可以得到t时刻的全国总人口$N(t)$。

下面我们根据2020年的中国人口数据对未来一段时间的中国人口进行预测。经过模拟仿真的人口变化趋势，如图3.16所示。

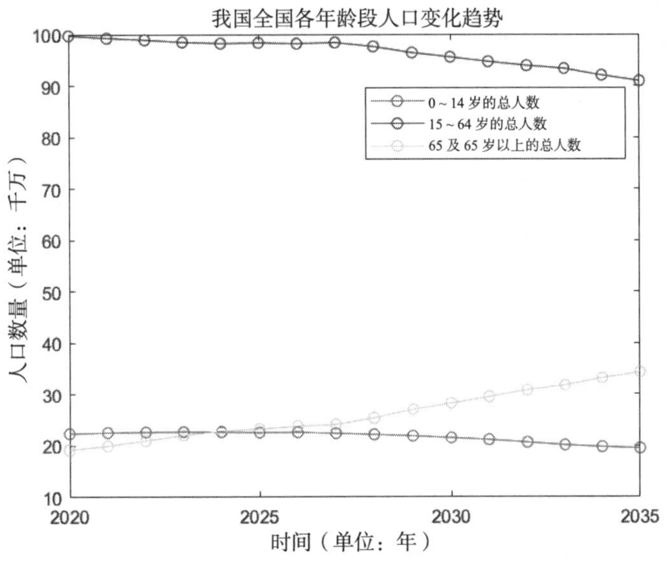

图3.16　经模拟仿真的人口变化趋势

从图3.16中可以看到，在三孩生育政策执行后未来14年内15～64岁的人口数量及所占比重仍在减小。到2035年65岁及以上的人口数量占总人口的23.7%，老龄化问题仍然难以得到有效解决。

模拟仿真代码如下。

```
clc,clear
p=0.48764 %2020年女性所占总人口比例
a=xlsread('data3.xlsx');
N=a(:,1);
N0=N(~isnan(N)); %第0年（2020）年女性各年龄段人口数（万）
N00=(N0/1000)' %第0年（2020）年女性各年龄段人口数（千万）
A=eye(90);
```

```
b=a(:,8);
b0=b(~isnan(b));
b1=((b0([1:90],1))/100)'
for i=1:90
 A(i,:)=A(i,:)*b1(1,i);
end
c=a(:,9);
c0=c(~isnan(c));
c1=((c0([1:90],1))/1000)'; %修正后的生育率
M=sum(c1'); %总和生育率
d=zeros(91,1);
B=[c1;A];
L=[B,d]; %构造的Leslie模型
G=[];
for i=0:15
 X=L^i*(N00'); %第i年后各个年龄段的女性人口数（千万）
 G=[G,X];
 Z=X./p; %第i年各个年龄段的人口总数预测
 K(i+1,1)=sum(Z);
 S1=sum(Z([1:15],:)); %第i年0~14岁的总人数
 D(1,i+1)=S1;
 S2=sum(Z([16:65],:)); %第i年15~64岁的总人数
 E(1,i+1)=S2;
 S3=sum(Z([66:91],:)); %第i年65及以上的总人数
 F(1,i+1)=S3;
end
K %2021~2035年人口总数
D %0~14岁的总人数（包括男女）
E %15~64岁的总人数（包括男女）
F %65及以上的总人数（包括男女）
G %每个年龄段的女性人数
x=2021:2035;
y=K;
figure(1)
plot(x,y,'*')
title('我国全国总人口变化趋势');
xlabel('时间（单位：年）');
ylabel('人口数量（单位：千万）');
x=2021:2035;
y1=D';
y2=E';
y3=F';
figure(2)
plot(x,y1,'-or',x,y2,'-ob',x,y3,'-og')
title('我国全国各年龄段人口变化趋势');
xlabel('时间(单位：年)');
```

```
ylabel('人口数量（单位：千万）');
hold on;
legend('0~14岁的总人数','15~64岁的总人数','65及以上的总人数');
hold off;
```

3.6 基本的数值计算方法

为了帮助大家理解 MATLAB 的底层计算逻辑，这里介绍一些基本的数值计算方法。有兴趣的读者，还可以试着编写一个求解器。

3.6.1 MATLAB 究竟靠什么求数值解

计算方法，是一种研究并解决数学问题的数值近似解方法，简单地说就是利用计算机求解具体的数学问题。

在科学研究和工程技术中都要用到各种数值计算方法。例如，在航天航空、地质勘探、汽车制造、桥梁设计、天气预报和汉字字体设计中都有计算方法的踪影。计算方法既具有数学的抽象性和严谨性，又具有物理的实用性和实验性特征。计算是一门理论性和实践性都很强的学科。在 20 世纪 70 年代，大多数学校仅在数学系的计算数学专业和计算机系开设计算方法这门课程。随着计算机技术的迅速发展和普及，现在计算方法课程几乎已成为所有理工科学生的必修课程。计算方法的计算对象是微积分、线性代数、常微分方程中的数学问题，包括插值和拟合、数值微分和数值积分、线性方程组求解、常微分方程和偏微分方程的数值求解等。

在 fzeros、ode45 等函数的内部实现中，正是这些数值计算方法在起作用。下面介绍几种比较经典的数值计算方法。

3.6.2 梯度下降法

梯度下降法的基本原理很简单，就是从某个起始点开始搜索，在搜索过程中计算当前位置的梯度，每一次迭代遵循如下的迭代公式：

$$x_{t+1} = x_t - \alpha \cdot grad(f)$$

当前后两次迭代的函数值之差满足一个很小的阈值（误差的容许范围）时，就可以认为迭代基本成功。当极值点的偏导数为 0，以及梯度的模近似为 0 时，也可以认为极值迭代成功。但笔者认为，用函数值之差作为判定准则更为准确。

注意 由于机器学习涉及的数据量很大，其数值计算往往并不能简单地用梯度下降求数值解。因为机器学习中的数据量很大，梯度下降分为随机梯度、批量梯度和小批量梯度三种方法，在此基础上还可以引入动量等方法。这些后续章节再来介绍。

接下来我们编写如下的代码实现梯度下降函数。

```
function [k ender]=steepest(f,x,e)
syms x1 x2;
d=-[diff(f,x1);diff(f,x2)];  %分别求x1和x2的偏导数，即下降的方向
flag=1;  %循环标志
k=0; %迭代次数
while(flag)
    d_temp=subs(d,x1,x(1));       %将起始点代入，求得当次下降x1梯度值
    d_temp=subs(d_temp,x2,x(2)); %将起始点代入，求得当次下降x2梯度值
    nor=norm(d_temp); %梯度的模
    if(nor>=e)
        x=x+0.02*d_temp; %更新起始点x
        k=k+1;
    else
        flag=0;
    end
end
ender=double(x)  %终点
end
```

以函数$f=(x-2)^2+(y-1)^2$的极值为例，利用梯度下降函数进行求解。

```
syms x1 x2;
f=(x1-2)^2+2*(x2-1)^2;
x=[1;3];
e=10^(-5);
[k ender]=steepest(f,x,e)
```

最终求得的结果如下。

```
ender =

   1.999995198577626
   1.000000000027377
```

可以看到结果非常接近精确解 [2,1]，虽然有一定的误差，但误差范围满足预先设置的要求。

3.6.3 牛顿法

牛顿法原本是用于求解方程的零点搜索问题的，但在本质上函数的极值也可以抽象为导数的零点问题，所以牛顿法也可以用于解极值点。牛顿法又称为切线法，它的原理如图 3.17 所示。

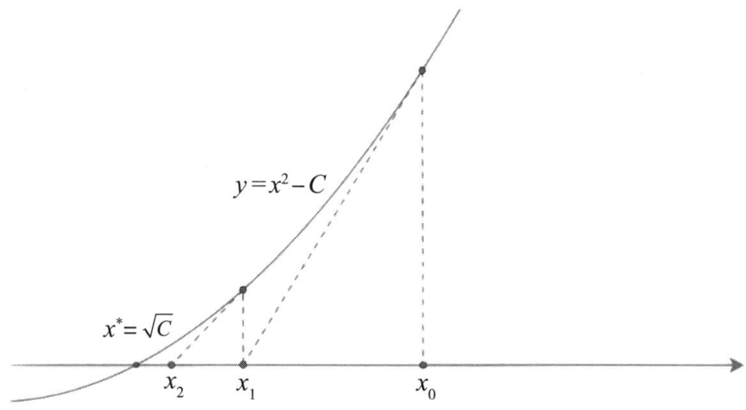

图3.17 牛顿法的原理

如图3.17所示，假如要求函数$y=x^2-C$的零点，从x_0开始搜索。首先牛顿法会在$x=x_0$处作y的切线，求切线与x轴的交点x_1，然后在$x=x_1$处作y的切线得到切线与x轴的交点x_2，如此不断迭代下去，最终这个值会收敛在离x_0最近的零点处。根据描述，可以编写如下MATLAB代码来求函数$f=\frac{1}{7}x^4-x-2$的零点。

```
function x=newton(x0,epsilon)
    f=@(x) 1/7*x^4-x-2; %原函数，可修改
    df=@(x) 4/7*x^3-1; %导函数，也可以使用diff求解
    count = 1;
    e = 1;
    max_iter=100;
    while abs(e) > epsilon
        x1 = x0 - f(x0)/df(x0);%利用vpa函数控制精度
        e = x1 -x0;
        x0 = x1;
        count = count + 1;
        if count>max_iter
            fprintf('牛顿迭代发散。\n')
            break
        end
    end
    x = x0;
end
```

可以用下面的测试用例来检测用牛顿法搜索方程根的效果。

```
epsilon = 10^(-6);      %允许的误差

x0 = -2;
fprintf('x0 = %f\n',x0)
x = newton(x0,epsilon);
fprintf('迭代结果x = %f\n',x)
```

```
x0 = 1.1;
fprintf('x0 = %f\n',x0)
x = newton(x0,epsilon);
fprintf('迭代结果x = %f\n',x)

x0 = 4;
fprintf('x0 = %f\n',x0)
x = newton(x0,epsilon);
fprintf('迭代结果x = %f\n',x)
```

最终解的结果如下。

```
x0 = -2.000000
迭代结果x = -1.419682
x0 = 1.100000
迭代结果x = -1.419682
x0 = 4.000000
迭代结果x = 2.348930
```

程序能够利用牛顿法搜索到离起始点最近的一个零点，实验成功。其中，f 函数在 newton.m 文件中的值可以修改，f 的导函数可以用 diff 命令求解。

3.6.4 欧拉法与龙格库塔法

前面提到过，数值计算微分方程的底层逻辑中一个最基本的思想是“用差分代替微分”，而欧拉法和龙格库塔法也正是依据这一思想得到的。图 3.18 给出了龙格库塔法的示意图。

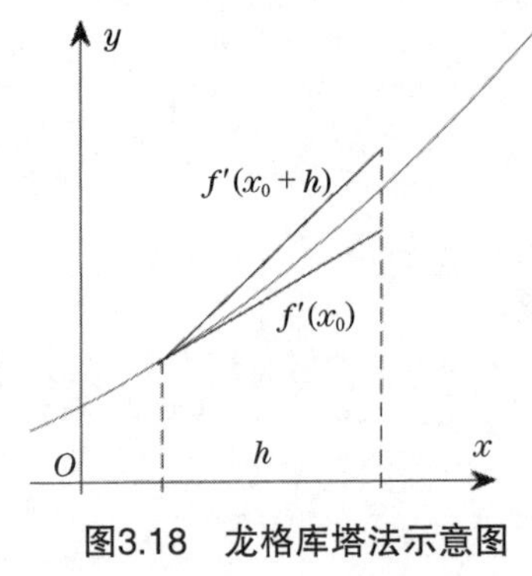

图3.18 龙格库塔法示意图

如图 3.18 所示，h 为一个小微元，数值微分计算的目的是在每一次计算中都实现“以直代曲”，即在小的时间段上函数值的差分增量能够尽可能逼近微分增量。然而，从图 3.18 中可以明显看到，如果以 x_0 处的导数为斜率，差分增量比微分增量小；而以 (x_0+h) 处的导数为斜率，差分增量则比微分增量大。是否有一个折中的方法呢？

第一种方法是计算 x_0 处的切线斜率和 (x_0+h) 处的切线斜率的平均值，利用这一平均斜率来近似直线的差分增量，使之与微分增量更为接近。这种方法被称为改进欧拉法。

注意　根据当前导数和下一步导数值进行迭代过程的方法分别叫作前向欧拉法和后向欧拉法。

第二种方法是在 x_0 和 (x_0+h) 之间取不同的点的斜率进行迭代平均，这种方法被称为龙格库塔法。经典四阶龙格库塔法的迭代斜率如下：

$$\begin{cases} K_1 = f(x_i, y_i) \\ K_2 = f(x_i + \dfrac{h}{2}, y_i + \dfrac{K_1}{2}h) \\ K_3 = f(x_i + \dfrac{h}{2}, y_i + \dfrac{K_2}{2}h) \\ K_4 = f(x_i + h, y_i + K_3 h) \\ y_{i+1} = y_i + h(K_1 + 2K_2 + 2K_3 + K_4)/6 \end{cases}$$

下面我们来编写一个程序实现龙格库塔法。

```
function [x,y]=runge_kutta(ufunc,y0,h,a,b)
n=floor((b-a)/h);          %步数
x(1)=a;                    %时间起点
y(:,1)=y0;                 %赋初值，可以是向量，但是要注意维数
for i=1:n                  %龙格库塔方法进行数值求解
    x(i+1)=x(i)+h;
    k1=ufunc(x(i),y(:,i));
    k2=ufunc(x(i)+h/2,y(:,i)+h*k1/2);
    k3=ufunc(x(i)+h/2,y(:,i)+h*k2/2);
    k4=ufunc(x(i)+h,y(:,i)+h*k3);
    y(:,i+1)=y(:,i)+h*(k1+2*k2+2*k3+k4)/6;
end
end
```

上述程序在洛伦兹方程上的测试结果如图 3.19 所示。洛伦兹方程实际上就是“蝴蝶效应”的数学原理，它的曲线非常像一只蝴蝶。

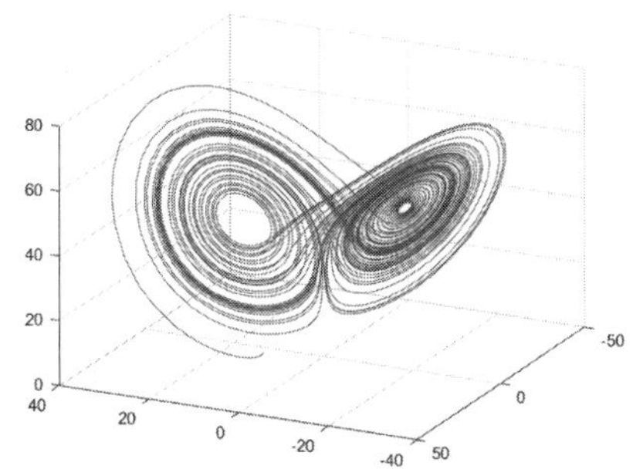

图3.19　洛伦兹方程的模拟结果

读者若有兴趣，还可以试着改写上面的程序来改进欧拉法。

本章我们学习了微分方程系列的模型。本章内容很多，从高等数学到偏微分方程、数学物理方法和数值分析等均有涉及，因此只能简要介绍一下。希望通过这些案例，读者能掌握一条核心思想：用差分代替微分。在代码实践部分重点掌握 dsolve 和 ode45 的用法就足够了。

此外，我们深入探讨了人口增长模型、新型冠状病毒传染模型、狼羊种群模型等典型案例。这些案例不仅展示了如何从实际问题中抽象出数学的元素，而且通过构建微分方程及其求解过程，进一步揭示了数学与实际问题的紧密联系。

在本章的最后，我们介绍了一些数值方法，读者若有兴趣，可以试着编写一个求解器。

习题

1. 求下列微分方程的符号解和数值解，并在求解过程中探究不同初值条件对解的影响。

$$y''-4y'+3y=xe^x$$

2. 查找资料，试着编写洛伦兹方程的代码。

3. 探究对 SEIR 模型的如下改进。

（1）如果感染者不能全部治愈，即存在死亡人群，那么在引入死亡率参数后应该如何对 SEIR 模型进行改进？

（2）在（1）的基础上，如果易感染者开始接种疫苗，且接种疫苗后可获得永久免疫，则如何改进 SEIR 模型？

第 4 章

数据处理的基本方法

本章主要介绍数据处理的基本方法。数据处理是数学建模的基础。本章主要涉及的知识点如下。

- 什么是数据?
- 数据的预处理。
- 数据的插值方法。
- 数据的拟合方法。
- 数据可视化的基本方法。

注意：本章的内容比较简单，旨在帮助读者对“数据”的概念形成明确的认知，同时掌握一些处理数据的基本方法。

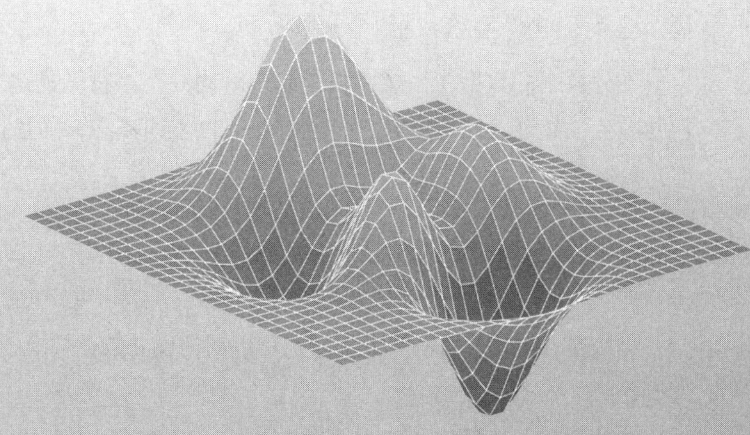

资源下载码：mat2410

4.1 什么是数据

提到“数据”，很多人首先想到的可能是一张 Excel 表格或 SQL 文件。但事实上，“数据”并不仅仅是指一张 Excel 表格。

4.1.1 数据的概念

古希腊的先哲毕达哥拉斯曾说“万物皆数”。纵观整个自然科学，物理学、化学中包含了大量的数据，计算机科学离不开数据的支撑，在社会学、经济学乃至新闻领域，也随处可见量化研究的影子。

很多你想象不到的东西都可以转化为数据。你或许无法想象，唐诗宋词、一首歌曲或者你女朋友的自拍照也被称为“数据”吧？但这些都是广义的“数据”。因为数据的作用是描述与传递信息；而信息的载体是多种多样的，只要是人类能够感知与认知的信息，都能够交给计算机处理。

我们可以把这些信息的不同形式称为“模态”，具体如下。

（1）数值类数据：如结构化的 Excel 表格和 SQL 文件。

（2）文本类数据：如新闻报道、微博评论、餐饮点评等文字。

（3）图像类数据：以一定尺寸存储在计算机内的黑白或彩色图像。

（4）音频类数据：如音乐、电话录音等。

（5）信号类数据：如地震波的波形、电磁波信号、脑电信号等。

这些形式的数据都可以用来做数学建模。文本的“数化”可以通过词频统计、TF-IDF（词频 - 逆文档频率）、词嵌入等操作来实现；图像在计算机中本身就是以 RGB 三个通道的大矩阵来存储每个像素点的颜色信息的；音频类和信号类数据则更简单，由于它们本身可以被视为波，因此可以用信号与系统的概念和方法实现“数化”。

不同模态的数据往往能够联合起来对同一个事物做描述。例如，对狗进行描述，既可以使用它的图片，又可以使用叫声。能够整合来自不同模态，却描述同一事物的数据进行联合建模的模型，我们称之为多模态模型。

4.1.2 小数据与大数据

小数据与大数据的一个主要区别是数据规模。数据规模达 GB 及以上级别的为大数据，反之则为小数据。

小数据和大数据的处理方法存在差异，但并不是截然分开的。比如，线性回归主要用于处理小数据，但是也可以用来处理大数据；神经网络在处理大数据时表现更出色，因为当数据规模较小时，可能导致模型学习效果不佳。

4.1.3 数据科学的研究对象

德鲁·康威（Drew Conway）在 2010 年阐释“数据科学”的时候称，数据科学是统计学、计算机科学和领域知识的交叉学科。其实数学建模亦是如此，它需要数学基础和计算机基础，而且在解决实际工程问题的时候还需要特定的工程背景。此三者缺一不可。“数据科学”不应该只是纯粹地让学生学习机器学习尤其是有监督学习，更不应该变成一门只研究如何做 Excel 表格而对图像、文本等模态数据充耳不闻的科学。

数据科学的研究对象如图 4.1 所示。

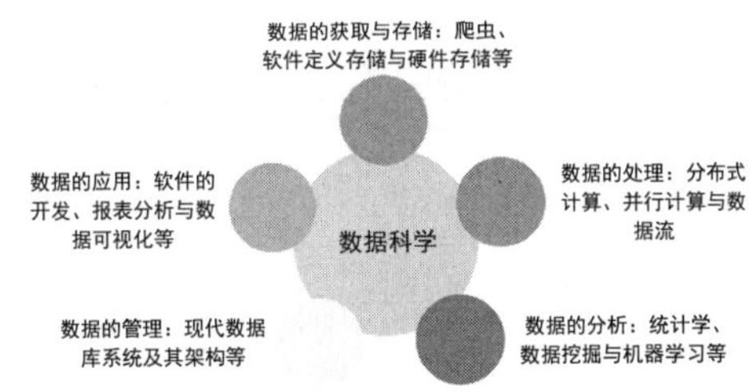

图4.1 数据科学的研究对象

其中，数据的获取和存储包括爬虫、软件定义存储、硬件存储等。

数据的处理包括分布式计算、并行计算、数据流等知识，以及 Hadoop、Spark 等大数据框架。

数据的分析包括统计学、数据挖掘与机器学习、计算机视觉、自然语言处理等内容，重在挖掘数据中的模式与知识。

数据的管理包括现代数据库系统及其架构等内容。

数据的应用包括数据可视化、软件的开发、报表分析以及数据挖掘的应用。

注意　本节主要是为了阐述一些概念，在后面的数据处理中我们主要还是使用 Excel 表格来介绍数据的处理方法。图像、文本等非常规数据将在第 10 章中进行简单介绍。

4.2 数据的预处理

本节主要介绍数据预处理中几种常见的问题及其对应的解决办法，包括空缺、冗余、异常数据，以及数据的规约。

4.2.1 为什么需要数据预处理

在实际工作中，我们得到的原始数据往往非常混乱、不全面，这使得模型难以从中有效识别并提取信息。数据及其特征决定了数据处理效果的上限，而模型和算法只是逼近这个上限而已，在采集完数据后，建模的首要步骤便是数据预处理。

在介绍数据预处理之前，我们先来了解一些概念以加深对数据的理解。这里以 2021 年“华数杯”全国大学生数学建模竞赛 C 题的部分数据（如图 4.2 所示）为例进行介绍。

V6　fx　2

	A	B	C	D	E	F	G	H	I	J	K	L	M	N	O	P	Q	R	S	T	U	V	W	X	Y	Z	AA	AB
1	目标客户编号	品牌类型	a1	a2	a3	a4	a5	a6	a7	a8	B1	B2	B3	B4	B5	B6	B7	B8	B9	B10	B11	B12	B13	B14	B15	B16	B17	购买意愿
2	0001	2	75.34	87.65	81.56	85.61	85.63	85.81	82.35	84.77	2	10	2	10	5	6	1	1983	6	14	2	3	19.000	11	10	30	5	0
3	0002	3	88.92	82.95	85.17	85.19	77.76	83.60	82.15	88.87	2	20	1	3	3	5	1	1992	6	5	4	4	18.000	10	8	0	30	0
4	0003	3	95.05	93.33	77.66	93.03	88.87	94.17	95.60	95.88	2	32	1	8	5	6	1	1988	4	9	5	2	24.000	10	17	0	0	0
5	0004	3	71.15	76.79	66.69	81.93	66.65	77.77	77.58	76.99	2	34	1	5	3	5	1	1986	6	10	4	7	27.000	10	10	18	25	0
6	0005	3	70.57	71.65	70.44	74.03	66.65	66.34	62.09	74.44	2	36	1	5	3	5	1	1983	6	13	4	2	25.000	15	15	0	0	0
7	0006	3	68.73	70.96	70.44	71.24	69.90	72.49	71.24	70.76	1	15	1	6	3	5	1	1985	6	9	3	2	15.000	10	7	30	5	0
8	0007	3	65.97	71.51	66.69	62.50	67.96	64.12	68.95	63.33	1	15	1	5	3	5	1	1990	6	10	3	3	15.000	10	7	0	0	0
9	0008	3	59.08	48.15	44.45	60.13	55.55	55.56	40.06	44.43	1	22	6	2	4	4	NULL	1999	5	1	5	8	22.000	14	8	20	20	0
10	0009	3	82.80	84.86	81.41	84.72	87.69	83.27	84.52	88.52	2	30	2	5	3	5	1	1986	6	11	1	2	51.000	34	19	15	20	0
11	0010	3	79.66	80.20	77.81	81.45	73.22	75.03	73.34	74.44	1	16	1	10	6	6	2	1989	4	10	3	2	26.000	12	15	26	15	0
12	0011	3	77.81	77.80	77.81	77.77	77.76	75.03	77.77	77.76	1	5	1	5	4	5	1	1993	5	3	7	9	10.000	9	7	35	5	0
13	0012	3	75.42	75.78	62.94	73.61	69.90	71.95	77.77	62.55	2	5	2	5	3	8	NULL	1970	4	30	4	6	20.000	8	10	0	25	0
14	0013	3	99.04	99.03	99.03	99.98	99.98	99.99	99.99	99.98	2	29	1	8	5	6	1	1990	8	4	4	3	25.000	10	13	20	0	1
15	0014	3	61.11	76.37	66.69	77.77	55.55	60.84	68.96	70.33	2	12	2	2	3	2	NULL	1990	6	6	1	8	30.000	15	12	0	0	0
16	0015	3	85.37	82.63	77.81	84.72	82.61	85.81	88.88	85.54	1	10	1	7	5	6	1	1988	6	9	3	7	38.000	14	13	0	0	0
17	0016	3	77.81	83.24	70.44	77.77	77.93	75.03	75.66	81.87	2	40	1	12	3	5	1	1980	6	15	5	1	60.000	50	45	0	0	0
18	0017	3	75.04	76.54	70.44	77.77	66.59	72.49	73.38	73.66	2	35	1	11	5	6	1	1985	4	10	3	3	60.000	50	45	0	0	0
19	0018	3	67.26	74.80	74.05	70.82	82.78	74.70	71.30	73.66	2	40	2	11	3	5	1	1980	5	16	4	2	50.000	45	45	0	0	0
20	0019	3	99.04	99.03	99.03	99.98	99.98	99.99	99.99	99.98	2	29	2	8	5	6	1	1990	8	4	4	3	42.000	26	13	30	20	0
21	0020	3	63.38	51.77	40.70	59.66	53.93	50.59	57.65	47.41	1	2	3	4	3	5	1	1994	6	4	4	8	40.000	14	21	15	0	0
22	0021	1	71.68	72.41	74.05	69.92	80.84	75.23	73.20	77.34	2	30	1	10	3	5	1	1990	6	8	4	3	25.000	13	9	40	8	0
23	0022	1	88.92	90.18	88.92	88.88	88.87	88.88	90.98	88.87	2	12	2	4	5	6	1	1987	6	11	3	4	25.000	7	7	25	25	0
24	0023	1	67.26	67.10	66.69	70.34	69.73	69.74	73.52	66.66	2	5	2	8	3	3	1	1990	6	8	2	2	20.000	10	15	10	10	0
25	0024	1	93.53	90.94	73.90	88.88	90.65	94.17	95.60	96.65	2	29	1	5	5	6	1	1991	6	6	6	5	23.000	11	7	15	30	0
26	0025	1	89.65	93.95	73.90	96.30	88.87	96.92	95.60	95.88	2	29	1	5	5	6	1	1991	6	6	6	8	11.000	15	12	15	0	0
27	0026	1	75.53	81.09	62.94	77.77	66.65	74.70	77.77	77.76	1	15	1	20	4	5	2	1979	5	21	1	3	35.000	15	10	0	0	0
28	0027	1	81.30	90.59	81.56	78.66	71.67	69.74	73.26	85.20	1	8	2	2	4	4	NULL	1997	6	1	7	9	34.000	14	8	18	25	0
29	0028	1	89.79	89.57	85.31	92.14	93.89	88.55	88.88	84.77	2	15	1	8	3	5	1	1988	6	9	3	4	30.000	20	13	10	20	0

data　Sheet 1

图4.2　2021年“华数杯”全国大学生数学建模竞赛C题的部分数据

图 4.2 中展示了前 29 行数据。最上面一行称为表头，表头的每一格称为字段。每个字段描述了这一列数据表示的意义。表格的体量由其行数和列数决定。如果列数超过了行数的 1/2，则表明数据有些稀疏；如果列数是行数的 3 倍，那它就是严重稀疏的数据。这个数据的每一列对应一个属性，有多少个属性可以称为有多少维。

注意　稀疏是指表格里有很多空白或 0。

属性有离散属性和连续属性之分。例如，在图 4.2 中，“品牌类型”属性只有 {1,2,3} 三个有限的取值，为离散属性。当然，这个取值也可以不是数字，如 { 汽车 , 火车 , 飞机 } 等。取值是连续的浮点数的属性为连续属性，如 a_1。连续属性和离散属性的处理方法是截然不同的。“目标客户编号”（主码或 ID）提供了每一行数据的标识信息，其可用于对数据进行检索、排序等操作。

4.2.2 数据的空缺、冗余、异常

在 MATLAB 中，读取数据表需要使用 xlsread 函数。它的具体用法如下。

```
num = xlsread(filename) %filename为文件名
num = xlsread(filename,sheet) %sheet为指定工作表
num = xlsread(filename,xlRange) %xlRange为读取范围
num = xlsread(filename,sheet,xlRange) %输入多个参数
```

这一函数可以读取某个文件的某个工作表的指定单元格范围。xlRange 的格式和 Excel 中的区域表达方式如出一辙，如“A1:C12”。与此同时，这个函数的返回值不仅可以把整张表读取为 num 数组，还可以按如下方式返回。

```
[num,txt,raw] = xlsread(filename,sheet,xlRange) %输入多个参数
```

它还是使用先前语法中的输入参数，在元胞数组 txt 中返回文本字段，在元胞数组 raw 中返回数值数据和文本数据。与此同时，MATLAB 提供了图形化界面来读取数据，如图 4.3 所示。

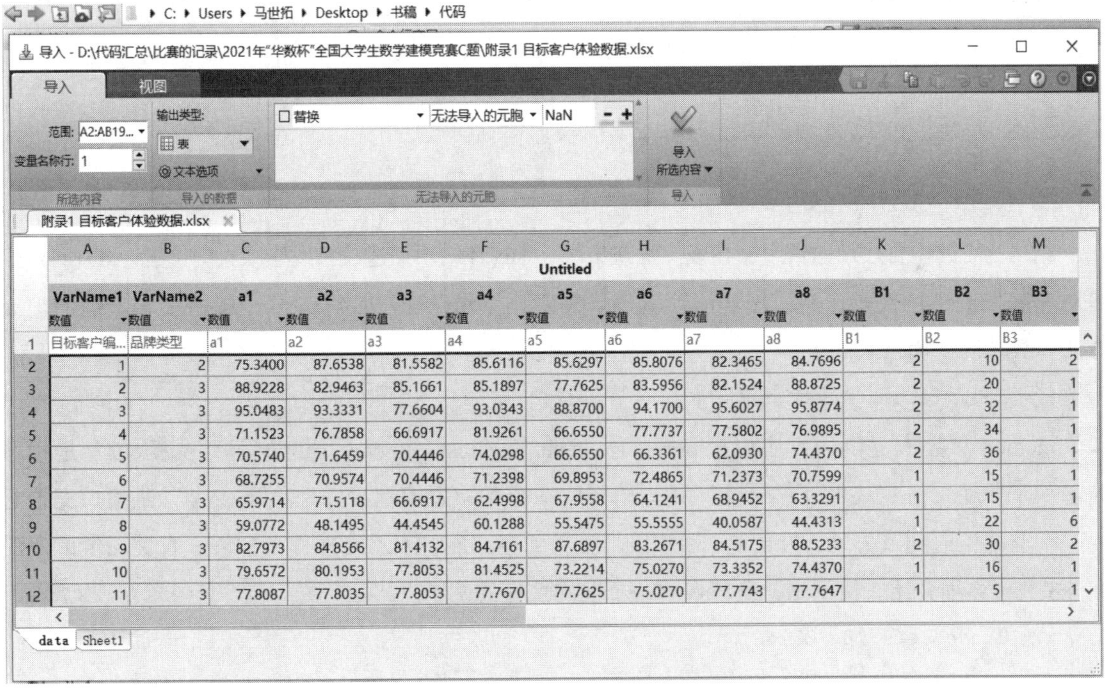

	A	B	C	D	E	F	G	H	I	J	K	L	M
	VarName1	VarName2	a1	a2	a3	a4	a5	a6	a7	a8	B1	B2	B3
	数值	数值	数值	数值	数值	数值	数值	数值	数值	数值	数值	数值	数值
1	目标客户编...	品牌类型	a1	a2	a3	a4	a5	a6	a7	a8	B1	B2	B3
2	1	2	75.3400	87.6538	81.5582	85.6116	85.6297	85.8076	82.3465	84.7696	2	10	2
3	2	3	88.9228	82.9463	85.1661	85.1897	77.7625	83.5956	82.1524	88.8725	2	20	1
4	3	3	95.0483	93.3331	77.6604	93.0343	88.8700	94.1700	95.6027	95.8774	2	32	1
5	4	3	71.1523	76.7858	66.6917	81.9261	66.6550	77.7737	77.5802	76.9895	2	34	1
6	5	3	70.5740	71.6459	70.4446	74.0298	66.6550	66.3361	62.0930	74.4370	2	36	1
7	6	3	68.7255	70.9574	70.4446	71.2398	69.8953	72.4865	71.2373	70.7599	1	15	1
8	7	3	65.9714	71.5118	66.6917	62.4998	67.9558	64.1241	68.9452	63.3291	1	15	1
9	8	3	59.0772	48.1495	44.4545	60.1288	55.5475	55.5555	40.0587	44.4313	1	22	6
10	9	3	82.7973	84.8566	81.4132	84.7161	87.6897	83.2671	84.5175	88.5233	2	30	2
11	10	3	79.6572	80.1953	77.8053	81.4525	73.2214	75.0270	73.3352	74.4370	1	16	1
12	11	3	77.8087	77.8035	77.8053	77.7670	77.7625	75.0270	77.7743	77.7647	1	5	1

图4.3 利用MATLAB导入数据

在 MATLAB 中，导入数据的方法为：单击主界面主页标签中的“导入”选项卡，选择数据表文件，然后自行选择区域保存；在“输出类型”处，选择数据保存的格式，如数值矩阵、列向量、元胞数组等；选择好保存格式后，单击“导入所选内容”按钮即可。在 MATLAB 中，读取 Excel 文件可以使用 xlsread 等函数。

注意 在 MATLAB 中，数据最好是 MAT 格式，可以直接导入。如果是数据表，CSV 比 Excel 要好。因为 CSV 数据不限制行数上限，Excel 的行数总上限约 105 万，超过这个数的数据就存不进去了。

导入的数据可能会比较杂乱，包括重复数据、缺失数据和异常数据。对于重复数据，直接将其删除即可。但缺失数据的处理有一些技巧，主要通过观察缺失率确定。如果存在缺失的数据项（数据表一行称为一个数据项）占比较少（在 5% 以内），在问题允许的情况下，可以将包含缺失数据项的行删掉。如果缺失率稍微高一点（5%~20%），可以使用填充、插值的方法进行处理。如果缺失率再高一些（20%~40%），需要用预测方法如机器学习来填充缺失数据。但如果一行数据有 50% 以上都是缺失的，若条件允许，可以把这一行都删掉。总之，在处理这类问题时，我们需要灵活应对。

MATLAB 中检索一列数据中缺失值或 NaN 位置的函数为 ismissing 和 isnan，它们返回的是一个逻辑数组。例如，在命令行中输入以下代码。

```
>> x = [NaN 1 2 3 4]; %用NaN表示空缺
>> isnan(x)

ans =

  1×5 logical 数组

   1   0   0   0   0
```

结果为 1 的位置表示原数组 x 在该位置缺失。~isnan(x) 用于描述没有发生缺失的位置。x(~isnan(x)) 是对非缺失值进行检索，然后用均值等填充缺失值。除此以外，MATLAB 也提供了缺失值的填充方法，具体的调用格式如下。

```
F = fillmissing(A,method)
```

method 参数中提供的方法包括 previous、next、nearest、linear、spline 等。“previous”是指填充前一个非缺失值到缺失处，“next”是指填充后一个非缺失值到缺失处，“nearest”是指填充最近的一个非缺失值到缺失处，“linear”表示线性插值，“spline”表示三次样条插值。有关插值的用法在 4.3 节再详细介绍。接下来，我们再看一个前向填充的例子。

```
x = linspace(0,10,200);
A = sin(x) + 0.5*(rand(size(x))-0.5);  %生成一个在正弦函数附近波动的一列散点
A([1:10 randi([1 length(x)],1,50)]) = NaN;
F = fillmissing(A,'previous');
plot(x,F,'r*-',x,A,'b.-')
legend('Filled Missing Data','Original Data')
```

这个例子首先随机生成了一个近似于 sin(x) 的一列散点并随机去掉一些点（Original Data），然后采用前向填充法对缺失值填充（Filled Missing Data），也就是将前一个非缺失值填充到对应的缺失位置，如图 4.4 所示。

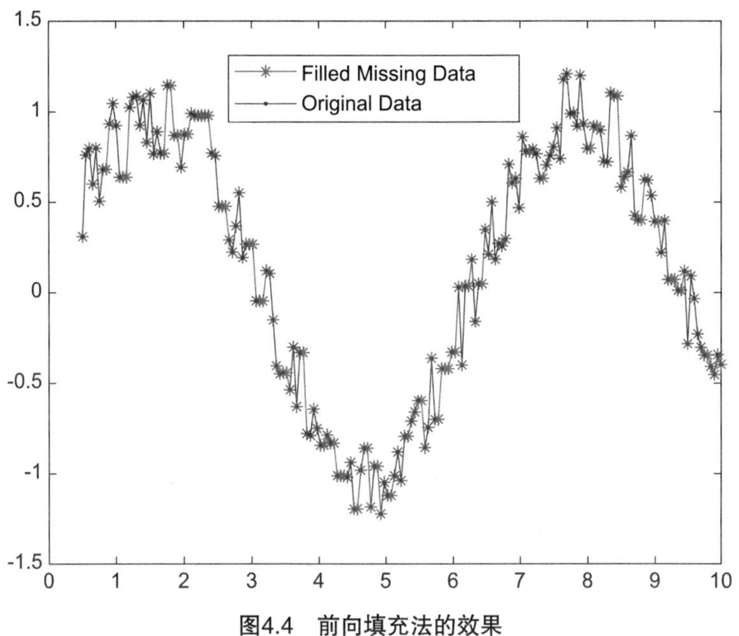

图4.4 前向填充法的效果

对于异常数据的检测，我们通常并不需要使用过于复杂的算法。在一般情况下，绘制一幅箱线图就足以进行异常数据的检测。关于箱线图的绘制方法会在本章最后一节进行介绍。

注意 异常数据并不一定有问题，有些异常是偶然异常，但有些异常恰恰是我们感兴趣的点。比如，100 只红果蝇里出现了 1 只白果蝇，这种突变恰恰是我们最感兴趣的。

4.2.3 数据的规约

数据为何需要规约？因为在实际应用中数据的分布可能是有偏的，量纲影响和数值差异可能会比较大。规约是为了形成对数据的更高效表示，学习到更好的模型。它会保留数据的原始特征，但对极端值、异常值等会比较敏感。下面介绍两个比较典型的规约方式：min-max 规约和 Z-score 规约。

对于一个数据表 $\boldsymbol{X}$，它的形式是一个矩阵。其 min-max 规约的表达式形如：

$$\boldsymbol{X}_{\text{new}} = \frac{\boldsymbol{X} - \min(\boldsymbol{X})}{\max(\boldsymbol{X}) - \min(\boldsymbol{X})}$$

min-max 规约操作的目的是消除量纲影响，将所有的属性都规约到 [0,1] 的范围内，从而减小数据偏差。但是如果出现异常值，比如非常大的数值，那么这个数据的分布是有偏的。

Z-score 规约的表达式为：

$$\boldsymbol{X}_{\text{new}} = \frac{\boldsymbol{X} - \bar{\boldsymbol{X}}}{\text{std}(\boldsymbol{X})}$$

在本质上，一列数据减去其均值再除以标准差，如果这一列数据近似服从正态分布，那么这个过程就是化为标准正态分布的过程。Z-score 规约和 min-max 规约有时可以组合起来使用。除 min-max 规约和 Z-score 规约之外，还有很多其他的规约方法，而这两种方法是最常用的。

它们的 MATLAB 实现也很简单，如下所示。

```
x=(x-min(x))./(max(x)-min(x))
x=(x-mean(x))./std(x)
```

4.3 数据的插值方法

插值方法不仅可以用于处理缺失值，还可以用于对数据进行填充。比如，当我们获取了按日的数据，需要按小时对数据进行填充时，就可以使用插值法。这里将介绍几种比较常见的插值方法。

4.3.1 线性插值

线性插值是通过线性方程对两个点之间的解析式进行建模的。比如，我们得到的原始数据列 $\{y\}$ 和数据下标 $\{x\}$，这里数据下标 x 可能并不是固定频率的连续取值，而是和 y 一样存在缺失。给定了数据点 (x_k, y_k) 和 (x_{k+1}, y_{k+1})，需要在这两个点之间构造一条直线进行填充。很显然，根据直线的点斜式方程，这条直线的解析式为

$$L_1(x) = y_k + \frac{y_{k+1} - y_k}{x_{k+1} - x_k}(x - x_k)$$

按照上式对空缺的 (x,y) 处进行填充就可以完成插值过程。插值的方法除 fillmissing 外，还有函数 interp1：

```
x0=[1,2,3,4,5];
y0=[1.6,1.8,3.2,5.9,6.8];
x=1:0.1:5;
y_linear=interp1(x0,y0,x,'linear');
```

原始数据的下标为 [1,2,3,4,5]，以 1 为步长，而填充后的数据以 0.1 为步长，因而能够更具体地刻画数据的内部形态。输入参数 x0、y0 分别是原始数据的下标和值，再输入新数据的下标 x，最后使用填充方法“linear”。

注意

interp1 函数的后面是数字 1 而不是字母 l，这里的 1 表示一维插值。

4.3.2 三次样条插值

三次样条插值是一种常用的插值方法。它将两个数据点之间的填充模式设置为三次多项式。假设数据点 (x_k, y_k) 和 (x_{k+1}, y_{k+1}) 之间的三次式叫作 I_k，那么这一组三次式需要满足条件：

$$\begin{cases} a_i x_i^3 + b_i x_i^2 + c_i x_i + d_i = a_{i+1} x_{i+1}^3 + b_{i+1} x_{i+1}^2 + c_{i+1} x_{i+1} + d_{i+1} \\ 3a_i x_i^2 + 2b_i x_i + c_i = 3a_{i+1} x_{i+1}^2 + 2b_{i+1} x_{i+1} + c_{i+1} \\ 6a_i x_i + 2b_i = 6a_{i+1} x_{i+1} + 2b_{i+1} \end{cases}$$

通过解方程的形式可以解出第 i 条数据到第 i+1 条数据之间的三次式。简而言之，某个数据点前后两个三次函数不仅在当前函数值上相等，其一次导数值和二次导数值也要保持相等。三次样条插值的调用方法和线性插值一样，有 fillmissing 和 interp1 两个方法。

```
y_spline=interp1(x0,y0,x,'spline');
```

4.3.3 拉格朗日插值

对于一组数据 $\{y\}$ 和下标 $\{x\}$，定义 n 个拉格朗日插值基函数：

$$l_k(x) = \prod_{\substack{i=0 \\ i \neq k}}^{n} \frac{x - x_i}{x_k - x_i}$$

这在本质上是一个分式。当 $x=x_k$ 时，$l_k(x)=1$，这一操作实现了离散数据的连续化。按照对应下标对函数值进行加权求和可以得到整体的拉格朗日插值函数：

$$L(x) = \sum_{k=0}^{n} y_k l_k(x)$$

但 MATLAB 没有提供拉格朗日插值函数的内置方法。不过，好在实现并不算太困难，我们可以自己编写一个。代码如下。

```
function yh= lagrange_interpolate(x,y,xh)
  n = length(x);
  m = length(xh);
  x = x(:);
  y = y(:);
  xh = xh(:);
  yh = zeros(m,1);
  c1 = ones(1,n-1);
  c2 = ones(m,1);
  for i=1:n,
    xp = x([1:i-1 i+1:n]); %本质上循环累加
    yh = yh + y(i) * prod((xh*c1-c2*xp')./(c2*(x(i)*c1-xp')),2); %累乘用向量运算代替
  end
end
```

接下来我们使用如下测试用例对不同的插值方法进行对比。

```
x0=[1,2,3,4,5];
y0=[1.6,1.8,3.2,5.9,6.8];
x=1:0.1:5;
y_linearintercept=interp1(x0,y0,x,'linear');
y_splineintercept=interp1(x0,y0,x,'spline');
y_lagrangeintercept=lagrange_intercept(x0,y0,x);
%subplot(1,2,1);
plot(x0,y0,'kx','LineWidth',16);hold on;
plot(x,y_linearintercept,'b.-',x,y_splineintercept,'r^-',x,y_lagrangeintercept,'k*-');
legend("原数据","线性插值","三次样条插值","拉格朗日插值")
```

为了清晰地呈现三者的差异，这里我们截取了一部分插值结果进行对比，如图 4.5 所示。

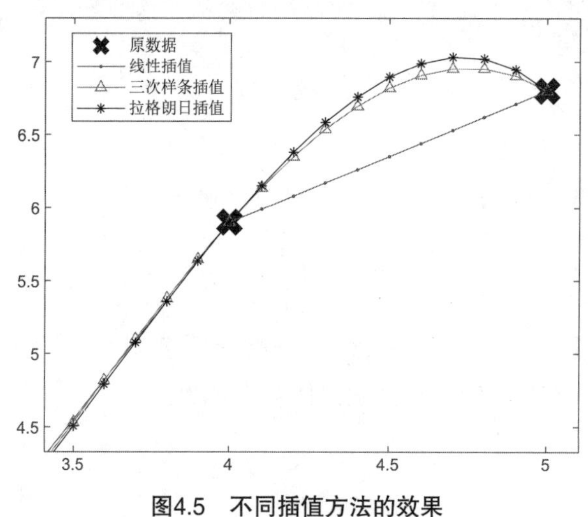

图4.5　不同插值方法的效果

从图中可以很明显地看到，三次样条插值和拉格朗日插值的效果相近。但笔者推荐使用三次样条插值，毕竟它已经有集成好的方法。

4.3.4　空间插值

空间插值相较平面插值无非是将 1 改成了 2，其对应的函数是 interp2。interp2 函数的具体使用方法如下。

```
Vq = interp2(X,Y,V,Xq,Yq,method,extrapval)
```

X 对应的是原始的横坐标，Y 对应的是原始的纵坐标，V 为二元数据的数据值。Xq 和 Yq 分别是待插值点的横坐标和纵坐标。method 参数允许用户选择不同的插值方法，空间插值支持线性插值、三次样条插值、最近邻插值等方法。extrapval 参数可以省略；如果保留，表示查询域外的值应该填充为多少。另外，拟合工具箱也可以承担一部分插值功能：

```
ft = 'cubicinterp';
[fitresult1, gof] = fit( [tx, ty], t1, ft, 'Normalize', 'on' );
```

这里的 tx 和 ty 表示原始的横坐标和纵坐标，t1 为函数值。参数 ft 选择了 cubicinterp，也就是三次样条插值。如果是线性插值，则选择 linearinterp。'Normalize' 开启表示进行了规约。三次样条插值效果如图 4.6 所示，该图基于 2022 年“华数杯”全国大学生数学建模竞赛 C 题的数据绘制而成。

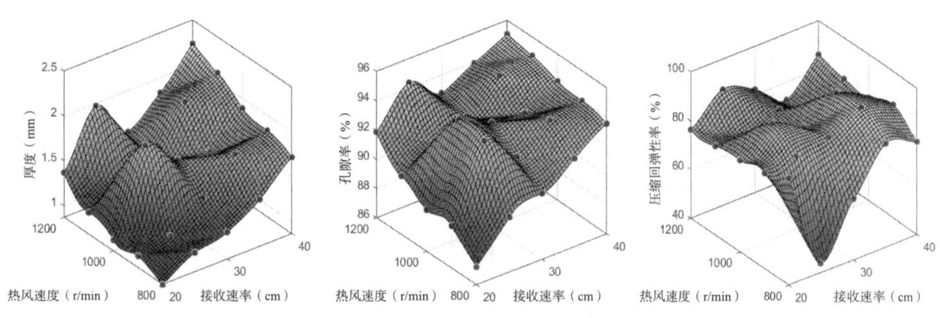

图4.6　三次样条插值效果

从图中可以看到，整体的填充效果是平滑的，效果相较线性插值好很多。

4.4 数据的拟合方法

插值只能用于数据点之间的内部填充，而无法直接用于区域之外的外部预测。如果我们希望把握数据的大体规律，而不一定要让函数完全通过每个数据点，就需要用拟合方法。

4.4.1 最小二乘法公式的推导

最小二乘法是指通过最小的误差的平方和寻找数据最佳函数匹配的一种数学优化方法。其推导过程如下。

对于方程 $y = wx + b$，以均方误差作为损失函数，也就是实际值和预测值的偏差方差：

$$J(w,b) = \frac{1}{n}\sum_{i=1}^{n}(y_i - wx_i - b)^2$$

由于用于拟合的一系列数据点都是已知的，所以这个函数是 n 个有关 w 和 b 的二次式求和而成。现在希望误差最小，所以对这个函数求极值也就是：

$$\begin{cases} \dfrac{\partial J}{\partial w} = 0 \\ \dfrac{\partial J}{\partial b} = 0 \end{cases}$$

对 b 的偏导为 0 很容易解得一个重要的性质：回归方程通过样本中心点 $(\bar{x},\bar{y})$。然后将其代入对 w 的偏导，于是有了下面的公式。

$$\begin{cases} \hat{w} = \dfrac{\sum_{i=1}^{n} x_i y_i - n\bar{x}\,\bar{y}}{\sum_{i=1}^{n} x_i^2 - n\bar{x}^2} \\ \hat{b} = \bar{y} - \hat{w}\bar{x} \end{cases}$$

但如果现在回归方程是多元的，形如：

$$y = w_1x_1 + w_2x_2 + \cdots + w_nx_n + b$$

或者写成矩阵的形式：

$$\boldsymbol{y} = \boldsymbol{W}^{\mathrm{T}}\boldsymbol{X} + \boldsymbol{b}$$

同样的方法也适用于指数拟合、对数拟合、三角拟合等，这就是最小二乘法的来历。

注意 虽然在理论上最小二乘法可以通过求偏导的方式求极值，但这个导数的解析解有可能不容易得到。因此在多数情况下我们会用梯度下降等方法求误差函数的极值解。

4.4.2 MATLAB 拟合工具包的使用

MATLAB 提供了丰富的拟合工具，包括函数接口和图形化界面。如果你不擅长写代码，那么图形化界面将是你的不二之选。例如，在使用 load census 指令导入 MATLAB 自带的数据集后，如果想要拟合 cdate 和 pop 之间的关系，就可以使用 APP 选项卡中的 Curve Fitting Tool（曲线拟合工具包），如图 4.7 所示。

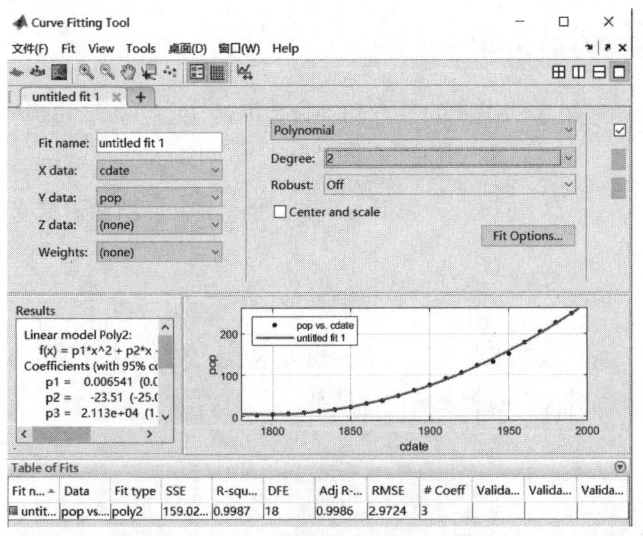

图4.7 MATLAB曲线拟合工具包的使用

这个工具包可以拟合一元函数或二元函数，现在拟合的是 X 与 Y 之间的一元函数。选择自变量和因变量后，可以看到顶部有不同曲线的选择，这里选择 Polynomial(多项式)。选择 Degree 为 2，是指用一个二次多项式拟合数据，拟合成功后旁边的 Results（结果）中就会显示拟合效果。

另外，如果使用代码和自定义方法拟合数据，可以使用 lsqcurvefit 和 fit 指令。这两个指令都会对定义的函数形式、自变量和参数做出约定。

fit 函数的语法如下。

```
ft = fittype('a*(x-b)^n','problem','n','options',fo);
[curve1,gof1] = fit(cdate,pop,ft,'problem',1)
```

在这个函数中拟合曲线的形式是通过 fittype 函数定义的，拟合参数为 a、b，n 作为一个传递性参数在调用 fit 指令时可以自定义，'problem' 参数传递 n 的值。一般，如果没有人为指定传递的值，使用 fit(cdate,pop,ft) 即可进行拟合操作。

而 lsqcurvefit 实际上是一个最优化方法，是优化策略下的曲线拟合。它的调用格式与前面讲到的 fmincon 等函数很相似，具体如下。

```
fun=@(arg,xdata)arg(1)*xdata.^2+arg(2)*xdata;
%fun 拟合函数：y=a*x^2+b*x;

[x,resnorm]=lsqcurvefit(fun,arg,xdata,ydata);
%曲线优化
```

调用 lsqcurvefit 时需要有参数列表 arg，以及待拟合的 x 序列和 y 序列。传递的函数将以 function 或 lambda 表达式的形式书写。

这里仍然以 MATLAB 中的 census 数据集为例来展示 fit 函数的曲线拟合效果。

```
load census
plot(cdate,pop,'o')
fo = fitoptions('Method','NonlinearLeastSquares',...
            'Lower',[0,0],...
            'Upper',[Inf,max(cdate)],...
            'StartPoint',[1 1]);
ft = fittype('a*(x-b)^n','problem','n','options',fo);
[curve1,gof1] = fit(cdate,pop,ft,'problem',1)
[curve2,gof2] = fit(cdate,pop,ft,'problem',2)
[curve3,gof3] = fit(cdate,pop,ft,'problem',3)
figure(1)
hold on
plot(curve1,'k-')
plot(curve2,'k--')
plot(curve3,'k.-')
legend('Data','n=1','n=2','n=3')
hold off
```

这个案例使用 fit 函数，分别用线性函数、二次函数和三次函数进行了曲线拟合，效果如图 4.8

所示。可以看到，三次函数的拟合效果最好。有兴趣的读者可以将这段代码用 lsqcurvefit 改写一下看看效果。

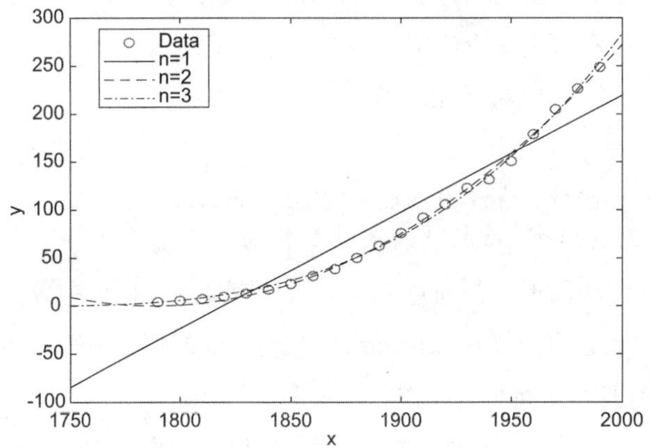

图4.8　使用不同次数的多项式拟合人口数据集

对于较为特殊的拟合如多项式拟合，可以使用 polyfit 函数，但是更多地是使用 regress 函数。regress 函数往往用于线性回归或多项式回归中。它可以对系数进行统计性检验并输出检验统计量。它的基本语法如下。

```
[b,bint,r,rint,stats] = regress(y,X,n)
```

代码中的 y 和 X 是因变量和自变量，自变量如果是多元回归，则需要排列成矩阵形式。n 是拟合次数，若不写，则默认为 1，也就是线性拟合。n 的值表示多项式的次数，就是进行几次多项式拟合。返回值中的 b 是每一项的系数，r 为残差，bint 和 rint 分别是对 b 和 r 的区间估计。stats 是回归分析的检验统计量。

下面再看一个例子——carsmall 数据集中的多元回归。考虑到回归分析过程中存在交互效应，因此方程式为：

$$y = w_1x_1 + w_2x_2 + w_3x_1x_2 + b$$

方程的求解代码如下。

```
load carsmall
x1 = Weight;
x2 = Horsepower;    %Contains NaN data
y = MPG;
X = [ones(size(x1)) x1 x2 x1.*x2];
b = regress(y,X)    %Removes NaN data
scatter3(x1,x2,y,'filled')
hold on
x1fit = min(x1):100:max(x1);
x2fit = min(x2):10:max(x2);
[X1FIT,X2FIT] = meshgrid(x1fit,x2fit);
```

```
YFIT = b(1) + b(2)*X1FIT + b(3)*X2FIT + b(4)*X1FIT.*X2FIT;
mesh(X1FIT,X2FIT,YFIT)
xlabel('Weight')
ylabel('Horsepower')
zlabel('MPG')
view(50,10)
hold off
```

得到的结果如图 4.9 所示。

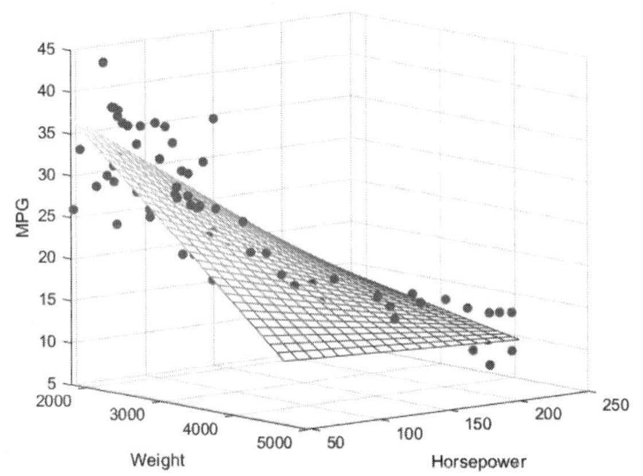

图4.9　使用regress函数进行多元回归的实例

从图 4.9 中可以看到，因为引入了交互项，所以得到的结果不是一个平面。

4.5 数据可视化的基本方法

数据可视化是数学建模中一个非常重要的环节，它将原始数据、统计结果或分析结果直观地用图表展示出来，能够比文字更直观地反映数据及其分析本身的一些特性。好的可视化能够清晰地展示结果，并且具有一定艺术性。常用的可视化工具有很多，本节主要介绍 MATLAB 是如何进行可视化作图的。

4.5.1 折线图的绘制

折线图的一般绘制方法是使用 plot 函数。plot 函数能够利用一条指令绘制好几条曲线，同时灵活控制每条曲线的形态、颜色。控制方法如下。

（1）颜色：b 为蓝色，r 为红色，g 为绿色，k 为黑色，y 为黄色，c 为青色，m 为洋红色，也可以用世界通用的十六进制颜色代码表示法（以 # 开头）来指定颜色。

（2）描点：* 为五角星，x 为叉，o 为圆圈，. 为实心点，v 为倒三角，^ 为正三角。

（3）线宽：用 LineWidth 设置大小。

（4）线型：- 为实线，-- 为虚线。绘制实线使用 plot 函数，绘制虚线使用 scatter 函数。

除此之外，某些情况下需要画双 y 轴的折线图（尤其是在化学中）。这时可以用 plotyy 指令，示例代码如下。

```
x1=[1 2 3 4 5 6 7 8 9];
y1=[3 5 6 6 7 9 12 10 14];
y2=[7 8 8 9 10 10 9 9 12];
plotyy(x1,y1,x1,y2);
legend("y1","y2")
```

得到的结果如图 4.10 所示。

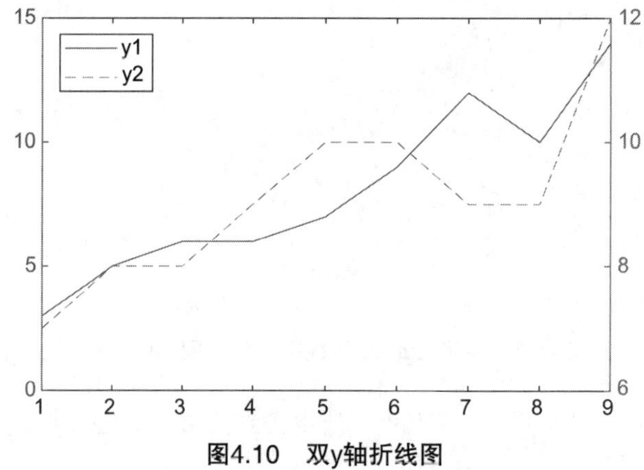

图4.10　双y轴折线图

从图 4.10 中可以看到，两条曲线的 X 轴公用，但左侧的纵坐标是 y1 的取值，右侧的纵坐标是 y2 的取值，两张图叠加在了一起。

4.5.2　条形图的绘制

条形图分横向条形图和纵向条形图，分别用 barh 和 bar 指令进行绘制。

```
y =[20 25 31];
23 54 61;
22 80 96;
12 66 82;
50 44 67];
subplot(1,2,1)
barh(y,'stack')  %二维的累计式垂直直方图
subplot(1,2,2)
bar(y)
```

条形图常用于分组对比的图例，有时由于数据需要可能要绘制横向条形图。运行上面这段代码，得到的结果如图 4.11 所示。

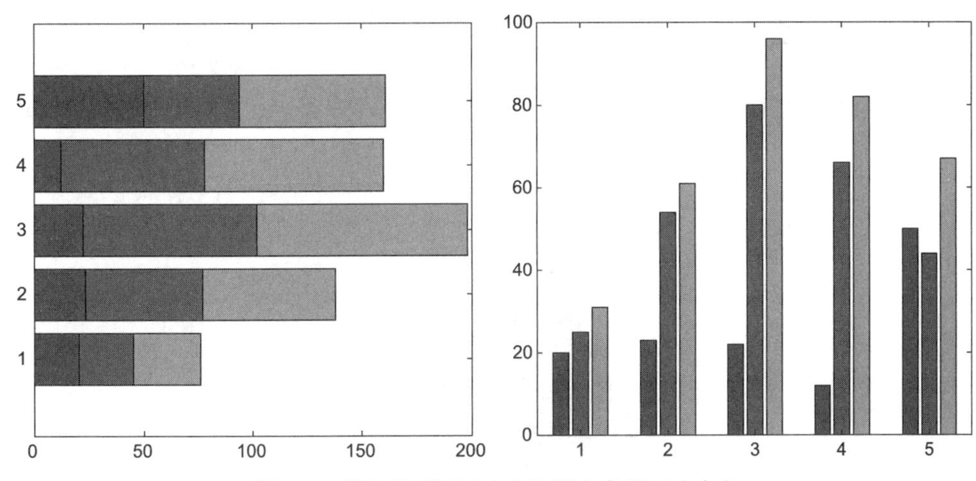

图4.11 横向条形图（左）和纵向条形图（右）

直方图不同于条形图，通常是用 hist 指令绘制。示例代码如下。

```
r = normrnd(10,1,500,1); %用均值10和方差1从正态分布生成大小为500的样本
hist(r,50) %直方图被分为50组
```

运行上面 hist 函数的测试用例，可以得到图 4.12 所示的直方图。

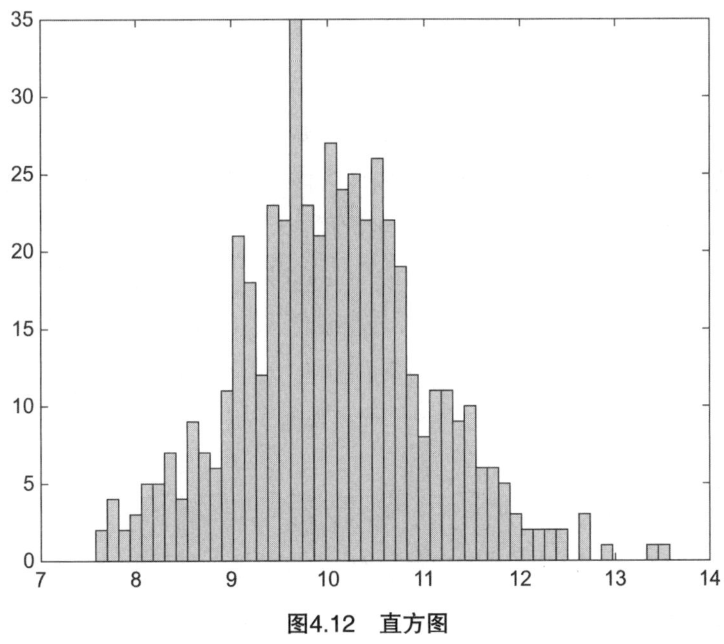

图4.12 直方图

直方图与条形图不同，直方图是对样本分布的描述，而条形图是对多个指标做比较。直方图的条形分布更加紧凑，描述的是各个区间段的分布状况。如果读者想设置每个区间段的长度，可以修改传递参数。

4.5.3 扇形图的绘制

扇形图又称为饼状图。在 MATLAB 中，绘制扇形图的指令是 pie。测试用例的代码如下，结果如图 4.13 所示。

```
X=[2,2,1,5];
pie(X);
```

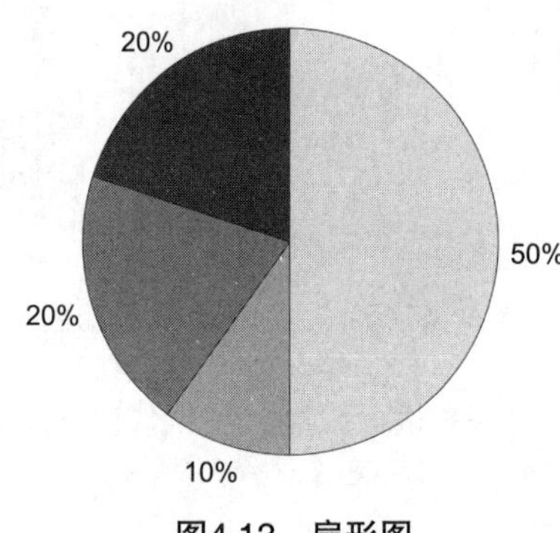

图4.13 扇形图

扇形图的作用是显示占比，常用在离散型数据的描述上。

4.5.4 箱线图的绘制

箱线图可以显示中位数、下四分位数和上四分位数，任何离群值（使用四分位差计算得出），以及不是离群值的最小值和最大值。箱子的中间线为样本中位数，用 m 表示；上边缘和下边缘分别表示上四分位数和下四分位数；对于任意一组数据，将其按照从小到大的顺序排列后，第 75% 的数为上四分位数，第 50% 的数为中位数，第 25% 的数为下四分位数；上下边缘之间的距离表示四分位差，用 IQR 表示；离群值是指距离框的上边缘或下边缘超过 1.5IQR 的值，可以用于描述异常；虚线是箱子的上边缘和下边缘的线条。一条虚线将上四分位数与最大非离群值（不是离群值的最大值）相连，另一条虚线将下四分位数与最小非离群值（不是离群值的最小值）相连。

箱线图的函数为 boxplot，其调用模式如下。

```
boxplot(xgroupdata,ydata)
```

该函数根据 xgroupdata 中的唯一值对向量 ydata 中的数据进行分组，并将每组数据绘制为一个单独的箱线图。xgroupdata 确定每个箱线图在 x 轴上的位置。ydata 必须为向量，xgroupdata 必须与 ydata 的长度相同。

下面举一个例子，生成两列取值在 0~1000 之间的数并绘制箱线图。

```
a = randi([0 1000], 40, 2); %生成两列样本，每一列40个
boxplot(a);
```

得到的结果如图 4.14 所示。

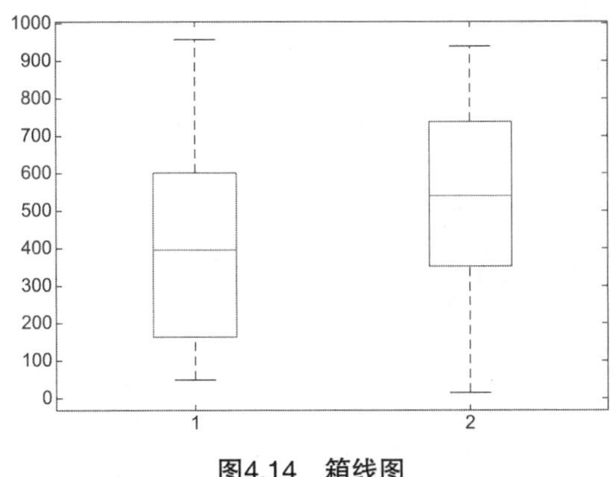

图4.14 箱线图

从图 4.14 中可以看到，右侧箱线的高度比左侧更高，但是二者的极差也就是上下刻线的差异不大，说明右侧平均值更高一些，但极差波动相对稳定。

4.5.5 热力图的绘制

热力图本身是一个矩阵，其特点是使用颜色来表示数值的大小。颜色越暗，表示数值越小；颜色越亮，表示数值越大。绘制它的指令是 heatmap，其默认的配色为蓝色冷色系。如果不满意，可以先用 colormap 命令来调整作图的色系。

```
colormap hot %设置色彩盘模式为hot模式
```

MATLAB 内置的颜色图有很多种，常见的如图 4.15 所示。

颜色图名称	色阶
parula	
jet	
hsv	
hot	
cool	
spring	
summer	
autumn	
winter	
gray	
bone	
copper	
pink	
lines	
colorcube	
prism	
flag	
white	

图4.15 颜色图图例

```
>> X=[1,2,1;2,3,4;1,0,2];
>> heatmap(X)
```

得到的结果如图 4.16 所示。

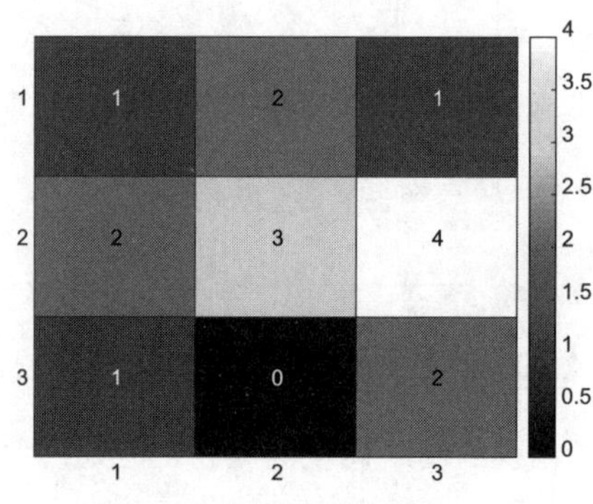

图4.16 热力图

heatmap 函数完整的调用方法如下。

```
h = heatmap(xvalues,yvalues,cdata) %指定沿x轴和y轴显示的值的标签
```

xvalues 和 yvalues 能够描述行和列的取值（包括离散的和连续的），这样热力图的横纵坐标也能够被更改了。

4.5.6 三维曲线的绘制

三维曲线的绘制需要使用 plot3 函数。下面看一个绘制三维曲线的例子，结果如图 4.17 所示。

```
t=1:0.1:10;x=t;
y=sin(t);
z=cos(t);
plot3(x,y,z)
```

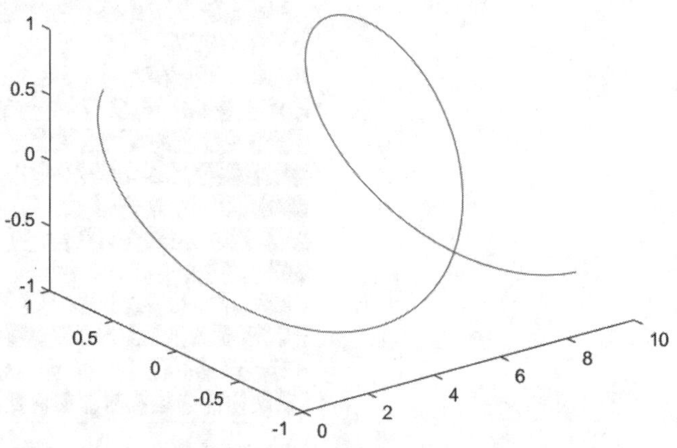

图4.17 三维曲线

图 4.17 中的曲线是一条螺旋线。

如果要绘制曲面，我们可以使用 mesh、surf 和 surfc 指令，它们都能绘制三维曲面。mesh 仅对曲面的网格进行着色；surf 可以对整个曲面进行着色；surfc 指令除了绘制三维曲面，还会画出它在 xoy 平面上的投影，也就是一组等高线。示例代码如下。

```
x=-10:0.5:10;
y=-10:0.5:10;
[x, y] = meshgrid(x,y);
z=x.^2+3*y.^2;
surfc(x,y,z)
```

得到的结果如图 4.18 所示。

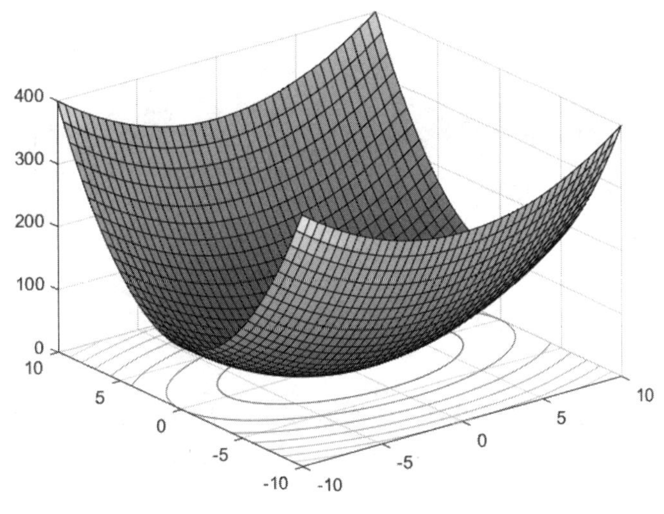

图4.18　三维曲面

代码中的 meshgrid 函数用于生成 XY 的网格数据，这是绘制三维曲面之前必不可少的一步操作。如果直接输入一维的 x、y 和计算的 z 值进行三维曲面绘图时，会由于维度不匹配的问题，往往会导致绘制失败。

4.5.7　subplot 的使用

subplot 实际上是子图排布的方法。它的用法是 subplot(m,n,i)，其中 m、n 分别代表子图的行数和列数，i 代表当前正在绘制的子图的序号。例如，subplot(2,2,2) 表示一共有 4 张图，图片排成 2*2 格式，当前正在绘制第二行的第二个子图。

另外，如果希望在图中增加图例，可以使用 legend 函数；想要调节某个子图的横纵坐标轴，可以用 xlabel、ylabel 等；想要添加网格，可以使用 grid() 函数等。MATLAB 的绘图功能十分强大，大家可以根据自己的审美和作图需求慢慢摸索。

4.5.8 可视化——叙事艺术

数据可视化在本质上是一门叙事艺术。图片有时能够比文字更直观地呈现数据的特征，但好的可视化一定也是讲究“信、达、雅”的。在进行可视化设计的时候，一定要想清楚有没有画图的必要？画图的目的是什么？什么样的图形最合适和直观？应该用怎样的工具来绘图？可视化的工具并不限于 MATLAB，其他工具如 Python、R 语言、SPSS，甚至 PS 和 PPT 都可以用来进行可视化设计。古人说：“食无定味，适口者珍。”如何进行可视化最为合适，这需要根据实际情况灵活把握。

本章我们学习了数据处理的基本方法——插值方法和拟合方法。本章内容不难，是后续时间序列建模、统计建模和机器学习模型的基础。

习题

1. 请选择一种合理的缺失值填充方法填充本书附件中鸢尾花数据集的缺失值。
2. 绘制上述数据的可视化图表。
3. 使用线性回归模型，探究鸢尾花数据集的哪几列存在明显的线性关系？

第 5 章

权重生成与评价模型

本章主要介绍权重生成与评价模型。评价模型是初次接触数学建模竞赛的人非常喜爱的一类题型，其代码量小，原理通俗易懂。评价模型主要用于比较同一个目标的不同方案或同一个问题中的不同影响因素。本章主要涉及的知识点如下。

- 层次分析法。
- 熵权法。
- TOPSIS 法。
- 模糊综合评价法。
- CRITIC 法。
- 主成分分析法。
- 因子分析法。
- 数据包络分析法。

注意：本章内容相对来说较为简单，相较代码实现，将更注重对结果的解读。

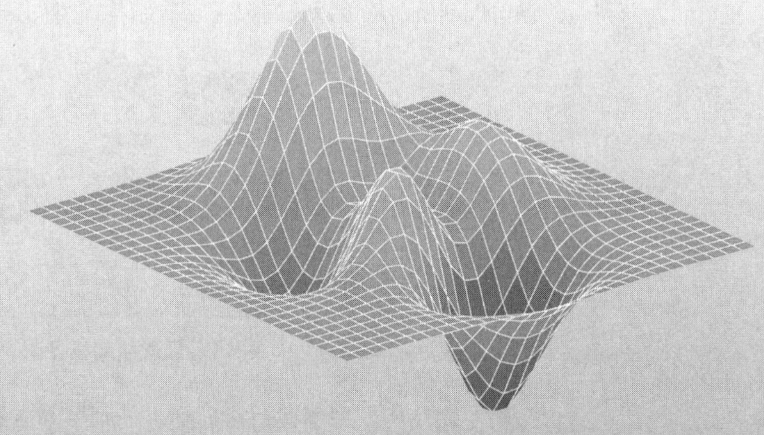

5.1 层次分析法

层次分析法（Analytic Hierarchy Process，AHP）是美国运筹学家、匹茨堡大学教授 T. L. 萨蒂（T. L. Satie）于 20 世纪 70 年代初提出的一种评价策略。这种策略虽然带有一定主观性，但非常奏效，是社会科学研究中经常使用的一类方法。

5.1.1 层次分析法的层次

层次分析法帮助决策者进行定性判断。

下面举一个例子，节选自 2022 年“青磁湖杯”数学建模竞赛（夏季赛）。

某日从三条河流的监测站处抽检水样，得到了水质的四项检测指标，如表 5.1 所示。请根据提供的数据对三条河流的水质进行评价。其中，DO 代表水中溶解氧含量，越大越好；CODMn 表示水中高锰酸盐指数，NH3-N 表示氨氮含量，这两项指标越小越好；pH 值没有量纲，在 6~9 区间内较为合适。

表 5.1　数据

监测站名称	pH	DO	CODMn	NH3-N
四川攀枝花龙洞	7.94	9.47	1.63	0.077
重庆朱沱	8.15	9.00	1.4	0.417
湖北宜昌南津关	8.06	8.45	2.83	0.203

用层次分析法解决问题的时候，所评价的准则基于已有的文献、问卷调查或使用德尔菲法征求专家意见。

获得这些评价准则后，就可以构造以下层次结构模型图，如图 5.1 所示。

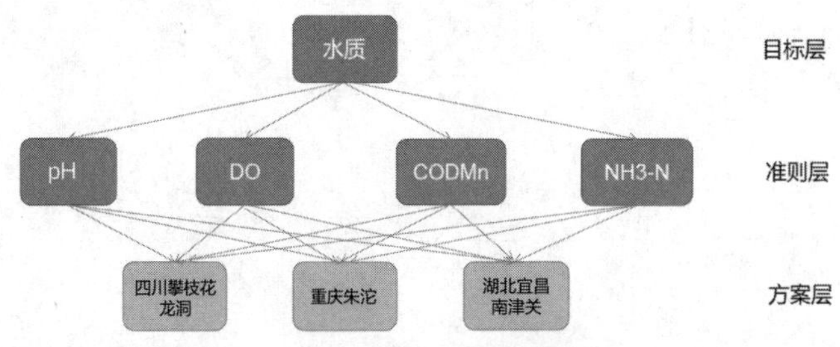

图5.1　层次结构模型图

层次分析法的层次结构模型图包括目标层、准则层和方案层三个层次。从目标层到准则层需要进行一个 1 对 4 的比较，这是为了综合多个变量以形成对目标的总评价；从准则层到方案层需要进行一个 4 对 3 的比较，其作用是分别比较不同监测站在这 4 个指标上的相对好坏。如果取样河流为 6 条，那么方案层就变成了 6 个，从准则层到方案层需要进行 4 对 6 的比较。

两个相邻的层次之间需要构建一个成对比较矩阵。比如，在目标层和准则层之间就需要构建第一层成对比较矩阵，其行列数均为 4，形如：

$$\boldsymbol{A}=\begin{pmatrix} a_{11} & a_{12} & \cdots & a_{1n} \\ a_{21} & a_{22} & \cdots & a_{2n} \\ \vdots & \vdots & \ddots & \vdots \\ a_{n1} & a_{n2} & \cdots & a_{nn} \end{pmatrix}$$

矩阵的每一项表示因素 i 和因素 j 的相对重要程度。由于对角线上的元素都是自己和自己做比较，所以均为 1。另外，该矩阵还有一条重要性质：

$$a_{ij}a_{ji}=1$$

若因素 i 比因素 j 重要，那么我们可以用 1~9 之间的整数描述矩阵中每一项的相对重要程度，如表 5.2 所示。

表 5.2　重要程度取值

取值	1	2	3	4	5	6	7	8	9
相对重要程度	同等重要	介于 1~3 之间	相对重要	介于 3~5 之间	相对比较重要	介于 5~7 之间	相比明显重要	介于 7~9 之间	非常重要

如果因素 j 比因素 i 重要，由 $a_{ij}a_{ji}=1$ 得到的“相对不重要程度”用 1~9 的倒数描述即可。成对比较矩阵中每一项的确定具有较强的主观性，因为究竟某一项是比较重要还是非常重要，不同的人可能有不同的理解。

我们共需要构建 8 个矩阵，其中包括 1 个从目标层到准则层的矩阵和 7 个从准则层到方案层的矩阵。层次分析法的步骤如下。

（1）选择指标，构建层次结构模型图。

（2）构建目标层到准则层之间和准则层到方案层之间的成对比较矩阵。

（3）计算每个成对比较矩阵的 CI 值（一致性指标），检验是否通过一致性检验，如果没有通过检验，则需要调整成对比较矩阵中的元素值。

（4）求出每个比较矩阵最大的特征值对应的归一化权重向量。

（5）根据不同矩阵的归一化权重向量，计算出不同方案的得分并进行比较。

5.1.2　层次分析法的实现

本小节我们结合 5.1.1 小节中的水质检测的例子来介绍层次分析法的实现。以目标层到准则层的成对比较矩阵为例，根据已有文献和化学知识，可以构造如表 5.3 所示的矩阵。

表 5.3　目标层与准则层之间的成对比较矩阵

目标层评价指标	准则层评价指标			
	pH	DO	CODMn	NH3-N
pH	1	1/5	1/3	1
DO	5	1	3	5
CODMn	3	1/3	1	3
NH3-N	1	1/5	1/3	1

下面在 MATLAB 中键入下列代码，对上述矩阵进行特征值分解并找到最大的特征值与特征向量。

```
>> [V,D]=eig(A);
>> lambda=max(max(D)); %找到最大的特征值
>> c1=find(D(1,:)==lambda); %找到最大的特征值位置
>> feature_vector=V(:,c1); %最大特征值对应的特征向量
```

得到的结果如下。

```
lambda =

    4.0435


feature_vector =

   -0.1522
   -0.8919
   -0.3977
   -0.1522
```

接下来对特征值进行 CR 检验。进行 CR 检验需要计算 CI 值：

$$\mathrm{CI}=\frac{\lambda_{\max}-n}{n-1}$$

当 n 取 4 时 CI 值为 0.0145。我们还可以通过计算 RI 值（随机一致性指标）来进行 CR 检验。n 的取值不同，RI 值也不同。RI 值是通过大量随机实验得到的统计规律，其取值如表 5.4 所示。

表 5.4　RI 取值

n	1	2	3	4	5	6	7
RI	0	0	0.52	0.89	1.12	1.26	1.32
n	8	9	10	11	12	13	14
RI	1.41	1.46	1.49	1.52	1.54	1.56	1.58

得到 CI 值和 RI 值后，就可以计算出 CR 值，其为 CI 和 RI 的比值。示例的 CR 值为 0.0161。通常来说，当 CR 值超过 0.1 时，可以认为这个矩阵是不合理的，需要进行修改并调整。由于 0.0161 没

有超过阈值，所以可以认为这个成对比较矩阵通过了一致性检验。准则层与方案层之间的 7 个矩阵的一致性检验方法与此类似。

进行一致性检验的代码如下。

```
CI=(lambda-n)/(n-1);
RI=[0,0,0.58,0.9,1.12,1.24,1.32,1.41,1.45,1.49,1.52,1.54,1.56,1.58,1.59];
%判断是否通过一致性检验
CR=CI/RI(1,n);
if CR>=0.1
fprintf('没有通过一致性检验\n');
else
fprintf('通过一致性检验\n');
end
```

完成一致性检验后，还需要对最大特征值对应的特征向量进行归一化得到权重向量。归一化的方法为将特征向量除以该向量所有元素之和：

$$x_i = \frac{x_i}{\sum_{i=1}^{n} x_i}$$

用 MATLAB 代码可以这样实现。

```
>> Q=feature_vector/sum(feature_vector);
```

类似地，建模者可以根据文献和自身评估，针对每个评价指标对评价对象构建评价矩阵。计算出目标层到准则层的 1 个权重向量和准则层到方案层的 4 个权重向量以后，可以将权重向量进行排布，如表 5.5 所示。

表 5.5　准则层到方案层的 4 个权重向量的排布

地点	pH	DO	CODMn	NH3-N	得分
	0.0955	0.5596	0.2495	0.0955	
四川攀枝花龙洞	0.4166	0.5396	0.2970	0.6370	0.4767
重庆朱沱	0.3275	0.2970	0.5396	0.1047	0.3421
湖北宜昌南津关	0.2599	0.1634	0.1634	0.2583	0.1817

将准则层到方案层得到的 7 个成对比较矩阵对应的权重向量排列为一个矩阵，矩阵的每一行表示对应的方案，矩阵的每一列表示评价准则。将这一方案的权重矩阵与目标层到准则层的权重向量进行数量积，得到的分数就是最终的评分。

最终得到的结论是：在评价过程中水中溶解氧含量在评价体系中的占最大，四川攀枝花龙洞的水质虽然含钴元素比另外两个地方更高，但由于溶解氧含量高，NH3-N 含量低，水体不显富营养化。整体而言，四川攀枝花龙洞得分高于重庆朱沱和湖北宜昌南津关。

将一个成对比较矩阵的 AHP 过程封装为函数，完整函数如下。

```
function Q=AHP(A)
```

```
    [V,D]=eig(A);
    lambda=max(max(D));     %找到最大的特征值
    c1=find(D(1,:)==lambda);%找到最大的特征值位置
    feature_vector=V(:,c1); %最大特征值对应的特征向量
    [n,m]=size(A)
    CI=(lambda-n)/(n-1);
    RI=[0,0,0.58,0.9,1.12,1.24,1.32,1.41,1.45,1.49,1.52,1.54,1.56,1.58,1.59];
    %判断是否通过一致性检验
    CR=CI/RI(1,n);
    if CR>=0.1
        fprintf('没有通过一致性检验\n');
        Q=zeros(1,n);
    else
        fprintf('通过一致性检验\n');
        Q=feature_vector/sum(feature_vector);
    end
end
```

构建准则层到方案层的权重矩阵后，可以用矩阵乘法得到对应的评分，这里不再赘述。

注意 起初定义的成对比较矩阵很可能在第一次测试时通不过一致性检验。设置一致性检验的目的是对主观性进行一定约束，因为矩阵定义存在主观性。这是正常现象，进行适当调整即可。

5.2 熵权法

熵权法是一种客观赋权方法，基于信息论的理论基础，根据各指标数据的分散程度，利用信息熵计算并修正得到各指标的熵权，较为客观。相对而言，这种数据驱动的方法避免了主观性因素的影响。

5.2.1 指标正向化

在进行熵权法之前，首先要对指标进行正向化处理。因为指标类型较为复杂，有的指标是越大越好，比如成绩越高越好；有的指标是越小越好，比如房贷越低越好；有的指标在一个区间内高了、低了都不好，比如血压；而有的指标有一个最优值，指标和最优值之间的偏差越大，指标就越差。

偏小型指标的正向化方式比较简单，就是取相反数；如果偏小型指标全部为正数，也可以取其倒数。区间型指标的规约方法为

$$x_{\text{new}}=\begin{cases}1-\dfrac{a-x}{M},x<a\\1,a\leqslant x\leqslant b\\1-\dfrac{x-b}{M},x>b\end{cases}$$

中值型指标的正向化操作为

$$x_{\text{new}}=1-\frac{|x-x_{\text{best}}|}{\max(|x-x_{\text{best}}|)}$$

对指标进行正向化处理以后，所有的指标全部转化为“越大越好”的类型。为了进一步消除量纲的影响，还可以进行 min-max 规约来均衡数据的差异。

5.2.2 熵权法的定义与实现

熵权法的主要计算步骤如下。

（1）构建 m 个事物 n 个评价指标的判断矩阵 $\boldsymbol{R}(i=1,2,3,\cdots,n；j=1,2,\cdots,m)$。

（2）将判断矩阵进行归一化处理，得到新的归一化判断矩阵 $\boldsymbol{B}$。

$$\boldsymbol{B}=\frac{\boldsymbol{X}-\min(\boldsymbol{X})}{\max(\boldsymbol{X})-\min(\boldsymbol{X})}$$

（3）利用信息熵计算出各指标的权重，从而为多指标评价提供依据。根据信息论中对熵的定义，熵值 e 的计算如下。

$$e_j=-\frac{\sum_{i=1}^{n}p_{ij}\ln p_{ij}}{\ln n}$$

其中，p 为离散属性中每个类取值的占比。上式中的熵值可以用于评价不同指标的离散程度。在一般情况下，信息熵越小，离散程度越小，因子对综合评价的权重就越大。

（4）计算权重系数，其定义为

$$w_j=\frac{1-e_j}{\sum_{i=1}^{m}(1-e_i)}$$

注意 熵权法是一个数据驱动过程，一定要保证有一定的数据量作支撑并且在计算权重之前要对所有指标进行正向化处理。

下面我们通过一个例子来试着实现熵权法。

该例子在 5.1.1 小节中的例子的基础上采集到了更多地区的水质数据，现在需要对指标进行熵值赋权。新的数据如表 5.6 所示。

表 5.6 新数据

监测站名称	pH	DO	CODMn	NH3-N	鱼类密度	垃圾密度
四川攀枝花龙洞	7.94	9.47	1.63	0.08	6.78	4.94
重庆朱沱	8.15	9.00	1.40	0.42	5.27	4.47
湖北宜昌南津关	8.06	8.45	2.83	0.20	2.50	7.03
湖南岳阳城陵矶	8.05	9.16	3.33	0.29	5.65	5.26
江西九江河西水厂	7.60	7.93	2.07	0.13	5.26	6.39
安徽安庆皖河口	7.39	7.12	2.23	0.20	6.21	7.50
江苏南京林山	7.74	7.29	1.77	0.06	6.44	3.93
四川乐山岷江大桥	7.38	6.51	3.63	0.41	3.17	5.75
四川宜宾凉姜沟	8.32	8.47	1.60	0.14	3.32	6.29
四川泸州沱江二桥	7.69	8.50	2.73	0.28	7.25	8.21
湖北丹江口胡家岭	8.15	9.88	2.00	0.08	7.22	3.82
湖南长沙新港	6.88	7.59	1.77	0.92	2.94	8.03
湖南岳阳岳阳楼	8.00	8.15	4.87	0.33	4.68	5.01
湖北武汉宗关	7.94	7.48	3.30	0.13	5.81	4.87
江西南昌滁槎	8.01	7.76	2.67	6.36	4.52	3.22
江西九江蛤蟆石	7.91	7.93	5.47	0.21	7.48	2.40
江苏扬州三江营	8.04	8.34	3.87	0.20	3.73	4.05

首先进行指标的正向化处理，代码如下。

```
clc;clear;
%读取数据
data=xlsread('D:\桌面\shangquan.xlsx');
%指标正向化处理后数据为data1，下面是正向化方法
data1=data;
%%越小越优型处理
index=[3,4,6];%越小越优指标位置
for i=1:length(index)
  data1(:,index(i))=max(data(:,index(i)))-data(:,index(i));
end
```

然后进行规约化处理。

```
%数据标准化 mapminmax对行进行标准化，所以转置一下
data2=mapminmax(data1',0.001,1); %标准化到0-1区间，但最小值为0时对数不存在
data2=data2';
```

最后得到信息熵和熵权。

```
%得到信息熵
[m,n]=size(data2);
p=zeros(m,n);
for j=1:n
```

```
    p(:,j)=data2(:,j)/sum(data2(:,j));
end
for j=1:n
    E(j)=-1/log(m)*sum(p(:,j).*log(p(:,j)));
end

%计算权重
w=(1-E)/sum(1-E);

%计算得分
s=data2*w';
Score=100*s/max(s);
disp('不同监测站水质分别得分为：')
disp(Score)
```

最终评分的条形图与指标权重的扇形图，如图 5.2 所示。

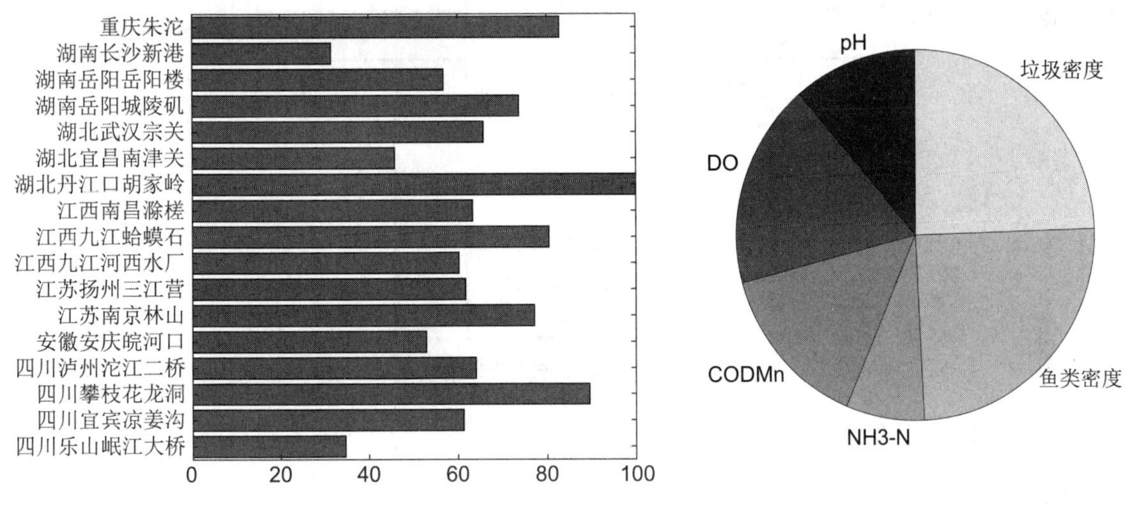

图5.2 最终评分的条形图与指标权重的扇形图

从图 5.2 中可以看出，湖北丹江口胡家岭的评分最高。而在指标评价体系中，垃圾密度和鱼类密度的差异是最大的，二者占了将近半壁江山。水体溶解氧的差异也比较大，使这一项权重占比超过 20%。差异越大的指标往往熵值越高，其权重也就越大。

5.3 TOPSIS 法

TOPSIS 法是基于距离对对象进行评价的策略，相对来说也是比较客观的。本节除了介绍 TOPSIS 法，还会介绍其改进模型。

5.3.1 TOPSIS 法的原理

TOPSIS 法是一种常用的综合评价方法，其基本思想为对原始决策方案进行归一化，然后找出最优方案和最劣方案，对每一个决策计算其到最优方案和最劣方案的欧几里得距离，然后再计算相似度。若方案与最优方案相似度越高则越优先。TOPSIS 法的基本流程如图 5.3 所示，解读如下。

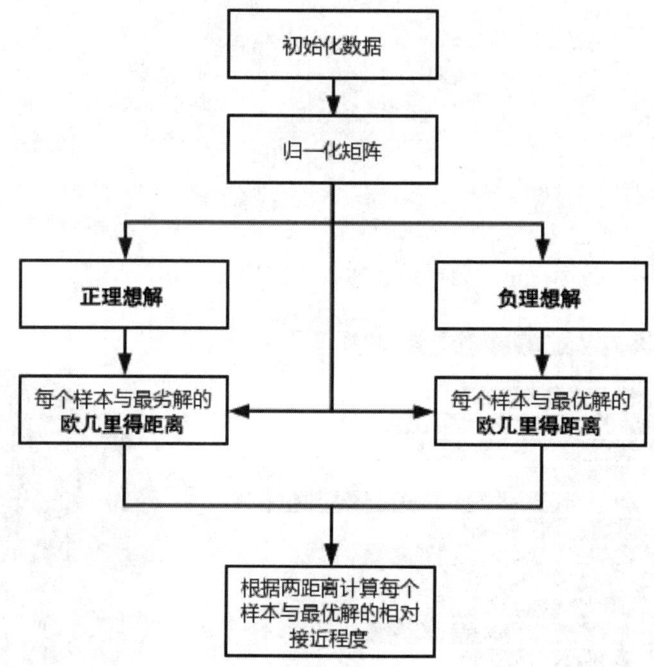

图5.3 TOPSIS法的基本流程

（1）根据归一化得到的决策矩阵（这里选取 min-max 归一化）和权重向量构造规范化权重矩阵 $\boldsymbol{Z}$：

$$\boldsymbol{Z}=[w_j z_{ij}]$$

（2）确定正理想解 $\boldsymbol{Z}^+$ 和负理想解 $\boldsymbol{Z}^-$，其中 J^+,J^- 分别表示效益型指标和成本型指标：

$$\boldsymbol{Z}^+=\{\max_{j\in J^+} z_{ij},\min_{j\in J^-} z_{ij}\}$$

$$\boldsymbol{Z}^-=\{\min_{j\in J^+} z_{ij},\max_{j\in J^-} z_{ij}\}$$

（3）计算各评价对象 i（i=1,2,3…,402）到正理想解和负理想解的欧几里得距离 $\boldsymbol{D}_i$：

$$\boldsymbol{D}_i^+=\sqrt{\sum_{j=1}^{n}(z_{ij}-\boldsymbol{Z}_j^+)^2}$$

$$\boldsymbol{D}_i^-=\sqrt{\sum_{j=1}^{n}(z_{ij}-\boldsymbol{Z}_j^-)^2}$$

（4）计算各评价对象的相似度 W_i：

$$W_i = \frac{D_i^-}{D_i^- + D_i^+}$$

相似度是负理想解和两个理想解距离之和的比值。该比值越大，则说明评价对象离负理想解越远，越应该优先选择。

（5）根据 W_i 大小排序得到结果。

权重向量的构建是 TOPSIS 应用的核心，需要尽可能削弱其主观性。这里使用熵权法构建权重向量。

5.3.2 利用熵权法改进 TOPSIS 法

在 TOPSIS 法中，计算欧几里得距离是直接把不同指标的差的平方求和。但事实上，不同指标在评价体系中所占比重可能不同，所以在计算欧几里得距离的时候应当对不同的指标进行赋权。而这个权值则可通过熵权法或层次分析法获取。

下面我们利用引入熵权法的 TOPSIS 对各监测站（见 5.2.2 小节）的水质数据进行评价，示例代码如下。

```
    clc;clear;
    data=xlsread('TOPSIS.xlsx'); %TOPSIS需要先做指标正向化，这里可根据需要选择正向化策略，比如可以选择取相反数或倒数等
    data1=data;
    for j=1:size(data1,2)
        data1(:,j)= (data(:,j)-mean(data(:,j)))./sqrt(sum(data(:,j).^2)); %zscore标准化
    end
    %得到信息熵
    [m,n]=size(data1);
    p=zeros(m,n);
    for j=1:n
        p(:,j)=data1(:,j)/sum(data1(:,j));
    end
    for j=1:n
       E(j)=-1/log(m)*sum(p(:,j).*log(p(:,j)));
    end
    %计算权重
    w=(1-E)/sum(1-E)
    %得到加权重后的数据
    R=data1*w';
    %得到最大值和最小值距离
    r_max=max(R);  %每个指标的最大值
    r_min=min(R);  %每个指标的最小值
    d_z = sqrt(sum([(R -repmat(r_max,size(R,1),1)).^2 ],2)) ;  %d+向量
```

```
d_f = sqrt(sum([(R -repmat(r_min,size(R,1),1)).^2 ],2)); %d-向量
%sum(data,2)对行求和 , sum(data) 默认对列求和
%得到得分
s=d_f./(d_z+d_f );
Score=s/max(s);
for i=1:length(Score)
    fprintf('第%d个样本评分为: %d\n',i,Score(i));
end
```

评分结果如图 5.4 所示。从图中可以看出，江苏南京林山监测站的水质评分最接近最优解，按百分制计分获得了 98 分；湖北丹江口胡家岭、四川攀枝花龙洞评分也不低，为 78 分；而湖南岳阳岳阳楼、重庆朱沱、四川乐山岷江大桥、湖南长沙新港、江西南昌滁槎等监测站的水质评分则不到 20 分。这一结果充分反映，对水资源保护较好的风景名胜区自然风光更加美好，同时良好的生态环境也带动了当地经济发展，尤其是以湿地生态为主的江苏南京林山、湖北丹江口胡家岭、四川攀枝花龙洞等地值得借鉴；值得学习的是，江西九江河西水厂在水资源治理方面的措施很有效，其评分排名相对比较靠前。

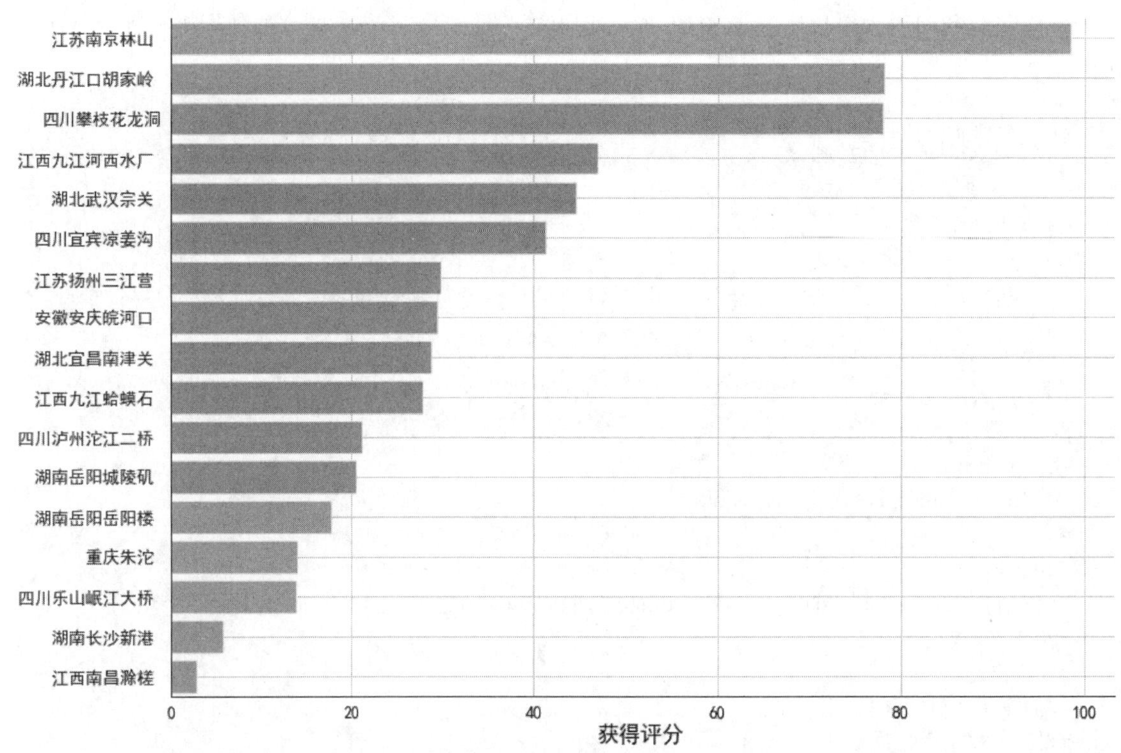

图5.4　基于TOPSIS法对水质的综合评价

注意　指标数据的正向化处理方法并不是唯一的，可以根据数据分析者的理解来确定。比如酸碱度，有些人认为只要酸碱度在合理范围内就可以不考虑其对整体评价的影响，而有些人仍然会考虑。

5.4 模糊综合评价法

模糊综合评价法是一种基于模糊数学的综合评价方法。该方法根据模糊数学的隶属度理论把定性评价转化为定量评价，即用模糊数学对受到多种因素制约的事物或对象作出一个总体的评价。它具有结果清晰、系统性强的特点，能较好地解决模糊的、难以量化的问题，适合各种非确定性问题的解决。

5.4.1 模糊综合评价的由来

模糊综合评价法需要确定的要素主要有三个：评价指标、程度衡量和隶属度。评价指标又叫作因素集，通常用 U 表示。比如，如果想评价一个企业员工，可以从 { 政治表现 , 工作能力 , 工作态度 , 工作成绩 } 四个方面评价。程度衡量反映某一项指标的好坏程度，但不同于确定的数值，它往往是一个主观印象评价，或者说没有明确的量化指标。比如，这个员工工作态度认真，这里的"认真"是一个模糊的概念，没有明确的取值范围，而是基于主观判断和理解进行评估的。

常用的程度衡量方法如李克特五级量表，把人对一个事物的看法模糊为 { 很差 , 差 , 中等 , 好 , 很好 } 五个程度。与前面介绍的一些评价方法类似，这些指标也是可以有权重的。当没有采集到数据的时候，指标权重通过层次分析法来确定；如果有数据，则使用熵权法来确定。

隶属度实际上是一个评分，表示一项指标被预判为某个程度的概率大小，它是一个 0~1 之间的数。在实际的调查研究中，更多的是用德尔菲法或者文献分析法找到模糊隶属度。如果想要在短期内取得模糊隶属度，还可以根据具体的指标推算，方法和 TOPSIS 中讲到的指标正向化一样。例如，某种溶液的 pH 值可能越偏酸性越好，也可能越偏碱性越好，还可能在某个酸碱范围内最好。在不同的情况下，隶属度计算会有所不同。

常见隶属度计算的模式如表 5.7 所示。

表 5.7 常见隶属度的计算模式

计算方法	偏小型	中间型	偏大型
梯形法	$u=\begin{cases}1, x<a\\ \dfrac{b-x}{b-a}, a\leqslant x\leqslant b\\ 0, x>b\end{cases}$	$u=\begin{cases}\dfrac{x-a}{b-a}, a\leqslant x\leqslant b\\ 1, b\leqslant x\leqslant c\\ \dfrac{d-x}{d-c}, c\leqslant x\leqslant d\\ 0, x<a, x>d\end{cases}$	$u=\begin{cases}0, x<a\\ \dfrac{x-a}{b-a}, a\leqslant x\leqslant b\\ 1, x>b\end{cases}$

续表

计算方法	偏小型	中间型	偏大型
多项式法	$u=\begin{cases}1,x<a\\(\frac{b-x}{b-a})^k,a\leqslant x\leqslant b\\0,x>b\end{cases}$	$u=\begin{cases}(\frac{x-a}{b-a})^k,a\leqslant x\leqslant b\\1,b\leqslant x\leqslant c\\(\frac{d-x}{d-c})^k,c\leqslant x\leqslant d\\0,x<a,x>d\end{cases}$	$u=\begin{cases}0,x<a\\(\frac{x-a}{b-a})^k,a\leqslant x\leqslant b\\1,x>b\end{cases}$
指数法	$u=\begin{cases}1,x\leqslant a\\\mathrm{e}^{-k(x-a)},x>a\end{cases}$	$u=\begin{cases}\mathrm{e}^{-k(a-x)},x<a\\1,a\leqslant x\leqslant b\\\mathrm{e}^{-k(x-b)},x>b\end{cases}$	$u=\begin{cases}1-\mathrm{e}^{-k(x-a)},x\leqslant a\\0,x>a\end{cases}$
正态法	$u=\begin{cases}1,x\leqslant a\\\mathrm{e}^{-\frac{(x-a)^2}{\sigma^2}},x>a\end{cases}$	$u=\mathrm{e}^{\frac{(x-\mu)^2}{\sigma^2}}$	$u=\begin{cases}1-\mathrm{e}^{-\frac{(x-a)^2}{\sigma^2}},x\leqslant a\\0,x>a\end{cases}$

5.4.2 模糊综合评价的案例

计算每个指标的隶属度形成隶属度矩阵，再将隶属度矩阵与指标权重相乘得到总的隶属度向量，最后根据不同的隶属度向量给出评分即可获得对象的总体评分。例如，对于李克特五级量表{很差，差，中等，好，很好}，分别给出{100,80,60,30,0}五个等级的评分，与最终隶属度向量数乘可以得到最终评分。

注意 在进行单一对象的模糊综合评价时，需要为每个指标建立一张模糊评价表格。表格的五列分别对应李克特五级量表的程度，每一行代表一个评价指标。隶属度的确定可以通过问卷调查的方式获取。因此，针对每一个评价对象都会形成一个对应的模糊评价矩阵，计算量可能会比较大。如果需要进一步综合考虑各评价指标的重要性，可以采用 AHP 或熵权构建指标权重。

下面来看一个多个对象的模糊综合评价的案例。

现有五名员工的五科考试成绩，如表 5.8 所示，试对他们的成绩进行评价。

表 5.8 考试成绩

科目	员工				
	X1	X2	X3	X4	X5
科目 1（分）	4700	6700	5900	8800	7600
科目 2（分）	5000	5500	5300	6800	6000
科目 3（分）	4	6.1	5.5	7	6.8
科目 4（分）	30	50	40	200	160
科目 5（分）	1500	700	1000	50	100

根据模糊综合评价，需要先对不同员工的成绩进行归一化和隶属度计算，再对不同的评价效果给出评分定义和指标权重。假设这里的指标权重是主观权重，当然也可以通过熵权法等客观方法设置权重。那么，可以写出如下代码。

```
x=[4700    6700    5900    8800    7600
5000    5500    5300    6800    6000
4.0    6.1    5.5    7.0    6.8
30    50    40    200    160
1500    700    1000    50    100];
r=myfun(x);%计算接近程度"很好"的隶属度
a=[0.25,0.20,0.20,0.10,0.25];%指标权重
b=a*r %综合评分

function f=myfun(x);
f(1,:)=x(1,:)/8800;%偏小型指标
f(2,:)=1-x(2,:)/8000;%偏大型指标
f(3,find(x(3,:)<=5.5))=1;
flag=find(x(3,:)>5.5 & x(3,:)<=8);
f(3,flag)=(8-x(3,flag))/2.5;%区间型指标
f(4,:)=1-x(4,:)/200;%偏小型指标
f(5,:)=(x(5,:)-50)/1450;%min-max规约
end
```

得到的结果如下。

```
b =

    0.7435    0.5919    0.6789    0.3600    0.3905
```

结果表明员工 X1 和 X3 的成绩都不错，按照百分制评分，他们的成绩都超过了 60 分；X2 的成绩接近 60 分，若再努力一点也是不错的；X4 和 X5 的成绩按百分制计算均不及格，绩效考评应该判定为不合格，建议加强素养培训。

5.5 CRITIC 法

在确定指标权重时我们往往更多关注数据本身，而数据之间的波动性大小、相关关系大小也是一种信息。利用数据的波动性大小或相关关系大小来计算权重的方法便是 CRITIC 法。

5.5.1 CRITIC 法的原理

CRITIC 法是一种基于数据波动性和相关关系大小的客观赋权法。其包括两项指标，分别是波

动性（对比强度）和冲突性（相关性）指标。其中，波动性指标使用标准差来表示，如果数据标准差越大，说明波动越大，权重越高；冲突性指标使用相关系数来表示，如果指标之间的相关系数值越大，说明冲突性越小，那么其权重也就越低。将波动性指标与冲突性指标相乘，并且进行归一化处理，即可得到最终的权重。CRITIC 法可用于判断数据的稳定性，适合分析指标或因素之间有一定关联的数据。

注意

CRITIC 方法和熵权法都属于数据驱动类方法，需要数据量支持。

假设有一个 n 个对象、m 项指标的数据表，则可以按照如下操作步骤进行 CRITIC 分析。

（1）对指标进行无量纲化和正向化处理：

$$x_{\text{new}} = \frac{x - \min(x)}{\max(x) - \min(x)}$$

如果指标越小越好，那么规约方法形如：

$$x_{\text{new}} = \frac{\max(x) - x}{\max(x) - \min(x)}$$

对于区间型和中值型指标，则按照前面讲到的指标正向化进行处理。

（2）计算指标变异性。其在本质上是计算每个指标在所有样本中的标准差 $\boldsymbol{S}_j$。标准差反映了指标在样本中的差异波动情况，若标准差越大，则它的区分度越明显，信息强度也越高，越应该给它分配更多权重。

（3）计算指标冲突性，定义为

$$\boldsymbol{R}_j = \sum_{i=1}^{m}(1 - r_{ij})$$

其中 r_{ij} 表示指标 i 和指标 j 之间的相关系数，其定义为

$$r_{ij} = \frac{\sum_{i=1}^{n} x_i y_i - n\overline{xy}}{\sqrt{\sum_{i=1}^{n} x_i^2 - n\overline{x}^2}\sqrt{\sum_{i=1}^{n} y_i^2 - n\overline{y}^2}}$$

（4）获取信息量。信息量的定义方法为将指标变异性和冲突性相乘：

$$\boldsymbol{C}_j = \boldsymbol{S}_j \sum_{i=1}^{m}(1 - r_{ij})$$

（5）归一化得到指标权重，然后用指标权重乘以归一化的数据矩阵得到每个对象的评分，并根据评分进行对象的评价、排序。归一化的过程形如：

$$\boldsymbol{w}_j = \frac{\boldsymbol{C}_j}{\sum_{i=1}^{m} \boldsymbol{C}_i}$$

5.5.2 CRITIC 法的实现

对于归一化的数据表 data，可以写出如下代码进行 CRITIC 权重计算。

```
[m, n] = size(data);
for i = 1:n
data(:, i) = (data(:, i) - min(data(:, i)))/(max(data(:, i)) - min(data(:, i)));
end
corr = corrcoef(data);  %计算相关系数矩阵
corr_1 = sum(1 - corr); %计算冲突性
data_std = std(data); %计算每列方差
C = data_std .* corr_1; %计算信息量
w = C./sum(C) %计算权重
```

5.6 主成分分析法

当问题提供的变量过于精细化，如果想从这些变量中抽象出更高一级的变量描述数据，同时尽可能减少数据丢失，这时就需要用到主成分分析（Principal Componcnts Analysis，PCA）法。

5.6.1 主成分分析法的原理

主成分分析是一种利用数据降维的思想将多项指标转化为少数几个互不相关的综合指标的方法，包括以下几个步骤。

（1）数据的去中心化：将数据矩阵 $\boldsymbol{X}$ 中的每个属性减去这一列的均值。这样做的目的在于消除数据平均水平对后续分析的影响。

$$\overline{x} = (x_1 - \overline{x}_1, x_2 - \overline{x}_2, \cdots, x_n - \overline{x}_n)$$

（2）求协方差矩阵：注意这里需要除 (n−1)。

$$\boldsymbol{C} = \frac{1}{n-1} \overline{\boldsymbol{X}}^{\mathrm{T}} \overline{\boldsymbol{X}}$$

（3）对协方差矩阵进行特征值分解。

$$\boldsymbol{C} = \boldsymbol{Q\Sigma Q}^{\mathrm{T}}$$

（4）特征值排序：挑选更大的 k 个特征值，将特征向量组成矩阵 $\boldsymbol{P}$。

（5）进行线性变换 $\boldsymbol{Y}=\boldsymbol{PX}$，从而得到主成分分析后的矩阵。

注意　对 PCA 的底层做矩阵分解多使用奇异值分解（Singular Value Decomposition，SVD），但使用特征值分解更加容易理解。

根据上面的过程，可以写出下面的代码。

```
Z=x-mean(x);                    %去中心化
M=cov(z);                       %协方差
[Q,D]=eig(M);                   %求出协方差矩阵的特征向量、特征根
Q=real(Q);
D=real(D);
d=diag(D);                      %取出特征根矩阵列向量（提取出每一主成分的贡献率）
eig1=sort(d,'descend');         %将贡献率按从大到小元素排列
Q=fliplr(Q);                    %依照特征根D重新排列特征向量
B=z*Q;  %得到矩阵B;
S=0;
i=0;
while S/sum(eig1)<0.9
    i=i+1;
    S=S+eig1(i);
end                             %求出累积贡献率大于90%的主成分
NEW=z*Q(:,1:i);                 %输出产生的新坐标下的数据
W=100*eig1/sum(eig1);           %贡献率
```

MATLAB 也提供了直接调用主成分分析的方法，也就是 pca 函数，具体调用方式如下。

```
[coeff,score,latent,tsquared,explained,mu] = pca(X)
```

数据矩阵 $\boldsymbol{X}$ 的主成分分析返回值包括以下几个部分。

（1）coeff：系数矩阵。返回原始数据矩阵 $\boldsymbol{X}$ 的主成分系数。$\boldsymbol{X}$ 的行对应观测值，列对应变量。各列按主成分的方差降序排列。

（2）score：返回主成分得分。它是 $\boldsymbol{X}$ 在主成分空间中变换后的数据表示。score 的行对应观测值包含的属性，列对应主成分。它将 n 维数据按贡献率由大到小排列。

（3）latent：返回 $\boldsymbol{X}$ 的协方差矩阵的特征值。这些特征值对应着 score 矩阵中相应维的贡献，并按从大到小的顺序排列。

（4）tsquared：返回训练过程中 t 检验的 t 值用于假设检验。

（5）explained：返回每个主成分对应特征值占特征值之和（或者说方差之和）的百分比（每个特征值占比，又可以称为方差贡献）。

5.6.2 主成分分析法的实现

本小节将通过一个例子来解释主成分分析法的实现，代码如下。

```
%%test for princomp(Principal Component Analysis)
clear;
clc;
%% load data set
load cities;
```

```
%% pre-process
stdr =std(ratings);
sr =ratings./repmat(stdr,329,1);
%% use princomp
[coeff,score,latent,tsquare]= pca(sr);
%%如何提取主成分,达到降维的目的
figure;
percent_explained= 100*latent/sum(latent); %cumsum(latent)./sum(latent)
pareto(percent_explained);
xlabel('PrincipalComponent');
ylabel('VarianceExplained (%)');
%% Visualizing theResults
%横坐标和纵坐标分别表示第一主成分和第二主成分
%红色的点代表329个观察量,其坐标就是主成分得分
%蓝色的向量的方向和长度表示每个原始变量对新的主成分的贡献,其坐标就是那个coeff.
figure;
biplot(coeff(:,1:3),'scores',score(:,1:3),'varlabels',categories);
```

这个案例对房价数据集的 9 个属性进行了主成分分析并绘制帕累托图和向量图对分析结果进行了展示，如图 5.5（a）和图 5.5（b）。图 5.5（a）中的条形图是每个主成分的方差贡献率的降序排列，而上方的折线图是累计方差贡献率。从图 5.5（a）中可以发现，当抽取到 7 个主成分的时候，累计的方差贡献率超过了 90%，是一个相当高的水平。图 5.5（b）以第一、第二和第三主成分为 X、Y、Z 坐标轴，绘制了 9 个原属性进行主成分分解后相对前三个主成分的方向向量及样本散点图。使用 biplot 函数能够清晰发现原始成分和主成分之间的关系。

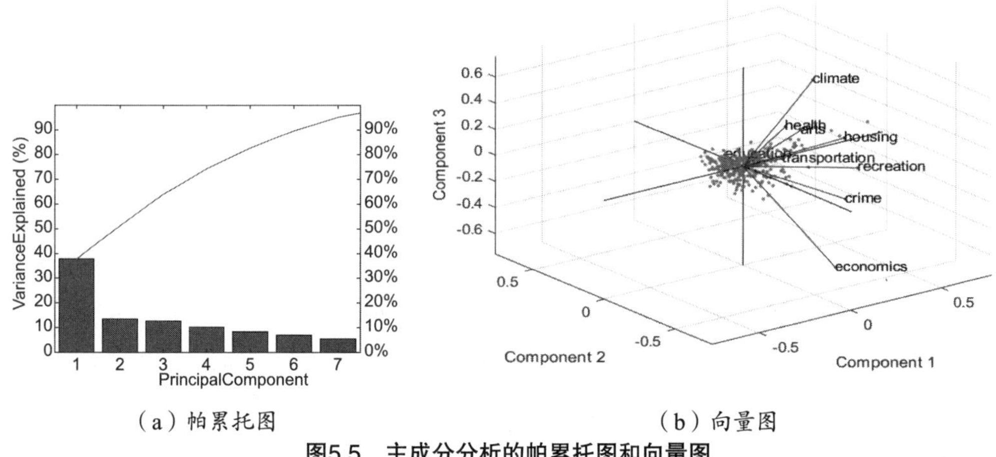

（a）帕累托图　　　　（b）向量图

图5.5　主成分分析的帕累托图和向量图

为了直观地展示原始属性如何通过线性变换变为主成分，并量化主成分与原始属性之间的线性关系，我们可以使用一个热力图来描述线性组合系数矩阵，如图 5.6 所示。

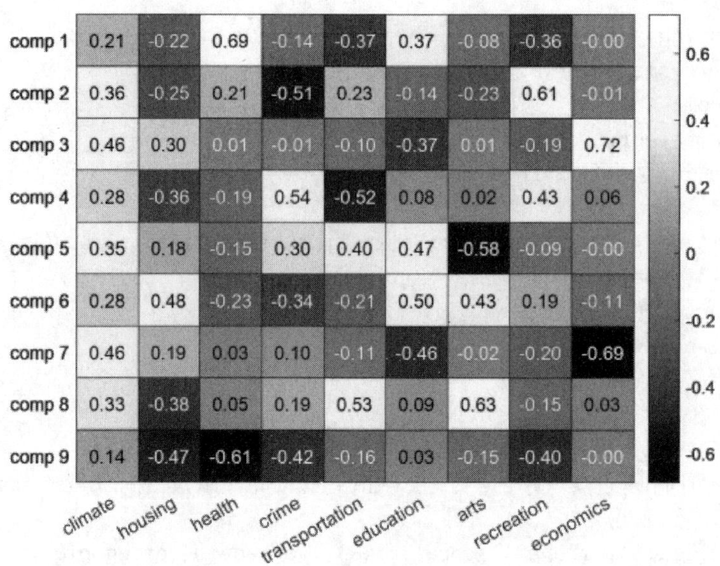

图5.6　主成分分析中原始属性与主成分的热力图

图的每一行展示了一个主成分与各个属性之间的关系，每一项代表一个能够表示变换关系的权重系数。通过对热力图的解读，也可以实现对主成分的命名等工作。

5.7 因子分析法

主成分分析在本质上是以线性加权的方式抽象出新变量，难以对变量背后的东西进行解释。而为了从数据的表象中发现更深层的原因，则需要用到因子分析法。

5.7.1 因子分析法的实现

因子分析的主要目的是对共同因子给出符合实际意义的合理解释，解释的依据是因子载荷矩阵的各列元素的取值。当因子载荷矩阵某一列上各元素的绝对值差距较大，并且绝对值大的元素较少时，则该共同因子就易于解释，反之，共同因子的解释就比较困难。此时可以考虑对因子和因子载荷进行旋转（如正交旋转），使得旋转后的因子载荷矩阵的各列元素的绝对值尽可能地向两极分化，从而使得因子的解释变得容易。

因子旋转方法有正交旋转和斜交旋转两种，这里只介绍一种普遍使用的正交旋转法：最大方差旋转。这种旋转方法的目的是使因子载荷矩阵每列上的各元素的绝对值（或平方值）尽可能地向两极分化，即少数元素的绝对值（或平方值）取尽可能大的值，而其他元素尽量接近 0。

因子分析的流程如下。

（1）选择分析的变量：可以用定性方法和定量方法。但如果原始变量之间的相关性较差，则很难提取出因子。

（2）计算所选原始变量的相关系数矩阵：相关系数矩阵描述了变量之间的相关性，这一步很重要，因为如果变量之间没有相关性那么分解出的因子是没有意义的。相关性矩阵是因子分析的基础。

（3）提取公共因子：分解后提取出几个公共因子可以根据先验知识或实验假设或者累计方差贡献率来确定。一般而言，累计方差贡献率至少达到 70% 才能满足要求。

（4）因子旋转：对原始因子进行变换，使因子意义更明确。

（5）计算因子得分：在后续的工作中也可以继续利用，如因子回归模型。

MATLAB 提供了进行因子分析的函数 factoran，其调用格式如下。

```
[lambda,psi,T,stats,F] = factoran(X,m)
```

输入的矩阵 X 为原始数据，m 是想要分解出的因子数量，lambda 代表分解出的因子，T、stats 和 F 都是统计量。

注意

从变量的可解释性来看，因子分析的表现比主成分分析更好。

下面来看一个案例。

这里从国家统计局获取了 2005~2012 年间各类学校的生师比（即学生数量与教师数量的比值），试对数据进行因子分析并进行一定解释，数据如表 5.9 所示。

表 5.9　2005~2012 年间各类学校的生师比

年份	小学生师比	初中生师比	普通高中生师比	职业高中生师比	本科院校生师比	专科院校生师比
2005	19.98	18.65	18.65	19.1	17.44	13.15
2006	19.43	17.8	18.54	20.62	17.75	14.78
2007	19.17	17.15	18.13	22.16	17.61	18.26
2008	18.82	16.52	17.48	23.5	17.31	17.2
2009	18.38	16.07	16.78	23.47	17.21	17.27
2010	17.88	15.47	16.3	23.65	17.23	17.35
2011	17.7	14.98	15.99	23.66	17.38	17.21
2012	17.71	14.38	15.77	21.59	17.48	17.28

根据案例，可以试着编写下列代码。

```
%读取数据
[X,textdata] = xlsread('factor.xls');%读取数据
varname = textdata(1,2:end);%提取变量名
obsname = textdata(2:end,1);%提取观测样本名
```

```
%调用factoran函数根据原始观测数据作因子分析，选取3因子
[lambda,psi,T,stats] = factoran(X,3)
%计算贡献率，因子载荷矩阵的列元素的平方和除以维数
Contribut = 100*sum(lambda.^2)/8
CumCont = cumsum(Contribut) %计算累积贡献率
heatmap({'基础教育','职业教育','高等教育'},{'小学','初中','高中','职业高中','本科','专科'},lambda)
colormap autumn
```

得到的因子载荷矩阵的热力图，如图 5.7 所示。

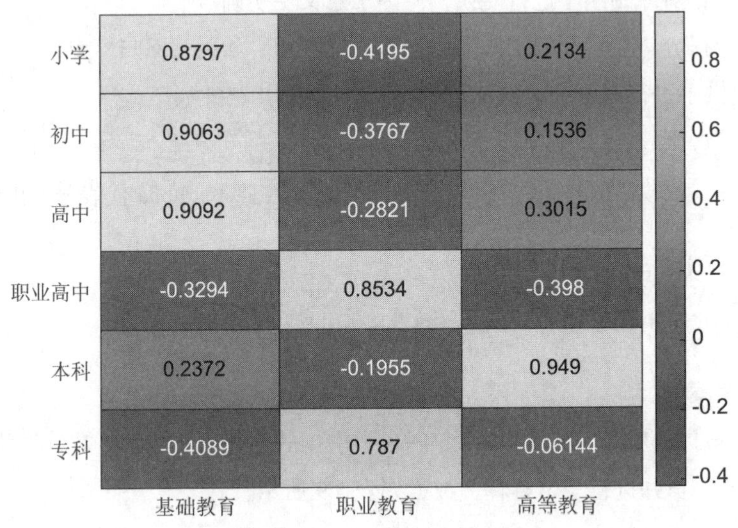

图5.7　因子载荷矩阵的热力图

从图 5.7 中可以看出，小学、初中和高中三个属性在第一个因子上明显载荷大很多，而职业高中和专科属性主要反映在第二个因子上，本科教育在第三个因子上显示比较明显。所以，可以很容易为这三个因子命名：第一个因子名为基础教育，涵盖小学到高中阶段；第二个因子名为职业教育，涵盖职业高中和专科；第三个因子名为高等教育，涵盖本科阶段。此外，三个因子的累计方差贡献率也都到了 70% 以上，能够较明显反映结果。

5.7.2　因子分析法与主成分分析法的异同

因子分析法和主成分分析法虽然都是用于评价模型的方法，但二者有很大的不同，具体如下。

（1）原理不同：主成分分析法是利用线性变换的思想，每个主成分都是原始变量的线性组合。而因子分析法更倾向于从数据出发，描述原始变量的相关关系，将原始变量进行分解。

（2）确定变量个数的方法不同：主成分分析法的主成分的数量是一定的，一般有几个变量就有几个主成分，实际应用时会根据累计方差贡献率提取前几个主要的主成分。而因子分析法的因子个数由分析者根据具体情况指定，不同的因子数量会导致不同的分析结果。

（3）应用范围不同：在实际应用中，主成分分析法常被用作达到目的的中间手段，而非一种完全的分析方法，提取出来的主成分无法清晰地解释其代表的含义。而因子分析法是一种完全的分析方法，可得出确切的公共因子。

5.8 数据包络分析法

数据包络分析（Data Envelopment Analysis，DEA）法是一种能够综合衡量多投入多产出问题的评价方法，它基于线性规划理论，是运筹学领域的重要分支，在实际生产生活中有着重要的应用价值。

5.8.1 数据包络分析法的原理

DEA 是 A. 查思斯（A. Charnes）、W. W. 库珀（W. W. Cooper）和 E. 罗兹（E. Rhodes）于 1978 年提出的，可用于评价多指标输入输出、衡量系统有效性。该方法将属性划分为投入项、产出项，不预先设定权重，只关心总产出与总投入，以其比率作为相对效率。

DEA 有多种模型，包括 CCR 模型、BCC 模型、交叉模型等，其中最为常用的是 CCR 模型和 BCC 模型。

在数据包络分析法中，可以定义投入型指标 X 一共有 m 个，产出型指标 Y 一共有 s 个，评价对象一共 n 项。

与前面介绍的一些评价类模型一样，数据包络中的 CCR 模型的目的也是获得权重，只不过是分别对产出型指标和投入型指标构造权重向量 $\boldsymbol{u}$ 和 $\boldsymbol{v}$，从而定义投入产出比，其在本质上是解一个规划问题：

$$\max \frac{\boldsymbol{u}^{\mathrm{T}} Y}{\boldsymbol{v}^{\mathrm{T}} X}$$

$$s.t.\begin{cases} \dfrac{\boldsymbol{u}^{\mathrm{T}} y_i}{\boldsymbol{v}^{\mathrm{T}} x_i} \leqslant 1 \\ \boldsymbol{u}, \boldsymbol{v} \geqslant 0 \end{cases}$$

DEA 的目的是优化投入产出比，即尽可能提高产出相对于投入的效率。因为分母表示投入，分子表示产出，这个值越大，表示这一项的“性价比”越高。但根据常理判断投入产出比不可能超过 100%，所以加上了不能超过 100% 的约束条件。

BCC 模型是从投入和产出的角度综合考虑效率。这种模型在相同的投入下比较产出资源的数量，同时剔除规模报酬因素对效率的影响，因此也被称为“产出导向模型”。通过 BCC 模型，我们可以得到“技术效益”，DEA=1 称为“技术有效”。

BCC 模型的基本形式如下：

$$\min \boldsymbol{\theta}$$

$$s.t.\begin{cases}\sum_{j=1}^{n}\lambda_j x_{ij} \leqslant \boldsymbol{\theta}^{\mathrm{T}} x_i \\ \sum_{j=1}^{n}\lambda_j y_{ij} \geqslant \boldsymbol{\theta}^{\mathrm{T}} y_i \\ \sum_{j=1}^{n}\lambda_j = 1\end{cases}$$

这个问题的本质也是求解一个规划问题，主要的目的是求解 λ 和 $\boldsymbol{\theta}$。

5.8.2 数据包络分析法的实现

现有五项投入型变量和三项产出型变量，试对待测试对象进行评价，数据如表 5.10 所示。

表 5.10 数据

ID	X1	X2	X3	X4	X5	X6	X7	X8
01	39414	2823	34877	44562	2036	603	322	934936
02	54934	1911	52242	35262	3862	908	396	1075563
03	96442	2743	88737	303221	4307	1596	694	1104835
04	107079	3036	98513	478883	3956	2530	1089	909220
05	124359	3326	116897	378318	4102	2669	1179	1117851
06	140167	3900	130355	261203	4180	3538	1991	1116429
07	161523	3989	153722	444755	4309	3727	1593	878466
08	177681	4669	167161	422267	4630	6629	1867	1048053
09	124969	4416	111415	286399	3829	5665	2591	1142395
10	146015	3200	129997	228695	5308	4911	2506	1202365

根据前面对 CCR 模型的介绍，结合优化理论中的知识，可以编写下面的代码。

```
data=data';
X=data([1:5],:);%X为输入变量
Y=data([6:8],:);%Y为输出变量
[m,n]=size(X);%m为输入变量个数，n为样本数
s=size(Y,1);%s为一共有多少个输出变量
A=[-X' Y'];
%由于目标函数求最小，这里的-X就转化成了求最大
```

```
b=zeros(n,1);
LB=zeros(m+s,1);UB=[];
for i=1:n
    f=[zeros(1,m) -Y(:,i)'];
    Aeq=[X(:,i)',zeros(1,s)];
    beq=1;
    w(:,i)=linprog(f,A,b,Aeq,beq,LB,UB);
    E(i,i)=Y(:,i)'*w(m+1:m+s,i);
end
lambda=diag(E)'; %因为E求解出来是一个对角矩阵所以还原
fprintf('使用CCR-DEA方法获得的相对评价结果为：\n');
disp(lambda);
```

最终可以得到如下结果。

```
使用CCR-DEA方法获得的相对评价结果为：
     1.0000    1.0000    0.8824    0.8132    0.9108    0.9295    0.7356    1.0000
1.0000    1.0000
```

通过组织相关报表即可对数据包络分析法的结果展开更为详细的分析。

本章主要介绍了评价模型的一些常用方法。在本质上，学习评价模型的核心是把握两个因素：权重和评分。在评价模型中，更侧重于主观评价的评价方法包括层次分析法、模糊综合评价法等；更侧重于客观评价的评价方法包括 TOPSIS 法、主成分分析法等。这些分析方法通常与需要解决的问题和进行评价的人有关，其重点往往不是代码的具体实现，而是结果的阐释和合理性评估，以及利用结果进行决策。但任何评价模型的核心目的都是给不同的决策变量赋权，然后把它们综合起来以计算出一个得分，进而依据得分进行排序和评价。

习题

1. 发展云计算技术，基于大规模云服务实现更稳定的数字化发展已经成为行业趋势。试着查找一些关于大型互联网企业的云服务能力的资料，并对这些企业的云服务能力进行合理评价。

2. 宇宙帝王莫尔德和宙达准备率领大军攻打光之国，在此之前他们通过黑客技术从宇宙警备队科学局偷到了奥特曼六兄弟的资料。他们选取了一系列重要的评价指标对奥特曼兄弟的战力进行评估，数据如表 5.11 所示。

表 5.11　数据

名字	体重（吨）	速度（马赫数）	年龄（万岁）	光线一次杀死怪兽（只）	腕力（万吨）
佐菲	45	45000	10	2.5	1000
初代	40	35000	5	2	800
赛文	40	35000	7	1.7	750
杰克	40	35000	6	1.7	850
艾斯	40	45000	20	1.5	900
泰罗	53	55000	20	1.2	1000

请使用不少于两种评价模型对六位奥特曼的能力进行评估。你认为谁最难搞定？

3. 请对 5.7.1 小节中的例子进行主成分分析。

第 6 章

复杂网络与图论模型

本章主要介绍复杂网络与图论模型。图论模型不同于平面几何图形，图论模型的边与点往往只是描述一种拓扑关系，所以并不能用平面几何的视角定义复杂网络。复杂网络的研究领域很广。虽然复杂网络和图论模型的研究对象相同，但它们探讨的实际上是一个对象的不同方面。本章将利用图论模型来解决几个经典的问题，主要涉及的知识点如下。

- 复杂网络的研究对象。
- 最短路径问题。
- 最小生成树问题。
- 网络最大流问题。
- TSP 问题和 VRP 问题。

注意：本章内容与前面的整数规划经常结合在一起进行考查，后面的群体智能算法也在图论模型中有应用。

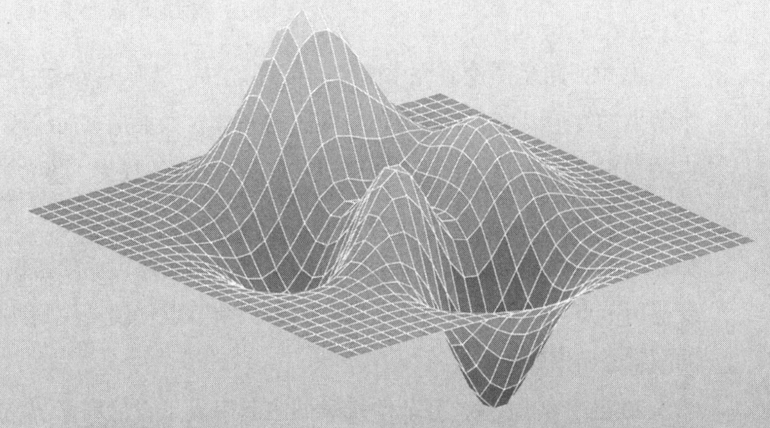

6.1 复杂网络的研究对象

自然界中存在的大量复杂系统都可以通过形形色色的网络图或关系图来加以描述。一个复杂网络由许多节点与节点之间的边组成，其中节点表示实体，而边则用来表示实体间的关系。复杂网络本身是一种基于图论提出的模型，具有相对复杂的拓扑结构。复杂网络建模试图解决三个问题：第一，找出可以刻画网络结构和行为的统计特性，并且对这些特性进行统计测度；第二，理解这些统计特性的真正意义；第三，基于这些统计特性，研究网络中全部或部分的行为与规则。

6.1.1 复杂网络与图论研究

图论的研究最早起源于瑞士数学家 L. 欧拉（L.Euler）提出的柯尼斯堡七桥问题，也就是图论中的一笔画问题，即寻找从图中某一点出发，经过每条边恰好一次，最后回到出发点的路径。这样的路径被称为欧拉回路。图论研究的出现使得数学上对图形的研究不再局限于几何关系，而是更多地考查拓扑特性。图论中的图实际上就是一个复杂网络，它同样具有节点和边，分为有向图和无向图。图 6.1 所示是柯尼斯堡七桥问题的示意图。

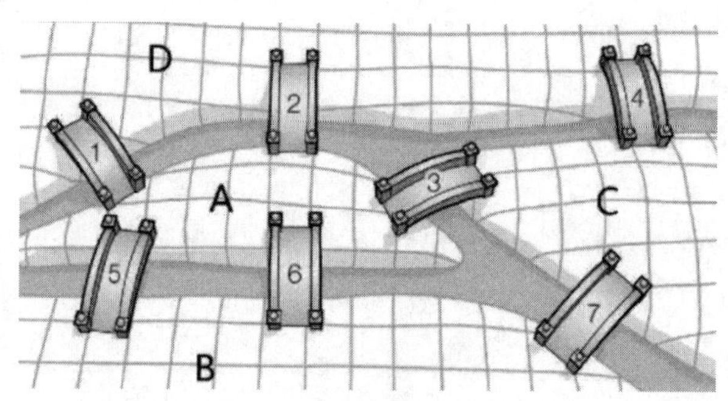

图6.1　柯尼斯堡七桥问题

欧拉回路是图论研究中的经典问题之一。为了后续叙述方便，这里先定义度的概念：图中一个节点的度是以这个节点为顶点的边的条数。如果是有向线段，我们可以进一步定义以这个点为起点的边的条数为出度，以这个点为终点的边的条数为入度。判断图是否存在欧拉回路的方法很简单：对于有向图而言，如果图连通，那么所有的顶点出度 = 入度；对于无向图而言，如果图连通，那么所有顶点都是偶数度。欧拉回路不重复遍历边，而哈密顿回路的要求更加严苛一些，需要不重复遍历节点。若图中的回路通过图的每一个节点且仅一次则该回路是哈密顿回路，存在哈密顿回路的图就是哈密顿图。

20 世纪 80 年代，复杂性科学的兴起引发了自然科学界方法论的变革，并且日渐渗透到哲学、人文社会科学领域。在此背景下，应用复杂性科学解释网络现象的复杂网络理论应运而生。近年来，由于计算机数据处理和运算能力的飞速发展，尤其是在图计算领域的突破性进展，学者发现大量的真实网络展现出既不同于经典复杂网络也不同于随机网络不同的独特统计特征，但又保留了这两种网络某些特性，由此形成了现代复杂网络的研究新方向。虽然复杂网络和图论研究针对的是相同的对象，但复杂网络更侧重于网络的统计测度、特性、行为规律等，而图论研究则更侧重其代数性质、可计算性、定理的证明和一些基本问题的解决，其包括后面会提到的遍历问题、最小生成树问题、最短路径问题、最大流问题等。

6.1.2 图论中的一些基本概念

节点、边、度是构成复杂网络的基本要素。一个网络是由若干个节点通过若干条有向边或无向边连接起来用以描述节点间关系的图。复杂网络与图论不同，它会更多地介绍网络的一些属性，包括点权、介数等。复杂网络在本质上只需要对点与点之间的连接关系做描述就可以了，比如一条边是从哪个点到哪个点的。学过数据结构的人应该知道，一个网络图在数据结构中可以用邻接表、邻接矩阵、十字链表等形式表示，其中以邻接表和邻接矩阵最为重要。邻接表的每一行表示一个节点，每一列表示一条边，每一项表示以该节点为端点的边权值；而邻接矩阵的每一行每一列都是一个节点，矩阵中的第 (i,j) 项表示节点 i 与节点 j 之间是否有边连接，如果有，这个边的权重是多少。当然，除此以外，拉普拉斯矩阵等形式也可以用于表示图。

一类特殊的图是树，树中所有的节点都是连通的，并且边数等于顶点数减 1。从一幅图中抽取一张满足树定义的子图，这棵树叫作这幅图的生成树。当生成树中边的权值之和最小时，它就被称为这幅图的最小生成树。

注意

此外，一些具有特殊拓扑结构的图也很重要，如轮图、环图、星形网络、二分图等。

6.1.3 使用 MATLAB 构造复杂网络

MATLAB 中内置了复杂网络的工具包。下面使用 MATLAB 中的 digraph 函数创建一个有向图。如果需要创建无向图，则需要使用 graph 函数。

```
E=[1,2;1,3;2,3;3,2;3,5;4,2;4,6;5,2;5,4;6,5]
s = E(:,1); t = E(:,2);
nodes =cellstr(strcat('v',int2str([1:6]')))
G = digraph(s, t, [], nodes); plot(G)
W1 = adjacency(G) %邻接矩阵
```

创建的有向图如图 6.2 所示。

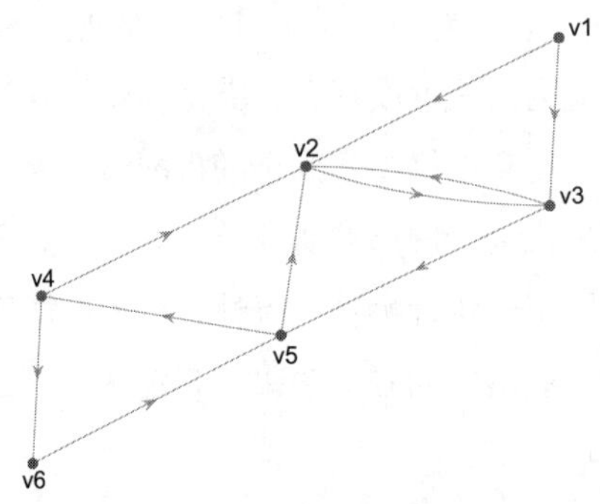

图6.2　有向图

6.1.4　深度优先遍历和广度优先遍历

图的遍历也是一个非常重要的内容。它是指从图中某一顶点出发访遍图中其余顶点，且使每个顶点仅被访问一次。图的遍历中，根据搜索方法的不同，可以分为深度优先（DFS）和广度优先（BFS）两种模式。深度优先遍历是从一个节点出发，顺着一条路一直走到头，直到不能继续往下走为止，然后回退到上一个节点，看有没有其他路可走，如果没有，再回退，依次类推，直到把所有节点都遍历完；广度优先遍历是按照距离一层一层扩展，从一个节点出发，先遍历可以直达的第一层节点，然后从第一层出发遍历第二层……直到把所有的节点遍历完。

MATLAB 中内置了复杂网络的深度优先遍历和广度优先遍历函数。下面看一个例子，示例代码如下。

```
E=[1,2;1,3;2,3;3,5;4,2;4,6;5,2;5,4;6,5]
s = E(:,1); t = E(:,2);
G = graph(s, t);
plot(G)
v = dfsearch(G,1)
v = bfsearch(G,1)
```

代码中的函数 dfsearch 用于实现深度优先遍历，它通过调用 graph 函数来创建一个无向图 G，并从节点 1 开始进行遍历。而函数 bfsearch 的调用方法与此类似。深度优先遍历的结果为 1 2 3 5 4 6，因为这 6 个节点确实存在一条通路串联它们；而广度优先遍历从 1 出发，先遍历可以直达的 2 和 3，然后遍历下一层的 4 和 5，最后遍历 6。

6.2　最短路径问题

最短路径问题需要基于一幅复杂网络图，分析从节点 i 到节点 j 的最短路径。在带权图中需要最小化路径上所有边的权值之和；在无权图中则需要最小化经过的边数。这个问题可以抽象成一个离散优化问题，也可以用一些非常经典的算法来解决这个问题。

6.2.1 Floyd 算法

Floyd 算法可以用于解决给定的加权图中所有顶点对的最短路径问题。它既可以处理有向图的最短路径问题，同时可以计算有向图的传递闭包。该算法基于动态规划思想，在稠密图上效果最佳，边权可正可负。

实现 Floyd 算法的代码如下。

```
function [dist]=myfloyd(a,start,end)
n=size(a,1);path=zeros(n);
for k=1:n
   for i=1:n
          for j=1:n %核心就是这里的三重循环
                 if a(i,j)>a(i,k)+a(k,j)
                        a(i,j)=a(i,k)+a(k,j);
                        path(i,j)=k;
                 end
          end
   end
end
dist=a(start,end);
end
```

如果想分析具体的经过路径，观察 path 矩阵即可。path 矩阵中第 (i,j) 项是一个节点编号 k，表示从 i 到 j 的最短路径在 j 之前需要先到达节点 k。

6.2.2 Dijkstra 算法

Dijkstra 算法是一种典型的单源最短路径算法，用于计算一个节点到其他所有节点的最短路径。其主要特点是以起始点为中心向外层扩展，直到扩展到终点为止。

下面构造一个有向图的邻接矩阵并求解从节点 1 到每个节点的最短路径长度，以及从节点 1 到每个节点的最短路径。示例代码如下。

```
G = [0,12,inf,inf,inf,16;
    12,0,10,inf,inf,7;
    inf,10,0,3,5,6;
    inf,inf,3,0,4,inf;
    inf,inf,5,4,0,2;
    16,7,6,inf,2,0];
startp = 1;
[D,path] = ShortestPath_DIJ_Compact(G,startp);
```

```
for endp = 1:size(G,1)
    if startp == endp
        fprintf('%d自身无须路径',startp);
    elseif ~ isnanD(endp))
        fprintf('%d 到 %d 之间没有路径~', startp,endp);
    else
        fprintf('%d 到 %d 之间的最短路径:%s\n', startp,endp,path{endp});
        fprintf('距离为%d\n',D(endp));
    end
end
function  [D,path] = ShortestPath_DIJ_Compact(G,startp)
    [n,~] = size(G);
    D = inf(1, n); % 初始化距离数组为无穷大
    D(startp) = 0; % 起点到自身的距离为0
    path = zeros(1, n); % 初始化路径数组，用于存储前驱节点
    path(startp) = startp; % 起点的前驱节点是它自己（技术上可以省略，但为了统一处理）
    final = false(1, n); % 标记节点是否已处理
    for i = 1:n-1 % 只需n-1次迭代
        % 找到未处理的节点中距离最小的节点
        [~, v] = min(D(~final));
        v = find(~final, 1, 'first'); % 转换为索引，使用'first'确保找到第一个最小值
        final(v) = true;
        % 更新相邻节点的距离和路径
        for w = 1:n
            if ~final(w) && D(v) + G(v, w) < D(w)
                D(w) = D(v) + G(v, w);
                path(w) = v; % 存储前驱节点
            end
        end
    end
    % 修正路径数组，构建完整的路径
    full_paths = cell(1, n);
    for i = 1:n
        if i == startp
            full_paths{i} = num2str(i); % 起点自身
        else
            % 反向追踪路径
            p = i;
            path_str = num2str(p);
            while p ~= startp
                p = path(p);
                path_str = [num2str(p), ' --> ', path_str];
            end
            full_paths{i} = [num2str(startp), ' --> ', path_str];
        end
    end
```

```
    % 返回距离和路径
path = full_paths;
end
```

注意　原则上 Dijkstra 算法适合逐个给定起点，计算该起点到图中所有其他节点的最短路径，不适合进行批量计算。但这里图的规模不大，即使批量计算节点 1 到每个点的路径也没有问题。

MATLAB 中也内置了可以直接调用的 shortestpath 函数。示例代码如下。

```
E = [1,2,50; 1,4,40; 1,5,25; 1,6,10; 2,3,15; 2,4,20; 2,6,25;
3,4,10;3,5,20; 4,5,10; 4,6,25; 5,6,55];
G = graph(E(:,1), E(:,2), E(:,3));
p = plot(G,'EdgeLabel',G.Edges.Weight,'Layout', 'circle');
[path2, d2] = shortestpath(G, 1, 2) %求1到2的最短路
highlight(p,path2,'EdgeColor','r','LineWidth',1.5)%在图中画出path2的路线
[path3, d3] = shortestpath(G, 1, 3, 'method','positive')
%同上，'method','positive'可省略
highlight(p,path3,'EdgeColor', 'm','LineWidth',1.5)
```

调用 positive 表示内置算法使用的是 Dijkstra 算法。求解结果如图 6.3 所示。

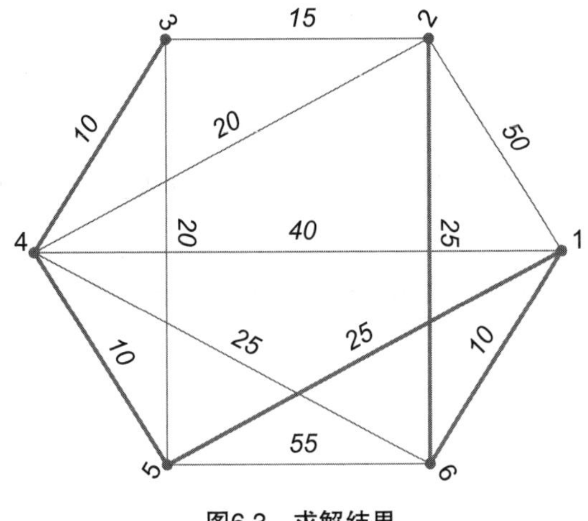

图6.3　求解结果

图 6.3 将从 1 到 2 和从 1 到 3 的最短路径都进行了加粗。highlight 函数是对图论中的图的某一部分进行标注的函数，在复杂网络的可视化中有重要作用。shortestpath 函数用于分析大型复杂网络的最短路径。

一般而言，Dijkstra 算法和 Floyd 算法都比较适用于无权图或权值非负的图。当图比较稠密时，Dijkstra 算法的计算代价更小一些；节点数量不多时，Floyd 算法更适用。不过，既然已经有函数可以调用了，学会怎么用这几个函数就可以了。

注意　最短路径除了这两种方法，DFS 经过改良也可以用来做无权图的最短路径。此外，A* 算法作为 SLAM（同步定位与地图构建）技术中的热门选择，同样广泛应用于计算最短路径。

6.3 最小生成树问题

最小生成树问题也是图论中的典型问题。树是一类特殊的图，没有回路。一个连通图的生成树是一个极小连通子图，它含有原图中的全部顶点，并且有保持图连通的最少的边，同时一个图的生成树往往不唯一。设 $G=(V,E)$ 是一个无向连通图，生成树上所有边的权值之和为该生成树的代价，在 G 的所有生成树中，代价最小的生成树称为最小生成树。对于最小生成树算法的求解，有 Prim 算法和 Kruskal 算法两种方式。

6.3.1 Prim 算法

Prim 算法任意一个顶点开始，每次选择一个与当前顶点集最近的一个顶点，并将两顶点之间的边加入树中。Prim 算法在找当前最近顶点时使用了贪婪算法。它可在加权连通图中搜索最小生成树，由此算法搜索到的边子集所构成的树，不但包括了连通图中的所有顶点，且这棵树的所有边的权值之和是最小的。

Prim 算法的步骤如下。

（1）构建一个加权连通图，其顶点集合为 V，边集合为 E。

（2）任意选出一个点作为初始顶点，标记为 visit，计算所有与之相连接的点的距离，选择距离最短的，标记为 visit。

（3）重复以下操作，直到所有点都被标记为 visit：在剩下的点中，计算与已标记 visit 的点距离最近的点，标记为 visit，证明加入了最小生成树。

示例代码如下。

```
a=zeros(7);
a(1,2)=50; a(1,3)=60; a(2,4)=65; a(2,5)=40; a(3,4)=52;
a(3,7)=45; a(4,5)=50; a(4,6)=30;a(4,7)=42; a(5,6)=70;
a=a+a';
a(find(a==0))=inf;
result=[];p=1;tb=2:length(a);
while size(result,2)~=length(a)-1
    temp=a(p,tb); %与顶点相连
    temp=temp(:);
    d=min(temp); %找到所有边中最小的
     [jb,kb]=find(a(p,tb)==d,1);
    j=p(jb);k=tb(kb); %赋值
    result=[result,[j;k;d]];p=[p,k];tb(find(tb==k))=[];
    %向量化的操作相比循环操作更节约时间
end
```

```
result
```

最终结果如下。

```
result =

     1     2     5     4     4     7
     2     5     4     6     7     3
    50    40    50    30    42    45
```

从结果可知，图中的边 (1,2)、(2,5)、(5,4)、(4,6)、(4,7)、(7,3) 都被添加到了最小生成树中。当然，也可以在图中对这几条边进行高亮处理。

6.3.2 Kruskal 算法

Kruskal 算法不同于 Prim 算法的从一点出发，它是一种全局的添加方法。该算法将所有边按照权值的大小进行升序排序，然后从小到大一一判断。如果选择的某条边与之前选择的所有边不构成回路，就可以将其作为最小生成树的一部分；否则，将其舍去，直到具有 n 个顶点的连通图筛选出来 n-1 条边为止。筛选出来的边和所有的顶点构成此连通图的最小生成树。判断是否会产生回路的方法为：在初始状态下给每个顶点赋予不同的标记，在遍历每条边时，判断其两个顶点的标记是否一致，如果一致，说明它们在同一棵树中，继续连接就会产生回路；如果标记不一致，说明它们之间还没有直接相连，不会产生回路，可以安全地添加这条边到最小生成树中。

Kruskal 算法的步骤如下。

（1）将所有边排序。

（2）初始化最小生成树为空。

（3）初始化连通分量，使每个点各自成为一个独立的连通分量。

（4）对每一条边进行判断：如果将这条最小边添加进最小生成树中不产生回路，就可以继续添加，否则就不添加这条边。

（5）当所有节点都遍历完成以后跳出过程。

注意

当图中没有相同权值的边时，最小生成树是唯一的。

下面编写一段测试代码。

```
a=zeros(7);
a(1,2)=50; a(1,3)=60; a(2,4)=65; a(2,5)=40; a(3,4)=52;
a(3,7)=45; a(4,5)=50; a(4,6)=30;a(4,7)=42; a(5,6)=70;
[i,j,b]=find(a);data=[i';j';b'];index=data(1:2,:);
loop=length(a)-1;result=[];
while length(result)<loop
```

```
    temp=min(data(3,:));
    flag=find(data(3,:)==temp); %找到权值最小的边并将其添加进最小生成树
    flag=flag(1);
    v1=index(1,flag);
    v2=index(2,flag);
    if v1~=v2
        result=[result,data(:,flag)];   %贪心策略
    end
    index(find(index==v2))=v1;
    data(:,flag)=[];index(:,flag)=[];
end
result
```

得到的最小生成树如下。

```
result =

     4     2     4     3     1     4
     6     5     7     7     2     5
    30    40    42    45    50    50
```

从结果中可以看到，添加的最小生成树的边并没有变，但是添加的顺序变了，边的权值严格递增。

在 MATLAB 中，minspantree 函数可以求解复杂网络的最小生成树。

```
clc, clear, close all, a=zeros(7);
a(1,2)=50; a(1,3)=60; a(2,4)=65; a(2,5)=40; a(3,4)=52;
a(3,7)=45; a(4,5)=50; a(4,6)=30;a(4,7)=42; a(5,6)=70;
s=cellstr(strcat('v',int2str([1:7]')));
G=graph(a,s,'upper');
p=plot(G,'EdgeLabel',G.Edges.Weight)
T=minspantree(G,'Method','sparse')
L=sum(T.Edges.Weight), highlight(p,T)
```

求解结果如图 6.4 所示。

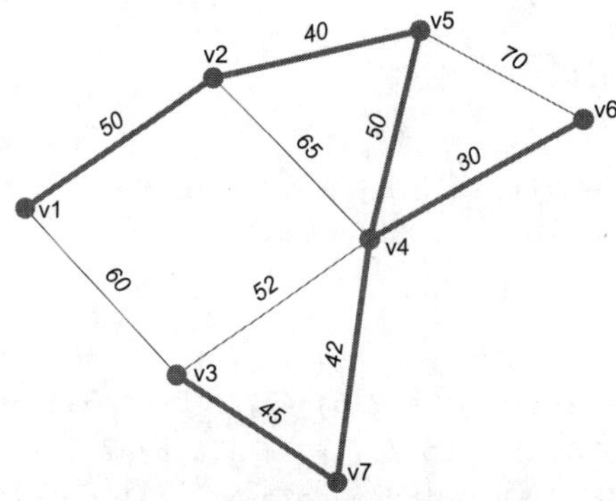

图6.4　最小生成树的案例代码

调用 minspantree 函数可以求解图的最小生成树以及最小生成树中所有的边权值的和。

6.4 网络最大流问题

最短路径问题是要找到最小的路径。在网络模型中找最大路径问题的模型称为最大流模型。最大流模型适用于管道网络架设、交通运输等领域，它的作用是优化网络流的最大值。

6.4.1 Ford-Fulkson 算法

假设在几个城市之间铺设了如图 6.5 所示的水管网络。

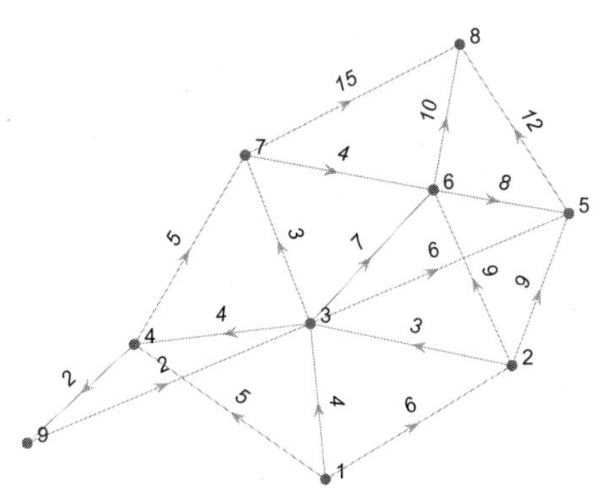

图6.5 水管网络

图 6.5 是一个带权有向图，也就是说，水管中水的流动只能是单向的，并且每条管道有流量限制。现在假设自来水厂为节点 1，最终目标地为节点 8。试求水管网络中的最大水流量，并且使每条水管中的流量都不超过流量上限。

这一问题可以通过 Ford-Fulkson 算法实现。在介绍 Ford-Fulkson 算法之前，这里先介绍一些概念。

增广路径是指在残余网络上的一条从源点 S 到汇点 T 的简单路径。该路径的残余流量为其边 e' 容量的最小值，其实就是残余网络上增广的流值大于 0 的一条路径。设网络为 G，如果 X 是 V 的节点子集，Y 是 X 的补集，即 $Y = V-X$，且满足源点属于 X，汇点属于 Y，则称 $K = (X,Y)$ 为网络 G 的割。最小割就是该网络中流量最小的割。

最大流最小割定理为：在任何网络中，最大流的值等于最小割的容量。它为 Ford-Fulkson 算法提供了理论支撑。

Ford-Fulkson 的步骤如下。

（1）初始化网络中所有边的容量，$c<u,v>$ 继承该边的容量，$c<v,u>$ 初始化为 0，边 $<v,u>$ 为回退边，初始化最大流为 0。

（2）在残留网络中找一条从源点 S 到汇点 T 的增广路径 p。如能找到，则转步骤（3）；如不能找到，则转步骤（5）。

（3）在增广路径 *p* 中找到所谓的“瓶颈”边，即路径中容量最小的边，记录下这个值 *X*，并且累加到最大流中。

（4）将增广路径中的所有 *c*<*u*,*v*> 减去 *X*，所有 *c*<*v*,*u*> 加上 *X*，构成新的残留网络，转步骤（2）。

（5）得到最大流，退出。

注意 本小节中的问题还可以转化成最小费用最大流问题，即在水管网络中同时考虑水管的流量最大和费用最小 2 个限制条件。对于这一问题，要将 Ford-Fulkson 算法和 Dijkstra 算法结合起来求解。

6.4.2 使用 MATLAB 进行最大流计算

在 MATLAB 中，maxflow 函数可以进行最大流求解，其调用格式参考下面的例子。

```
clc, clear, close all
a=zeros(9);%创立矩阵
%填写数据
a(1,2)=6; a(1,3)=4; a(1,4)=5;
a(2,3)=3; a(2,5)=9; a(2,6)=9;
a(3,4)=4; a(3,5)=6; a(3,6)=7; a(3,7)=3;
a(4,7)=5; a(4,9)=2;
a(5,8)=12;
a(6,5)=8; a(6,8)=10;
a(7,6)=4; a(7,8)=15;
a(9,3)=2;
G = digraph(a);
H=plot(G,'EdgeLabel',G.Edges.Weight);
[M,F]=maxflow(G,1,6)
F.Edges, highlight(H,F, 'EdgeColor','r','LineWidth',1.5)
```

最终解得结果如图 6.6 所示。

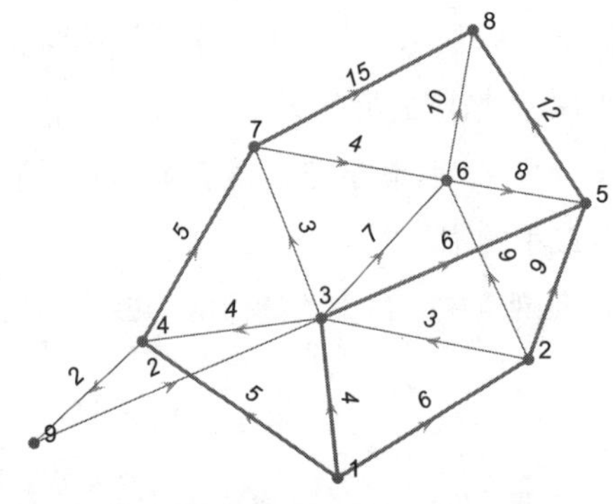

图6.6 调用maxflow函数的结果

从图 6.6 中可以看到，水的流动方向为：路径 1→4 段的流量为 5，路径 1→3 段的流量为 4，路径 1→2 段的流量为 6，所以路径 1→8 段的最大流为 15。

6.5 旅行商问题和车辆路径问题

旅行商问题（Traveling Salesman Problem，TSP）和车辆路径问题（Vehicle Routing Problems，VRP）是图论模型中比较复杂的问题，涉及优化方面的内容。在本质上，TSP 和 VRP 也可以看作是一个离散优化过程，涉及在复杂网络中寻找最优的路径。

6.5.1 旅行商问题

TSP 源自一个古老的问题：假设有一个旅行商人要拜访 n 个城市，他必须选择所要走的路径，路径的限制是每个城市只能拜访一次，而且最后要回到原来出发的城市。路径的选择目标是要求得的路径为所有路径中的最小值。TSP 是图论领域一个典型的 NP 难问题。目前针对 TSP 的主流的求解方法是使用进化计算与群体智能算法等启发式方法求解精确解或近似解。

下面以一个简单的例子来介绍如何利用动态规划思想解 TSP [1]。由于动态规划是对 2^{n-1} 的空间进行搜索，搜索空间比较大，因此这里仅使用 4 个点组成的有向图进行描述。邻接矩阵为 c=[0 2 4 6;4 0 2 5;8 3 0 1;3 6 9 0]。

```
V=[0 0 0;0 0 1;0 0 2;0 0 3;0 1 2;0 1 3;0 2 3;1 2 3];
%这是方案集合，分别代表{{},{1},{2},{3},{1,2},{1,3},{2,3},{1,2,3}}八种可能
c=[0 2 4 6;4 0 2 5;8 3 0 1;3 6 9 0];  %邻接矩阵
n=size(c,1);
z=2^(n-1);
for i = 1:n
    for j = 1:z
        d(i,j)=inf;  %初始化表格，顶点对选择方案
    end
end
y=tsp_dp(d,c,V)
disp('最短路径是：')
y(1,z)  %从顶点0出发到最后{1,2,3}都被添加进来
function y=tsp_dp(d,c,V)
    %动态规划求TSP问题的最优解
    d(:,1)=c(:,1);
    n=size(c,1);
    z=2^(n-1);
    for j = 2:z-1
        for i=2:n
            if ~sum(i-1 == V(j,:)) %i-1不在V中
```

1 原创小白变怪兽．关于 tsp 问题的动态规划求解的 matlab 实现 [EB/OL].（2020-06-20）[2024-08-06]. https://blog.csdn.net/wlfyok/article/details/106879552.

```
                for k = 1:3
                    index = tsp_append(V(j,k),V(j,:),V);
                    if (V(j,k) ~=0) && ((c(i,V(j,k)+1) +d(V(j,k)+1,index)) < d(i,j))
                        d(i,j) = c(i,V(j,k)+1) +d(V(j,k)+1,index);  %更新表格
                    end
                end
            end
        end
    end
    for k = 1:3
        index = tsp_append(V(j,k),V(j,:),V);
        if V(z,k) ~= 0 && (c(1,V(z,k)+1) + d(V(z,k)+1,index) < d(1,z))
            d(1,z) = c(1,V(z,k)+1) + d(V(z,k)+1,index);
        end
    end
    y=d;
end
function index = tsp_append(stat,array,V)
    %对去掉当前已走过城市后，路径方案的下标检索
for i = 1:length(array)
        if stat == array(i)
            array(i) = 0;
        end
    end
    count1 = zeros(length(array)+1,1);
    count2 = zeros(length(array)+1,1);
    for i = 1:length(count1)
        count1(i) = sum(array == i-1);
    end
    for j = 1:7
        for i = 1:length(count2)
            count2(i) = sum(V(j,:) == i-1);
        end
        if sum(count1 == count2) == length(count1)
            index = j;
        end
    end
end
```

最终解得的网络图中的最短路径保存在起点对应行的最后一位，也就是 y(1,z) 中，结果为 8，得到的动态规划表如下。

```
y =

     0   Inf   Inf   Inf   Inf   Inf   Inf     8
     4   Inf    10     8   Inf   Inf     6   Inf
```

```
      8     7   Inf     4   Inf    11   Inf   Inf
      3    10    17   Inf    16   Inf   Inf   Inf
```

最短路径是：

```
ans =

      8
```

利用动态规划解 TSP 的核心思想是将问题分解为若干个子问题，先求解子问题，然后由这些子问题的解再得到原问题的解。利用动态规划解 TSP 时需要同时使用 tsp_dp 函数和 tsp_append 函数。

注意

TSP 也可以抽象为 0-1 规划。

6.5.2 车辆路径问题

VRP 最早由 G. B. 丹齐格（G. B. Dantzig）和 J. H. 拉姆泽（J. H. Ramser）于 1959 年首次提出，是运筹学中的一个经典问题。VRP 主要研究物流配送中的车辆路径规划问题，是当今物流行业中的基础问题。VRP 假设有一个供求关系系统，车辆从仓库取货，配送到若干个顾客处。车辆受到载重量的约束，需要组织适当的行车路线，在顾客的需求得到满足的基础上，使代价函数最小。代价函数根据问题而异，常见的优化目标包括车辆总运行时间最小、车辆总运行路径最短等。基本的问题形式为：假设有 N 辆车，都从原点出发，每辆车访问一些点后回到原点，要求所有的点都要被访问到，求最短的车辆行驶距离或最少需要的车辆数。

假设现在有多辆运载车在运输医疗物资到医院，每辆的行驶速度、容量等相同。定义 j,k 为需要接收物资的医院，e 为车辆编号，C 为城市的集合。D_{jk} 为从 j 到 k 的行驶距离，d_j 为医院 j 的需求量缺口，而车辆的最大载重量为 Y_e，可以列出如下优化模型。

$$\min \sum_{e\in E}\sum_{j\in C}\sum_{k\in C} D_{jk} z_{ejk}$$

$$s.t.\begin{cases}\displaystyle\sum_{e\in E}\sum_{j\in C} z_{ejk}=1,\forall j,k\in C\setminus\{0\} \\ \displaystyle\sum_{j\in C\setminus\{0\}}\sum_{k\in C\setminus\{0\}}^{k} d_k z_{ejk}\leqslant Y_e,\forall i,e\in E \\ \displaystyle\sum_{j\in C} z_{e0k}=1,\forall e\in E \\ \displaystyle\sum_{j\in C\setminus\{0\}} z_{ejk}-\sum_{k\in C\setminus\{0\}}^{k} z_{ejk}=0,\forall e\in E \\ \displaystyle\sum_{j\in C_i} z_{ejk}=1,\forall e\in E \\ z_{ejk}\in\{0,1\},\forall e\in E,\forall j,k\in C\end{cases}$$

这个模型从优化角度看属于离散优化。在本质上，该模型优化的是每辆车在各自回路上的路程和运载量乘积的和。其中，z 表示复杂网络上节点 j 到节点 k 的路径上车辆 e 是否运送。每一个医院都得有一辆车运送，每一辆车的运送量不能超载，每辆车最后必须返回配送中心。决策变量 z 是 0-1 变量，但是规模较大，所以与 TSP 类似，也是多用启发式算法来求解。

6.6 复杂网络模型的应用案例

本节主要介绍复杂网络模型的应用案例。该案例为 2022 年全国大学生电工数学建模竞赛 B 题。

在应急物资配送过程中，配送车辆对某地点进行配送的同时，无人机也可向周围可行的地点进行配送，并于配送完成后返回配送车辆，重新装载物资、更换电池。配送车辆和无人机合作完成所有地点应急物资配送任务，返回到出发地点，此时称为完成一次整体配送。

完成一次整体配送所需要的时间是配送人员需要考虑的主要因素，其按照配送车辆和无人机从出发开始至全部返回到出发地点的时间来计算。在配送过程中，不考虑配送车辆及无人机装卸物资的时间，以及配送车辆和无人机在各个配送点的停留时间。各地点的当日物资需求量如表 6.1 所示。

表 6.1　各地点当日物资需求量

配送点	1	2	3	4	5	6	7
需求量（kg）	12	90	24	15	70	18	150
配送点	8	9	10	11	12	13	14
需求量（kg）	50	30	168	36	44	42	13

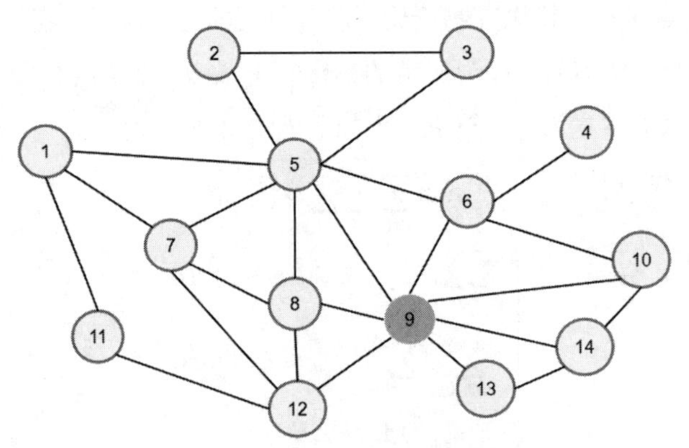

图6.7　所有地点的网格关系

为了尽快完成物资配送任务，请根据表 6.1 中的数据解决以下 2 个问题。

问题一：所有地点的网络关系如图 6.7 所示，对应边的权值在图 6.8 中可以查询到。若目前所有应急物资集中在第 9 个地点，配送车辆的最大载重量为 1000kg，采取配送车辆（无人机不参与）

的配送模式建立完成一次整体配送的数学模型，并给出最优方案。

问题二：在问题一的基础上增加了无人机专用路线，如图 6.8 所示（颜色较浅的数值表示新增路线）。应急物资仍然集中在第 9 个地点，配送车辆的最大载重量为 1000kg，采取“配送车辆 + 无人机”的配送模式。请结合所给数据，建立完成一次整体配送的数学模型，并给出最优方案。

	1	2	3	4	5	6	7	8	9	10	11	12	13	14
1		20			54		55				26			
2	20		56		18									
3		56		15	44	18								
4			15			28				26				
5	54	18	44			51	34	56	48					
6			18	28	51				27	42				
7	55				34			36			26	38		
8					56		36		29			33	25	
9					48	27		29		61		29	42	36
10				26		42			61					25
11	26						26					24		
12							38	33	29		24		34	
13								25	42			34		47
14									36	25			47	

图6.8　权值

下面将介绍这 2 个问题的解题思路。

6.6.1　问题一的思路

由于问题一中所有节点的需求量之和小于 1000 kg，故暂时不需要考虑负载问题。这一 VRP 问题可以抽象为一个 0-1 规划问题来求解。决策变量为节点 i 与节点 j 之间的路径是否经过，若经过，则变量取值为 1；若不经过，则变量取值为 0。决策目标为使总路径最短，那么问题一可以抽象为：

$$\min_{x} F = \boldsymbol{D}^{\mathrm{T}}\boldsymbol{x}$$

$$s.t.\begin{cases} \sum_{i=1}^{14} \boldsymbol{x}_{ij} = 1 \\ \sum_{j=1}^{14} \boldsymbol{x}_{ij} = 1 \\ \boldsymbol{x}_{ij} = \boldsymbol{x}_{ji} \\ \boldsymbol{x}_{ij} \in \{0,1\} \end{cases}$$

而对于无法直接到达的节点，定义其距离为无穷大，这时对应的 x 必须取 0。问题被抽象为一个 0-1 规划问题，可以使用 0-1 规划函数求解，但笔者建议用遗传算法或模拟退火算法来求解。解得的路径如图 6.9 所示。

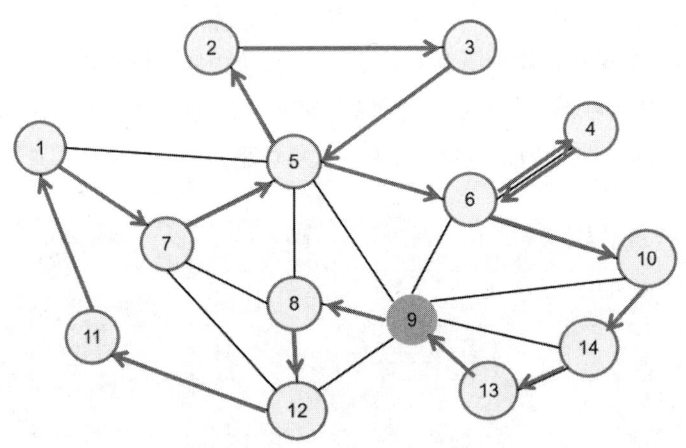

图6.9　问题一的路径

利用遗传算法，我们计算出配送车辆经过的总路径为582km，配送车辆完成配送所需的最短总时长为11.64h。综合来看，模型求解时间仅需27s，在保证较快速度的同时也列出了所有可能的解，并通过比较确定了最优解，说明这里使用遗传算法来求解是完备的，模型应用初步成功。

6.6.2　问题二的思路

问题二中既有车辆和无人机都可以走的路线，又有仅无人机能走的路线。如图6.10所示，虚线为仅供无人机能走的路线。

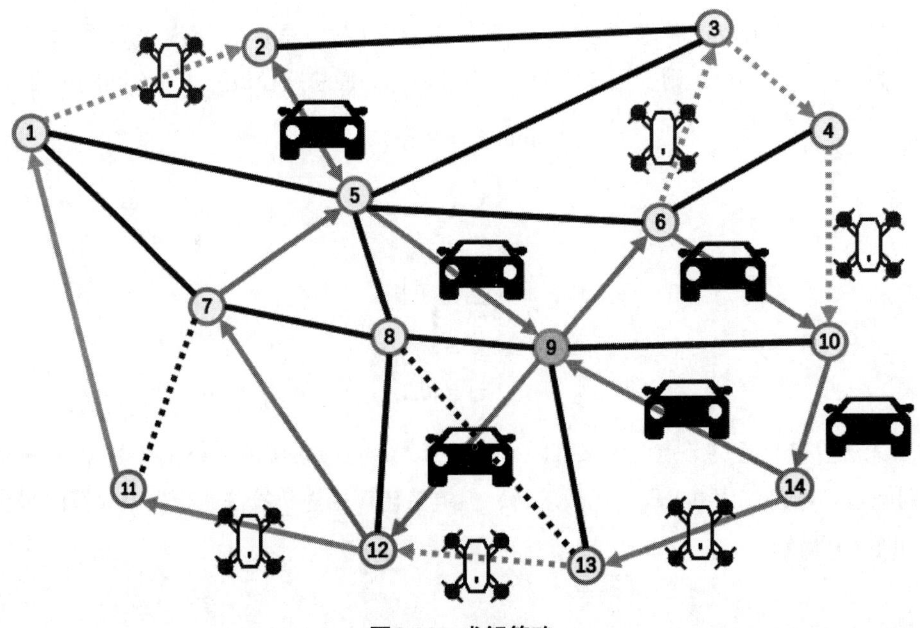

图6.10　求解策略

经过路径增广处理以后，我们计算了问题一和问题二中节点的平均度数和聚类系数。结果显示，问题二形成的增广网络在拓扑结构上更具有稳定性，节点度数也更高，使得节点形成 TSP 形式下的回路是可行的。在图 6.10 中，节点 5 的度数为 7，节点 9 的度数为 7，节点 8 的度数为 5，节点 6 的度数为 5，它们由于度数较高且中心性较强，是建模过程中需要注意的 4 个关键节点。

在问题一的基础上引入无人机的矩阵 $\boldsymbol{y}$，使得：

$$\min_{x,y} T$$

$$s.t.\begin{cases}\sum_{i=1}^{14} x_{ij} \leqslant 1 \\ \sum_{j=1}^{14} x_{ij} \leqslant 1 \\ \sum_{i=1}^{14} y_{ij} \leqslant 1 \\ \sum_{j=1}^{14} y_{ij} \leqslant 1 \\ x_{ij} = x_{ji}, y_{ij} = y_{ji}, S(\boldsymbol{x}) \cup S(\boldsymbol{y}) = S \\ x_{ij}, y_{ij} \in \{0,1\}\end{cases}$$

这里没有再选择路径为优化目标，而是选择时间为优化目标。因为总路径最短并不一定能保证时间最短。若对于某一段子路径，配送车和无人机都在节点 i 出发，在节点 k 会合，那么这一段的时间优化为

$$T(i) = \max\left\{\frac{D_{i\to k}(\boldsymbol{x})}{v_x}, \frac{D_{i\to k}(\boldsymbol{y})}{v_y}\right\}$$

$$S_{ik}(\boldsymbol{x}) \cup S_{ik}(\boldsymbol{y}) = \{i,k\}$$

在这一段子路径中，由于除了起点和终点无人机和配送车没有其他共有节点，因此需要取它们的经过时间中更大的一方。在这一情况下选取的最优路径的数学形式为

$$D_{i\to k}(\boldsymbol{x}) = \sum_{(u,v)} x_{u,v} D_{u,v}, (u,v) \in S_{ik}(\boldsymbol{x})$$

$$D_{i\to k}(\boldsymbol{y}) = \sum_{(u,v)} y_{u,v} D_{u,v}, (u,v) \in S_{ik}(\boldsymbol{y})$$

那么决策目标是所有子路径的最优时间求和，即

$$T = \sum_{i\in N} \max\left\{\frac{D_{i\to k}(\boldsymbol{x})}{v_x}, \frac{D_{i\to k}(\boldsymbol{y})}{v_y}\right\}$$

$$N \subseteq S$$

其中，N 为所有子路径划分的会合点集。

而在问题中建立的约束条件无法保证每个节点都能被覆盖。为了保证这一点，引入两个 14 维的 0-1 向量 $\boldsymbol{P}(x)$ 和 $\boldsymbol{P}(y)$，表示节点是由无人机配送还是由车辆配送。向量 $\boldsymbol{P}(x)$ 和 $\boldsymbol{P}(y)$ 满足条件：

$$\forall i \leqslant 14, \boldsymbol{P}_i(x), \boldsymbol{P}_i(y) \in \{0,1\}$$

$$s.t.\begin{cases} \sum_{i=1}^{14} x_{ij} = \boldsymbol{P}_i(x) \\ \sum_{j=1}^{14} x_{ij} = \boldsymbol{P}_j(x) \\ \sum_{i=1}^{14} y_{ij} = \boldsymbol{P}_i(y) \\ \sum_{j=1}^{14} y_{ij} = \boldsymbol{P}_j(y) \\ \boldsymbol{P}_i(x) + \boldsymbol{P}_i(y) = 1 \\ \boldsymbol{P}_i(x)\boldsymbol{P}_i(y) = 0 \end{cases}$$

除此以外，向量 $\boldsymbol{P}$ 还需要满足负载条件，由于已知车载负载是一定可以满足的，因此只需考虑无人机在每个子路径上的负载条件：

$$\sum_{j \in S_{ik}(\boldsymbol{y})} \boldsymbol{P}_j(y) F_j \leqslant W_y$$

于是，建立起了一个较为完备的带约束的优化模型。由于该模型的约束条件过多且有两个对象，所以在变量编码过程中需要重新设定约束条件，所需要的变量是原有的两倍以上。

求解策略如图 6.10 所示。

车辆行驶的路程为 315km，无人机行驶的路程为 295km。由于车辆行驶的时间比无人机更长一些，所以最短时间应该取车辆行驶的时间。

本章主要介绍了复杂网络与图论模型中的一些经典问题。我们首先了解了复杂网络和图论中的一些基本概念，然后了解了最短路径问题、最小生成树问题、网络最大流问题、TSP 问题和 VRP 问题。通过本章内容的学习，相信大家对图论模型中的算法和优化有了进一步理解。

习题

1. 对于附件数据中给出的邻接矩阵 $\boldsymbol{a}$，构造出网络图并可视化。然后求它的最小生成树。
2. 对于附件数据的网络 a，求从节点 1 到各个节点的最短路径。
3. 对于附件数据的网络 b，求从节点 1 到节点 6 的最大流。

第7章

时间序列与投资模型

本章主要介绍时间序列与投资模型，主要涉及的知识点如下。

- 时间序列的基本概念。
- 移动平均法与指数平滑法。
- ARIMA 系列模型。
- GARCH 系列模型。
- 灰色系统模型。
- 组合投资策略。
- 马尔可夫模型。

注意：为了取得更好的建模效果，我们应当根据数据的体量选用不同的建模方法。

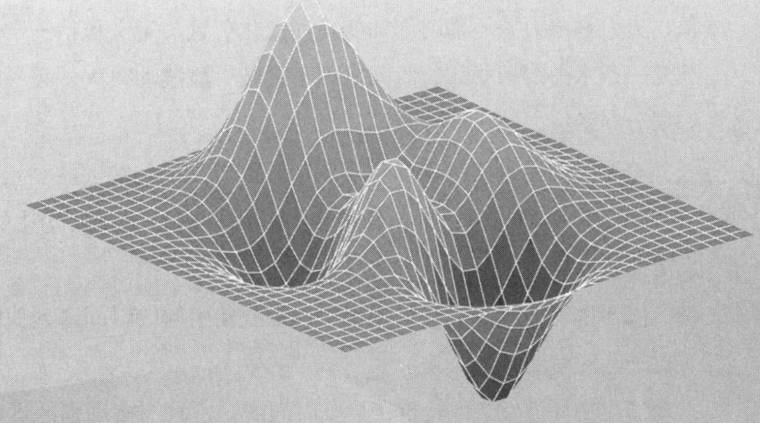

7.1 时间序列的基本概念

时间序列，顾名思义，就是按照时间顺序排列的一组数字序列。它在本质上和第 4 章讲到的数据没有太大的区别，其典型特征是有一个时间的序列作为索引。这个时间表示的是一个先后关系，可以以日、小时、分钟或秒等为单位，并且它在多个领域有着广泛的应用。

7.1.1 时间序列的典型应用

典型的时间序列包括天气预报数据，股票中某只股票每日的开盘价、收盘价等。

时间序列的建模主要包括预测和参数学习两个方面。预测比较直观，容易理解，比如对天气预报而言，用时间序列建模方法可以基于历史天气预报未来 24 小时内的天气情况；对股票而言，可以基于某只股票一个月内的股价，预测其接下来一周的股价变化。参数学习则是通过模型参数分析某个时间序列的特征，从而挖掘出一些值得研究的新结论。

> **注意** 时间序列的预测分为长期预测与短期预测。预测周期和预测精度是冲突的，如果想要精准地进行预测，那么预测周期不能够太长，长期预测只能做趋势预测。因为时间序列的预测时间太长就难以考虑环境变化与突发事件对时间序列的影响，所做的预测也就没有意义。

7.1.2 时间序列的描述与分解

现有一份关于一条河流的水质指标数据表，第一列是按日计的时间，第二列是 pH，第三列是溶解氧，第四列是水中的重金属含量，第五列是水中的细菌含量。由于数据显示出随时间变化的特性，因此这是一个时间序列数据。每一行表示某一天的情况，我们称其为一个“截面”。这些截面在时间轴上拼接起来构成了一个面板。

为了便于理解，这里介绍一下平稳时间序列的定义。平稳时间序列是指：一个时间序列的均值、方差和协方差不随时间的变化而变化。这一定义包括三个方面的意义：第一，时间序列的趋势线是一条水平线；第二，时间序列不会某一段波动很大，某一段波动很小；第三，时间序列不会某一段分布密集，某一段分布稀疏。

一个时间序列 Y 通常由长期趋势、季节变动、循环波动、不规则波动几部分组成。

（1）长期趋势 T：是指现象在较长时期内持续发展变化的一种趋向或状态，通常表现为一条光滑曲线趋势线。

（2）季节变动 S：是指由于季节的变化引起的时间序列值的规则变动，通常可以表现为周期相对短一些的周期曲线。

（3）循环波动 I：是指在某段时间内，不具严格规则的周期性连续变动，通常表现为周期更长的周期曲线。

（4）不规则波动 C：也称为噪声，是指由于众多偶然因素对时间序列造成的影响。

时间序列分解模型分为加法模型和乘法模型。加法模型指的是时间序列的各个组成成分是相互独立的，四个成分都有相同的量纲。乘法模型的输出部分和趋势项有相同的量纲，季节项和循环项是比例数，不规则变动项为独立随机变量时间序列，服从正态分布。加法模型和乘法模型分别形如：

$$Y[t]=T[t]+S[t]+C[t]+I[T]$$
$$Y[t]=T[t]\cdot S[t]\cdot C[t]\cdot I[T]$$

当然，加法模型和乘法模型也可以进行组合，这样的组合模型称为混合模型。

7.2 移动平均法与指数平滑法

本节主要介绍移动平均法与指数平滑法。这两种方法均可以用于短期的趋势外推。在股票 K 线图中，经常可以看到移动平均法的影子。指数平滑法是移动平均法的一种扩展。

7.2.1 移动平均法

移动平均法是用一组最近的实际数据值来预测未来时间序列的一种常用方法。当时间序列需求既不快速增长也不快速下降，且不存在季节性因素时，移动平均法对消除预测中的随机波动，是非常有用的。移动平均法根据预测时使用的各元素的权重不同，可以分为简单移动平均和加权移动平均。

移动平均法是一种简单的平滑预测技术，它的基本思想是：根据时间序列资料，逐项推移，依次计算包含一定项数的时间序列平均值，以反映长期趋势。因此，当时间序列的数值由于受周期变动和随机波动的影响，起伏较大，不易显示出事件的发展趋势时，使用移动平均法可以消除这些因素的影响，显示出事件的发展方向与趋势（即趋势线），然后依据趋势线分析预测时间序列的长期趋势。

如果预测目标基本保持在一个稳定水平上下浮动，趋势线是一条水平线而非斜线或曲线，可以使用一次移动平均法建立预测模型。一次移动平均法的递推公式为

$$M_t^{(1)}=\frac{y_t+y_{t-1}+\cdots+y_{t-N+1}}{N}$$
$$M_0^{(1)}=\frac{1}{N}\sum_{i=1}^{N}y_i$$

如果预测目标类似于一个线性模型（也就是趋势线是一次函数），可以使用二次移动平均法建立预测模型。二次移动平均法的递推公式为

$$M_t^{(2)} = \frac{M_t^{(1)} + M_{t-1}^{(1)} + \cdots + M_{t-N+1}^{(1)}}{N}$$

预测的标准误差计算公式为

$$S = \sqrt{\frac{\sum_{t=N+1}^{T} (\hat{y}_t - y_t)^2}{T-N}}$$

如果预测目标的基本趋势为在线性变化的基础上带有一定周期性，则可以使用趋势移动平均法建立预测模型。趋势移动平均法的递推公式为

$$\hat{y}_{T+m} = a_T + b_T m, m = 1, 2, \cdots$$
$$a_T = 2M_T^{(1)} - M_T^{(2)}, b_T = \frac{2}{N-1}(M_T^{(1)} - M_T^{(2)})$$

注意 如果时间序列中出现明显的直线型或曲线型趋势，需要先把这个趋势成分分离出来以后再分析。二次移动平均和趋势移动平均的作用都是为了对直线型趋势或曲线型趋势做拟合，并将其分离出来，从而使剩下的序列更接近平稳。平稳序列的分析永远比非平稳序列的分析方便。

下面我们来看一个时间序列的例子，如图 7.1 所示。

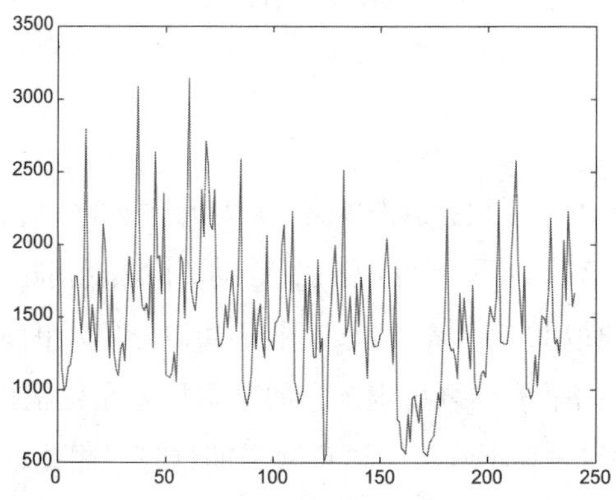

图7.1 某地短时间内空气中CO_2含量的变化

图 7.1 中的时间序列描述的是某地短时间内空气中 CO_2 含量的变化。可以编写下面的代码实现窗口分别为 3、5、7 天的移动平均趋势线。其移动平均效果如图 7.2 所示。

```
n=[3,5,7];
for i=1:length(n)
    for j=1:length(y)-n(i)+1
        yhat{i}(j)=sum(y(j:j+n(i)-1))/n(i); %窗口平均
    end
    y13(i)=yhat{i}(end);
    s(i)=sqrt(mean((y(n(i)+1:end)-yhat{i}(1:end-1)).^2)); %计算方差
end
y13,s
```

```
plot(y);hold on;plot(yhat{1},'r*-');hold on;plot(yhat{2},'bx-');hold on;plot(yhat{3},'ko-')
legend("原始",'n=3','n=5','n=7')
```

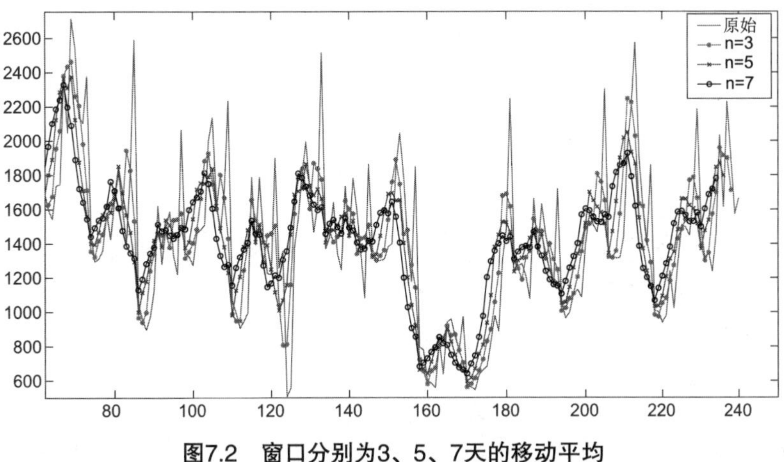

图7.2 窗口分别为3、5、7天的移动平均

从图 7.2 中可以看到，当移动平均窗口逐渐变大时，移动平均线也越来越平滑，可以通过调节移动平均的窗口获得时间序列的趋势线。

7.2.2 指数平滑法

指数平滑法是一种通过事物一定的稳定性、规律性，按照时间序列的递推，基于过去到现在得到将来发展态势的预测方法。指数平滑法的基本思想是将权重按照指数级进行衰减。

指数平滑法有几种不同形式：一次指数平滑法，其针对没有趋势和季节性的时间序列；二次指数平滑法，它针对有趋势但没有季节性的时间序列；三次指数平滑法，其针对有趋势和季节性的时间序列。

一次指数平滑的递推公式为

$$S_t^{(1)} = \alpha y_t + (1-\alpha) S_{t-1}^{(1)}$$

将上述递推公式进行化简，可以得到：

$$S_t^{(1)} = \alpha \sum_{j=0}^{\infty} (1-\alpha)^j y_{t-j}$$

这里 α 表示修正幅度大小。通过对修正幅度的调节可以实现一次指数平滑。现在从一次指数平滑过渡到三次指数平滑，因为这样更具有一般性。定义三个累计时间序列：

$$\begin{cases} S_t^{(1)} = \alpha y_t + (1-\alpha) S_{t-1}^{(1)} \\ S_t^{(2)} = \alpha S_t^{(1)} + (1-\alpha) S_{t-1}^{(2)} \\ S_t^{(3)} = \alpha S_t^{(2)} + (1-\alpha) S_{t-1}^{(3)} \end{cases}$$

那么，三次指数平滑的模型定义为

$$\hat{y}_{t+m} = a_t + b_t m + c_t m^2$$

$$\begin{cases} a_t = 3S_t^{(1)} - 3S_t^{(2)} + S_t^{(3)} \\ b_t = \dfrac{\alpha}{2(1-\alpha)^2}[(6-5\alpha)S_t^{(1)} - 2(5-4\alpha)S_t^{(2)} + (4-3\alpha)S_t^{(3)}] \\ c_t = \dfrac{\alpha}{2(1-\alpha)^2}[S_t^{(1)} - 2S_t^{(2)} + S_t^{(3)}] \end{cases}$$

注意　当在时间序列中应用移动平均法，预测时间序列的数据量会少一个窗口长度；而应用指数平滑法，所得到的趋势线的长度和原始时间序列的长度是能够对齐的。

下面用下列代码实现 7.2.1 小节中的例子在不同修正幅度下的指数平滑。

```
alpha=[0.2,0.5,0.8];
n=length(yt);
m=length(alpha);
yhat=zeros(n,m);
yhat(1,1:m)=(yt(1)+yt(2))/2;
for i=2:length(yt)
    yhat(i,:)=alpha*yt(i-1)+(1-alpha).*yhat(i-1,:); %平滑操作
end
yhat
err=sqrt(mean((repmat(yt',1,m)-yhat).^2))
yhat13=alpha*yt(n)+(1-alpha).*yhat(n,:)
plot(yhat(:,1),'r*-');hold on;plot(yhat(:,2),'bx-');hold on;plot(yhat(:,3),'ko-')
legend('a=0.2','a=0.5','a=0.8')
```

指数平滑的曲线结果如图 7.3 所示。

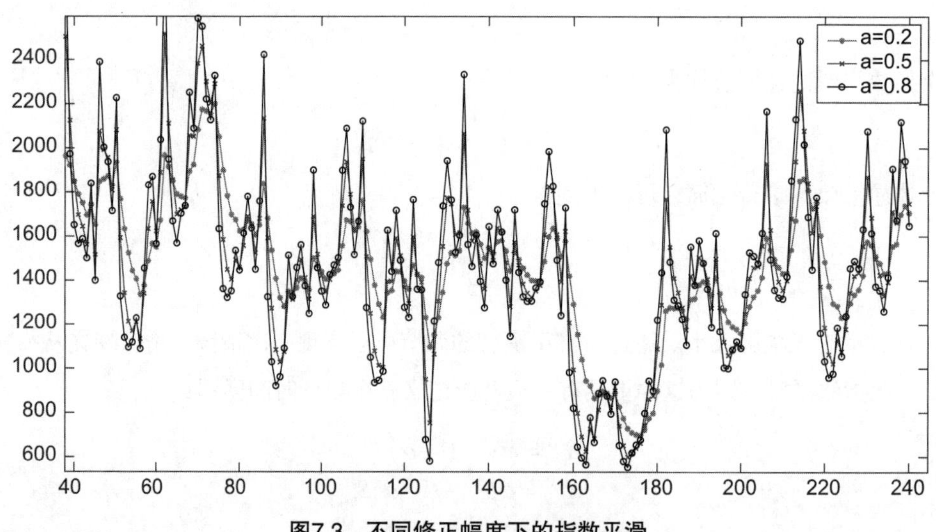

图7.3　不同修正幅度下的指数平滑

从图 7.3 中可以发现，当修正幅度逐渐增大时，新的平滑时间序列会越发趋近原始时间序列。与前面的移动平均一样，为了对原始时间序列进行平滑分析，也可以不断调整修正幅度。

7.3 ARIMA 系列模型

本节将介绍 AR、MA、ARMA、ARIMA、ARIMAX 等 ARIMA 系列模型的用法。

注意

对非平稳时间序列通常要通过差分转换呈平稳时间序列来处理。

7.3.1 AR 模型

AR 模型（Autoregressive Model，自回归模型）的先决条件是时间序列平稳。判断一个时间序列的平稳性需要应用平稳性检验。平稳性检验有以下一些方法。

（1）绘制移动平均值或移动变量，并查看其是否随时间变化。

（2）迪基 – 福勒检验（Dickey-Fuller Test，DF 检验）：假设原始时间序列是非平稳的。测试结果包括一个检验统计量和一些不同置信水平的临界值。如果“检验统计量”小于临界值，则拒绝无效假设，并认为时间序列是平稳的。

（3）增广迪基 – 福勒检验（Augmented Dickey-Fuller Test，ADF 检验）：ADF 检验是对 DF 检验的扩展，是一种使用更为广泛的检验方式。

p 阶自回归模型的递推公式形如：

$$\hat{y}_t = \sum_{i=1}^{p} \alpha_i y_{t-i} + \varepsilon_t + \mu$$

这个方程在本质上是自己与自己的历史进行回归。比如，如果一个自回归模型是三阶的，那么就是以当天的时间序列值为因变量，以前三天的时间序列值为自变量构建回归模型。在构建回归方程的过程中通常会引入一个白噪声项，其取值一般服从标准正态分布。

7.3.2 MA 模型

MA 模型（Moving Average Model，移动平均模型），虽然名称相似，但在用于精准时间序列预测时不同于前面讲到的移动平均法。它的方程构建是由平稳白噪声部分 ε_t 与历史信息部分 ε_{t-i} 回归组合得到的，不是自身回归。

q 阶移动平均模型的递推公式形如：

$$\hat{y}_t = \nu + \sum_{i=1}^{q} \beta_i \varepsilon_{t-i} + \varepsilon_t$$

需要注意的是，时间序列平稳是移动平均模型与自回归模型的先决条件。

7.3.3 ARMA 和 ARIMA 模型

ARIMA 模型是统计模型中最常见的一种用来进行时间序列预测的模型，只需要考虑内生变量而无须考虑其他外生变量，但要求时间序列是平稳时间序列或差分后是平稳时间序列。ARIMA 模型包含 3 个部分，分别为自回归模型、移动平均模型和差分模型（I）。每一个部分都有递推公式定义。当差分阶数为 0 时，模型退化为 ARMA 模型。

差分模型的递推公式为

$$\nabla^{(d)} y_t = \nabla^{(d-1)} y_t - \nabla^{(d-1)} y_{t-1}$$

$$\nabla^{(1)} y_t = y_t - y_{t-1}$$

注意　一般来说，ARIMA 模型的差分次数不应该超过两次，如果超过两次就应该考虑使用其他建模方法。

由自回归模型阶数 p、差分阶数 d 和移动平均模型阶数 q 可以确定 ARIMA 模型的基本形式，其可以简记为 ARIMA(p,d,q)。

$$\nabla^{(d)} \hat{y}_t = \sum_{i=1}^{p} \alpha_i \nabla^{(d)} y_{t-i} + \sum_{i=1}^{q} \beta_i \varepsilon_{t-i} + \varepsilon_t$$

对于模型最优参数的选择，一个常用的准则是 AIC（Akaike Information Criterion，赤池信息量准则）法。AIC 由日本统计学家赤池弘次（Hirotugu Akaike）提出，主要用于时间序列模型的定阶。AIC 统计量的定义如下，其中 L 表示模型的最大似然函数。

$$\text{AIC} = 2(p+q+d) - 2\ln L$$

当两个模型之间存在较大差异时，差异主要体现在似然函数项的影响上，当似然函数差异不显著时，则模型复杂度起主要作用，从而参数个数少的模型是较好的选择。一般而言，当模型复杂度提高时，似然函数 L 也会增大，从而使 AIC 变小。但是当参数过多时，根据奥卡姆剃刀原则，模型过于复杂会导致 AIC 值增大，进而容易造成过拟合现象。AIC 不仅要提高似然项，而且要引入惩罚项，使模型参数尽可能少，从而降低过拟合的可能性。

另一个常用的准则是 BIC（Bayesian Information Criterion，贝叶斯信息准则）。BIC 方法是在已知信息不完全的情况下，先对部分未知的状态用主观概率估计，然后用贝叶斯公式对发生概率进行修正，最后再利用期望值和修正概率作出最优决策。它的公式为

$$\text{BIC} = (p+q+d)\ln n - 2\ln L$$

实际上，相对于 AIC，BIC 可能更加常用一些。

下面以 7.2.1 小节的某地 CO_2 含量的时间序列为例，展示时间序列预测的方法。这里经过 AIC 的判定，已经确定时间序列平稳，且 AR 和 MA 的最佳阶数分别为 6 阶、3 阶。

```
    Y = Y(1:168)';
    x = 1:168;
    AR_Order = 6;
    MA_Order = 3;
    Mdl = arima(6,0,3);
    EstMdl = estimate(Mdl,Y);
    [res,~,logL] = infer(EstMdl,Y);   %res即残差

    stdr = res/sqrt(EstMdl.Variance);
    figure('Name','残差检验')
    subplot(2,3,1)
    plot(stdr)
    title('Standardized Residuals')
    subplot(2,3,2)
    histogram(stdr,10)
    title('Standardized Residuals')
    subplot(2,3,3)
    autocorr(stdr)
    subplot(2,3,4)
    parcorr(stdr)
    subplot(2,3,5)
    qqplot(stdr)
    %预测
    step = 24; %预测步数为24
    [forData,YMSE] = forecast(EstMdl,step,'Y',Y);
    lower = forData - 1.96*sqrt(YMSE); %95置信区间下限
    upper = forData + 1.96*sqrt(YMSE); %95置信区间上限
    subplot(2,3,6);
    plot(Y,'Color',[.7,.7,.7]);hold on;
    h1 = plot(length(Y):length(Y) + step,[Y(end);lower],'r:','LineWidth',2);
subplot(2,3,6);
    plot(length(Y):length(Y) + step,[Y(end);upper],'r:','LineWidth',2),hold on;
    h2 = plot(length(Y):length(Y) + step,[Y(end);forData],'k','LineWidth',2);
subplot(2,3,6);
    legend([h1 h2],'95% 置信区间','预测值','Location','NorthWest')
    title('Forecast')
```

MATLAB 中的 arima 函数提供了创建一个时间序列预测模型对象的方法。ARIMA 模型的预测结果如图 7.4 所示。

注意　用 AIC 或 BIC 选择最优的模型参数实际上就是网格搜索，即定义最大的 AR 阶数 p 和 MA 阶数 q，从 0 到 p 和从 0 到 q 按网格遍历法计算 AIC、BIC 值并进行对比。

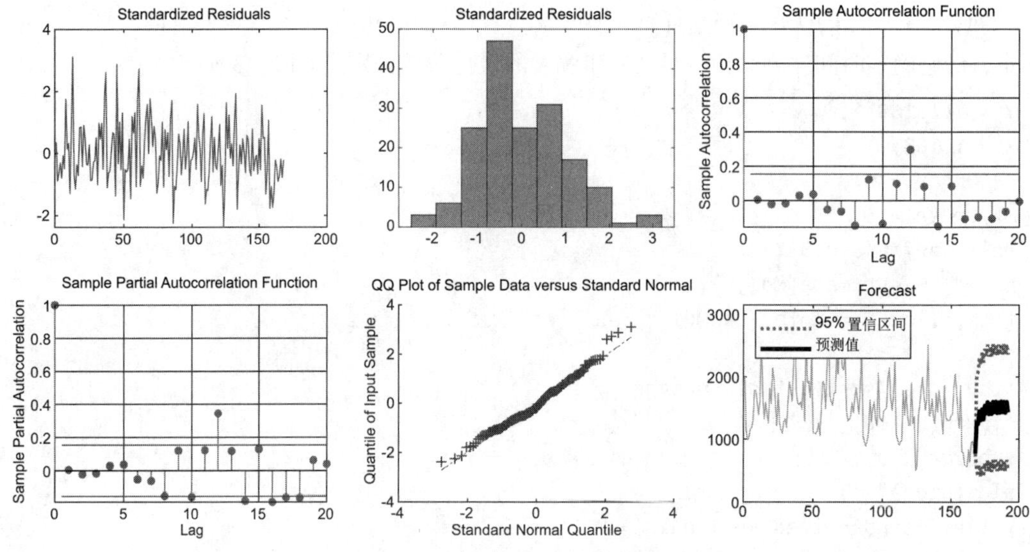

图7.4 ARIMA模型的预测结果

从图 7.4 中可以发现，模型的残差并不大，预测值与实际值的水平偏差在 –2~2，并且残差近似服从一个正态分布，模型的拟合效果是可接受的。图 7.4 中的第二行第二张分图是 QQ 图，这张图描述的是预测值和实际值之间的关系，分布在描述线性相关的虚线附近的点越多那么模型的拟合效果越好。最后，以 24 天为周期进行了趋势外推。

这里的 arima 函数产生的对象是一个模型。模型类型的对象在进行数据预测时有两个函数可以进行未来数据的预测，在机器学习工具箱中通常使用 predict 函数，而在时间序列工具箱中则通常使用 infer 函数。ARIMA 模型由于被存放在计量经济工具箱内，它的模型训练过程是通过 estimate 函数实现的；而机器学习工具箱中的各类模型则使用 fit 函数进行训练。但无论是哪一个工具箱中的模型，训练完成以后都是可以保存下来的，后面若有需要可以对这些训练后的模型进行复用或迁移学习等工作。

7.3.4 ARIMAX 和 SARIMA 模型

ARIMAX 模型在本质上是在 ARIMA 的基础上引入外生变量 X 做拟合，将模型形式变换为

$$y(t)=\sum_{i=1}^{p}\alpha_i y(t-i)+\sum_{i=1}^{q}\beta_i\epsilon(t-i)+\gamma X(t)+\epsilon(t)$$

在 ARIMAX 模型中也可以引入两项或更多项外生变量，但不建议引入太多外生变量。如果需要引入多个外生变量，建议使用多元线性回归或者机器学习方法。

SARIMA 模型是在 ARIMA 模型的基础上将时间序列分解成有明显周期性的子序列和无明显周期性的子序列两个部分，并分别取拟合模型参数，创新点不多但十分奏效。MATLAB 的计量经济学工具箱已经集成了 ARIMA 系列模型，如图 7.5 所示。

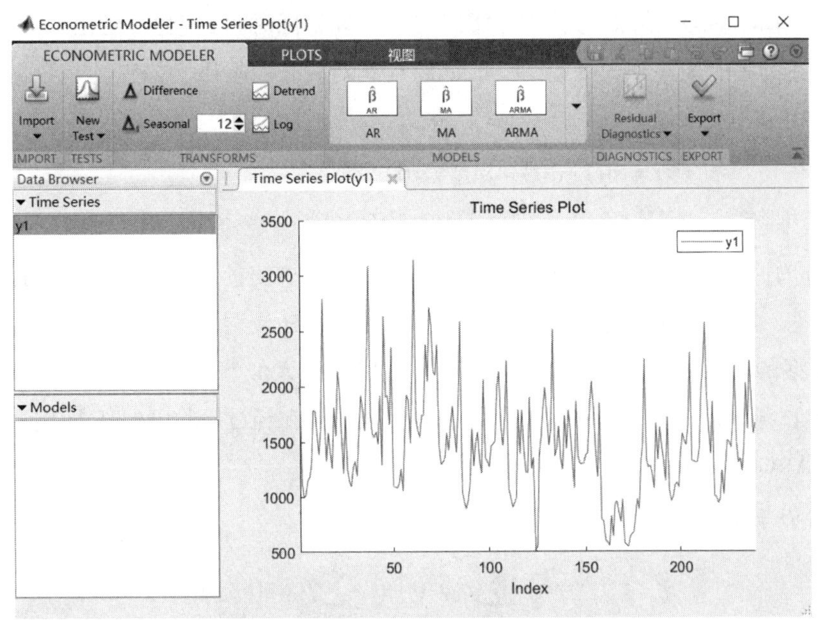

图7.5　MATLAB的计量经济学工具箱

可以从 MAT 文件或工作区中导入时间序列变量，然后选择 ARIMA、ARIMAX、SARIMA 等模型做序列预测，也可以用 7.4 节介绍的 GARCH 系列模型做波动预测。另外，切换到绘图区可以绘制时间序列的有关统计图表。

注意　大家可以试着利用 MATLAB 计量经济学工具箱训练并保存模型。

7.4 GARCH 系列模型

GARCH 模型是一种用来分析时间序列波动性问题的计量经济学模型。在股票中，GARCH 可以用来预测股票的波动率，从而控制风险。在金融领域中，波动率与风险直接挂钩，资产的波动越大，风险越大，而获得更高收益的可能性也更大。

7.4.1 GARCH 的基本原理

在介绍 GARCH 模型之前，先介绍一下同方差和异方差的概念。在时间序列的弱平稳条件中二阶矩是一个不变的、与时间无关的常数。在理想条件下，如果这个假设是成立的，那么金融时间序列的预测将会变得非常简单，采用 ARIMA 等线性模型就能做不错的预测。然而采用 ARIMA 等模型对金融事件时间序列建模，效果是非常差的，原因就在于金融事件时间序列的异方差性。这种非平稳性无法用简单的差分去消除，其根本原因在于其二阶矩随时间 t 变化而变化。

异方差描述的是时间序列大的趋势，时间跨度相对较长，本质上描述的是数据的波动情况。最简单的 ARCH(p) 模型形如：

$$r(t)=\mu(t)+a(t)=\mu(t)+\sigma(t)\varepsilon(t)$$
$$\sigma^2(t)=\alpha_0+\alpha_1 a^2(t-1)+\alpha_2 a^2(t-2)+\cdots+\alpha_p a^2(t-p)$$

式中，$r(t)$ 为回报率，ε 为一个服从标准正态分布的随机变量，μ 和 σ 分别为时间序列的期望水平和波动水平。波动率以方差的形式表示，构建的 ARCH 模型是基于回报率对波动率的回归。ARCH（p）模型的参数估计与 ARIMA 类似，均使用了极大似然估计，但在应用之前需要进行 Ljung-Box 检验以测试是否满足 ARCH 性质。价格时间序列在经过检验以后其概率值表明两个时间序列均可应用 ARCH 系列模型。

GARCH(p,q) 模型是对 ARCH 模型的改进：

$$\sigma^2(t)=\alpha_0+\sum_{i=1}^{p}\alpha_i a^2(t-i)+\sum_{j=1}^{q}\beta_j\sigma^2(t-j)$$

相对于基本的 ARCH 模型，GARCH 模型引入了自回归项 σ^2，对模型进行了进一步修正。通常我们设置 $p=1,q=1$，这也正是最流行的 GARCH(1,1) 模型。

7.4.2 GARCH 的实现

本小节将结合一个例子来介绍 GARCH 模型的实现。示例代码如下。

```
load Data_Danish;
nr = DataTable.RN;
Mdl = garch('GARCHLags',1,'ARCHLags',1,'Offset',NaN);
EstMdl = estimate(Mdl,nr);
numPeriods = 10;
vF = forecast(EstMdl,numPeriods,nr);
v = infer(EstMdl,nr);

figure;
plot(dates,v,'k:','LineWidth',2);
hold on;
plot(dates(end):dates(end) + 10,[v(end);vF],'r','LineWidth',2);
title('Forecasted Conditional Variances of Nominal Returns');
ylabel('Conditional variances');
xlabel('Year');
legend({'Estimation sample cond. var.','Forecasted cond. var.'},...
    'Location','Best');
```

这个案例导入了 MATLAB 自带的 Danish 数据集，并利用 GARCH(1,1) 模型预测其波动率，趋势外推 10 天。具体预测结果如图 7.6 所示。

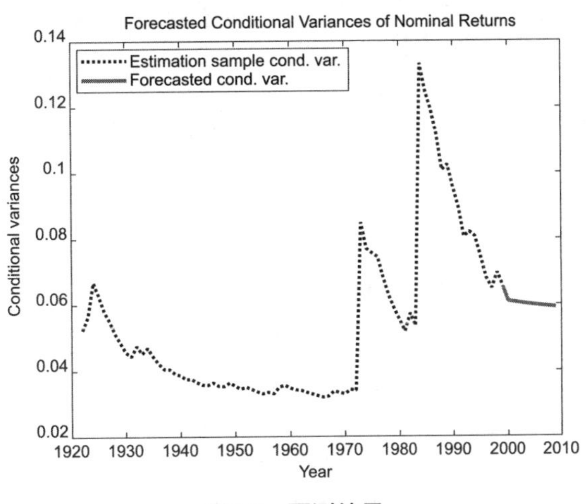

图7.6 预测结果

从图 7.6 中可以看到，预测的波动性与实际比较贴合，即使有“断点式”的风险突变，模型的预测结果仍然较为合理。

7.5 灰色系统模型

灰色系统是指系统数据有一些是未知的，有一些是已知的。而灰色预测就是对含有已知和未知信息的系统进行预测，寻找数据变动规律，再建立相应的微分方程模型来对事物发展进行预测。

7.5.1 灰色预测模型

我们先从最基本的 GM(1,1) 模型说起。若已知数据列 $x^{(0)}$，进行一次累加生成新的数列。我们需要对已知数据 $x_t^{(0)}=(x_t^{(0)}(1),x_t^{(0)}(2),\cdots,x_t^{(0)}(n))$ 进行累加，进而生成一阶累加时间序列：

$$x_t^{(1)}(n)=\sum_{i=1}^{n}x_t^{(0)}(i)$$

对时间序列进行均值化处理可以得到：

$$z^{(1)}(k)=\frac{x^{(1)}(k)+x^{(1)}(k-1)}{2}$$

虽然这是一个离散的差分模型，但实际建模过程中仍然可以将其视为一个连续模型，并建立灰微分方程：

$$x^{(0)}(k)+az^{(1)}(k)=b,k=2,3,\cdots,m$$

其对应的白化微分方程：

$$\frac{dx^{(1)}(t)}{dt}+ax^{(1)}(t)=b,k=2,3,\cdots,m$$

实际上，这两个方程是等价的，通过求解白化微分方程并使用最小二乘法去拟合参数，可以得到方程的解为

$$\boldsymbol{u}=[a,b]^{\mathrm{T}},$$
$$\boldsymbol{Y}=[x^{(0)}(2),x^{(0)}(3),\cdots,x^{(0)}(n)]^{\mathrm{T}}$$
$$\boldsymbol{B}=\begin{bmatrix}-z^{(1)}(2) & 1\\ -z^{(1)}(3) & 1\\ \vdots & \vdots\\ -z^{(1)}(n) & 1\end{bmatrix}$$
$$\boldsymbol{u}=(\boldsymbol{B}^{\mathrm{T}}\boldsymbol{B})^{-1}\boldsymbol{B}^{\mathrm{T}}\boldsymbol{Y}$$

利用最小二乘法的矩阵形式求解这个模型，可以得到方程：

$$x^{(1)}(k+1)=(x^{(0)}(1)-\frac{b}{a})\exp(-ak)+\frac{b}{a}$$

然后向后差分就可以得到原数据的预测值。

另一个基本的模型是 GM(2,1) 模型。对于原始时间序列，得到一次累加时间序列 x_1 和一次差分时间序列 x_0'，然后可以得到：

$$x'^{(0)}(k)+a_1x^{(0)}(k)+a_2z^{(1)}(k)=b$$

这就是 GM(2,1) 的灰色方程。其白化微分方程为

$$\frac{d^2x^{(1)}}{dt^2}+a_1\frac{dx^{(1)}}{dt}+a_2x^{(1)}=b$$

由于这个方程的求解过程较为复杂，所以这里以 GM(1,1) 为例实现灰色预测模型的建模。代码如下。

```
clear
A=[14.9 15.4 17.2 18.4 18.7 19.9 20.8 21.7 23.2 24.9 25.5 27.3 30.8];
%输入数据，可以修改
Ago=cumsum(A); %原始数据一次累加，得到1-AGO时间序列xi(1)。
n=length(A); %原始数据个数
for k=1:(n-1)
    Z(k)=(Ago(k)+Ago(k+1))/2; %Z(i)为xi(1)的紧邻均值生成时间序列
end
Yn =A; %Yn为常数项向量
Yn(1)=[]; %从第二个数开始，即x(2),x(3),…
Yn=Yn';
E=[-Z;ones(1,n-1)]'; %累加生成数据作均值
c=(E'*E)\(E'*Yn); %利用公式求出a，u
c= c';
a=c(1); %得到a的值
```

```
u=c(2); %得到u的值
F=[];
F(1)=A(1);
for k=2:(n)
    F(k)=(A(1)-u/a)/exp(a*(k-1))+u/a; %求出GM(1,1)模型公式
end
G=[];
G(1)=A(1);
for k=2:(n)
    G(k)=F(k)-F(k-1); %两者作差还原时间序列，得到预测数据
end
t1=1:n;
t2=1:n;
plot(t1,A,'bo--');
hold on;
plot(t2,G,'r*-');
title('预测结果');
legend('真实值','预测值');
%后验差检验
e=A-G;q=e/A; %相对误差
s1=var(A);s2=var(e);c=s2/s1; %方差比
len=length(e);p=0; %小误差概率
for i=1:len
    if(abs(e(i))<0.6745*s1)
        p=p+1;
    end
end
p=p/len;
```

预测结果如图 7.7 所示。

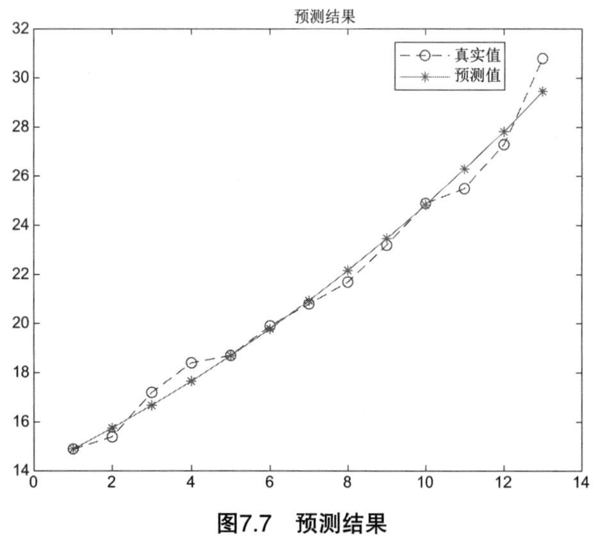

图7.7 预测结果

从图 7.7 中可以看到，预测值相对于真实值的波动更加光滑。但从短期时间序列的预测情况来看，灰色预测方法的拟合程度相对较好。

注意 灰色预测一般适用于中短期的时间序列预测或者有指数上升趋势的时间序列。

7.5.2 灰色关联模型

灰色关联分析方法，是以因素之间发展趋势的相似或相异程度，也就是灰色关联度，作为衡量因素间关联程度的一种方法。其思想很简单，就是确定参考列和比较列以后对数列进行无量纲化处理，然后计算灰色关联系数。这里使用均值处理法，即用每个属性的数据除以对应均值：

$$x(i)=\frac{x(i)}{\overline{x}(i)}$$

灰色关联系数的定义如下。

$$\xi_i(k)=\frac{\min_s\min_t|x_0(t)-x_s(t)|+\rho\max_s\max_t|x_0(t)-x_s(t)|}{|x_0(t)-x_s(t)|+\rho\max_s\max_t|x_0(t)-x_s(t)|}$$

其中，ρ 不超过 0.5643 时分辨力最好，这里为了方便起见，可以取 ρ 为 0.5。灰色关联度为关联系数在样本上的平均值，计算出每个属性的灰色关联度以后就可以进行分析了。

下面利用对表 7.1 中的属性数据分析 x4~x7 与 x1 之间的灰色关联小数。

表 7.1 属性数据

年份	x1	x2	x3	x4	x5	x6	x7
2007	22578	27569	4987	2567.7	267.98	1.5429	1.172
2008	5698	29484	5048	3131	348.51	1.8546	1.2514
2009	27896	31589	5129	3858.2	429.1	2.0369	1.0254
2010	29540	34894	5569	4417.7	541.29	2.2589	1.189
2011	31058	36478	5783	5158.1	647.25	2.4276	1.4213
2012	35980	38695	6045	6150.1	736.45	2.5678	1.5304
2013	39483	40746	6259	7002.8	850	2.8546	1.7421

可以写出以下代码。

```
clc;clear;
%读取数据
data=xlsread('huiseguanlian.xlsx');
%数据标准化
data1=mapminmax(data',0,1); %标准化到0~1区间
data1=data1';
```

```
%%绘制x1,x4,x5,x6,x7的折线图
figure(1)
t=[2007:2013];
plot(t,data1(:,2),'LineWidth',2)
hold on
for i=1:4
    plot(t,data1(:,4+i),'*-')
    hold on
end
xlabel('year')
legend('x1','x4','x5','x6','x7')
title('灰色关联分析')

%%计算灰色相关系数
%得到其他列和参考列相等的绝对值
for i=5:8
    data1(:,i)=abs(data1(:,i)-data1(:,2));
end

%得到绝对值矩阵的全局最大值和最小值
data2=data1(:,5:8);
d_max=max(max(data2));
d_min=min(min(data2));
%灰色关联矩阵
a=0.5; %分辨系数
data3=(d_min+a*d_max)./(data2+a*d_max);
xishu=mean(data3);
disp(' x4,x5,x6,x7与x1之间的灰色关联度分别为：')
disp(xishu)
```

运行代码得到的灰色关联图如图 7.8 所示。

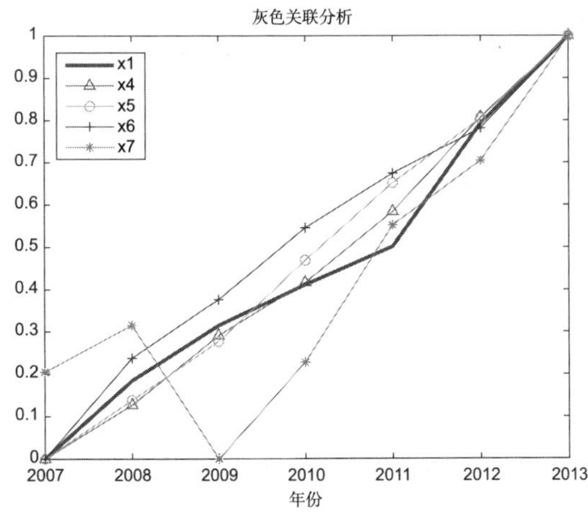

图7.8　灰色关联图

从图 7.8 可知，属性 x4~x7 与 x1 之间的灰色关联系数分别为 0.8769、0.8216、0.7734、0.5960。相较后面会讲到的皮尔逊相关系数，灰色关联分析更适合时间序列的关联分析和时间序列数据的评价。

7.6 组合投资策略

利用股票时间序列能够相对精准地预测股价趋势，而预测结果对我们有价值吗？当然有。它可以让我们基于价格变化去合理安排组合投资策略，实现投资收益的最大化。

7.6.1 投资组合的基本概念

组合投资是指根据投资者的风险承受能力、期限结构和投资目标而设计的各类金融产品所构成的集合。投资组合可由个人投资者所持有，也可由金融专业人士、对冲基金、银行及其他金融机构所管理。投资组合的目的在于分散风险。

下面笔者将以 2022 年美赛 C 题为例，对黄金和比特币两种产品做组合投资。

7.6.2 马科维茨均值 - 方差模型

马科维茨均值 - 方差模型在最优投资组合问题中有着广泛的应用。该模型主要通过研究各资产的预期收益、方差和协方差来确定最优投资组合，其首次将数理统计方法引入到投资组合理论。

马科维茨均值 - 方差模型认为，股票的风险和收益可以通过一只股票时间序列的统计特性来描述。其中，投资风险可以由股票的方差进行描述。风险越大，也就意味着赔本或盈利的幅度越大。而收益则通过收益函数的平均值来衡量。投资组合问题的目标是使投资收益函数的均值越大，并且收益函数的方差越小，投资过程中就能做到稳定盈利而风险低。

马科维茨均值 - 方差模型的建模步骤如下。

对于风险函数的计算，可以使用公式：

$$D(w_1r_b + w_2r_g) = \boldsymbol{w}^{\mathrm{T}}\boldsymbol{\Sigma}\boldsymbol{w} = \boldsymbol{w}^{\mathrm{T}}\begin{bmatrix}\sigma_1^2 & \sigma_{12}\\ \sigma_{12} & \sigma_2^2\end{bmatrix}\boldsymbol{w}$$

其中，σ_1^2、σ_2^2代表波动率，σ_{12}^2代表协方差，$\sigma_{12}=\rho_{12}\sigma_1\sigma_2$。

对于收益函数的计算，若考虑在第二天就将比特币和黄金全部套现，则预期收益为套现折算价值减去当日购买价格和交易额：

$$E(w_1 r_b + w_2 r_g) = (1-\alpha_1)(e^{r_b(t)}-1)w_1 + (1-\alpha_2)(e^{r_g(t)}-1)w_2 - (\alpha_1 w_1 + \alpha_2 w_2)$$

那么，模型形式为

$$\min_w D(\boldsymbol{w}, r)$$

$$\max_w E(\boldsymbol{w}, r)$$

$$s.t.\begin{cases} w_1 + w_2 \leqslant 1 \\ -B \leqslant w_1 \leqslant 1 \\ -G \leqslant w_2 \leqslant 1 \end{cases}$$

这是一个多目标规划问题。为使问题简化，这里引入 τ 乘子：

$$\min_w f = \tau D(\boldsymbol{w}, r) - E(\boldsymbol{w}, r)$$

$$s.t.\begin{cases} w_1 + w_2 \leqslant 1 \\ -B \leqslant w_1 \leqslant 1 \\ -G \leqslant w_2 \leqslant 1 \end{cases}$$

对这一问题进行求解，即可得到对应的策略 $\boldsymbol{w}$。

7.6.3 夏普比率

夏普比率是一种评价投资组合绩效的标准化指标，主要用来衡量投资组合每增加一单位的总风险所能带来的超额报酬率。夏普比率由 1990 年诺贝尔经济学奖得主威廉·夏普（William Sharpe）于 1966 年提出。夏普比率通过投资组合的超额报酬率与投资组合的风险之比进行计算。如果夏普比率为正，则表示投资组合的预期报酬率高于无风险利率，其值越高，说明投资组合的绩效越好。夏普比率为负值时，按照大小排序没有意义。

夏普比率是一种综合考虑风险和收益的指标，它的定义为

$$\mathrm{Sharp}(w, r) = \frac{E(w, r) - r_f}{\sqrt{D(w, r)}}$$

其中，r_f 为无风险利率，通常取 0.04 作为市场估计值。此时，优化问题变为

$$\min_w f = -\mathrm{Sharp}(w, r)$$

$$s.t.\begin{cases} w_1 + w_2 \leqslant 1 \\ -B \leqslant w_1 \leqslant 1 \\ -G \leqslant w_2 \leqslant 1 \end{cases}$$

从上式可以看到，这个问题在本质上是把风险和收益进行了综合。此时，求解问题是一个非有理函数，可通过数值方法得到其最优解。

7.6.4 风险平价模型

风险平价模型是由钱恩平（Edward Qian）博士提出的。风险平价是一种资产配置哲学，它为投资组合中的不同资产分配相等的风险权重。风险平价在本质上是假设各种资产的夏普比率在长期内趋于一致，从而找到投资组合的长期夏普比率的最大化。

比特币和黄金的风险贡献率计算公式为

$$P_1 = 1 - \frac{w_2^2\sigma_2^2}{D(w,r)}$$

$$P_2 = 1 - \frac{w_1^2\sigma_1^2}{D(w,r)}$$

为使两个时间序列的风险尽可能一致，可以构造这样一个规划模型：

$$\min_{w} f = (P_1 - P_2)^2$$

$$s.t.\begin{cases} w_1 + w_2 \leqslant 1 \\ -B \leqslant w_1 \leqslant 1 \\ -G \leqslant w_2 \leqslant 1 \end{cases}$$

最优的组合投资策略只需要对这个规划进行求解即可。

注意

这些规划本质上也是可以用 MATLAB 计算的。大家可以结合 2022 年美赛 C 题自行试验。

7.7 马尔可夫模型

马尔可夫模型是一种统计模型，其已在语音识别、词性标注、语音模型等多个自然语言处理领域得到广泛应用。

7.7.1 马尔可夫模型的相关概念

马尔可夫链是指具有马尔可夫性质的离散时间随机过程。在该过程中，在给定当前知识或信息的情况下，过去（即当期以前的历史状态）对于预测将来（即当期以后的未来状态）。写成表达式就是：

$$P(X_{t+1} \mid X_t, X_{t-1}, \cdots, X_{t-k}) = P(X_{t+1} \mid X_t)$$

马氏定理是指对于一个非周期马尔可夫链有状态转移矩阵 $\boldsymbol{P}$：

$$\lim_{n\to\infty} \boldsymbol{P}^n = \begin{bmatrix} \pi(1) & \pi(2) & \cdots & \pi(j) & \cdots \\ \pi(1) & \pi(2) & \cdots & \pi(j) & \cdots \\ \vdots & \vdots & \ddots & \vdots & \cdots \\ \pi(1) & \pi(2) & \cdots & \pi(j) & \cdots \end{bmatrix}$$

$$\pi(j) = \sum_{i=0}^{\infty} \pi(i) P_{ij}$$

$$\sum_{i=0}^{\infty} \pi_i = 1$$

马尔可夫网络可以用无向图表示联合概率分布。马尔可夫网络的随机变量满足相应的马尔可夫性质，具体可分为成对马尔可夫性、局部马尔可夫性和全局马尔可夫性。

隐马尔可夫模型是用来描述含有隐含未知数的马尔可夫过程的统计模型，通常用一个五元组 $\lambda = (Q, O, \boldsymbol{\pi}, \boldsymbol{A}, \boldsymbol{B})$ 来定义：

（1）模型的状态数 $Q \in \{S_1, S_2, \cdots, S_N\}$ 。

（2）模型观测值数 $O \in \{V_1, V_2, \cdots, V_M\}$ 。

（3）状态转移概率 $\boldsymbol{A}_{ij} = P(q_{t+1} = S_j \mid q_t = S_i)$ 。

（4）观察概率 $\boldsymbol{B}_{jk} = P(O_k = V_k \mid q_k = S_j)$ 。

（5）初始状态概率 $\boldsymbol{\pi} = (\pi_1, \pi_2, \cdots, \pi_N), \pi_i = P(q_i = S_i)$ 。

在隐马尔可夫模型中存在以下 3 个经典问题。

（1）已知模型参数状态转移和输出概率，以及某一特定输出序列，计算某个特定输出时间序列的概率：使用向前算法。

（2）已知某一特定输出序列、状态转移和输出概率，寻找最可能产生某一特定输出时间序列的隐含状态的序列：使用维特比算法。

（3）已知输出序列寻找最可能的状态转移和输出概率：使用鲍姆 - 韦尔奇算法、反向维特比算法。

7.7.2 马尔可夫模型的实现

MATLAB 提供了马尔可夫模型的工具包，其函数列表如表 7.2 所示。

表 7.2 MATLAB 马尔可夫工具包提供的函数

函数	作用
hmmgenerate	从一个马尔可夫模型生成状态序列和输出时间序列
hmmestimate	计算迁移和输出的极大似然估计
hmmtrain	从一个输出时间序列计算迁移和输出概率的极大似然估计
hmmviterbi	计算一个隐马尔可夫模型最可能的状态转移过程
hmmdecode	计算一个给定输出时间序列的后验概率

这里展示一个由状态转移矩阵和初始分布生成一串状态时间序列的代码。

```
 trans = [0.95,0.05;
          0.10,0.90];
 emis = [1/6 1/6 1/6 1/6 1/6 1/6;
        1/10 1/10 1/10 1/10 1/10 1/2];

[seq,states] = hmmgenerate(100,trans,emis)
[seq,states] = hmmgenerate(100,trans,emis,...
    'Symbols',{'one','two','three','four','five','six'},...
    'Statenames',{'fair';'loaded'})
```

生成的结果类似于使用马尔可夫模型来模拟投掷骰子。

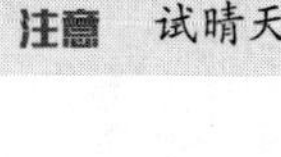

大家可以根据最近的天气时间序列预测接下来的天气，但不要把天气状态弄得太复杂了，就试试晴天、多云、雨天、雪天、大雾这五种天气状态。

本章主要介绍了时间序列预测模型与投资模型。时间序列的核心是进行预测，但仅仅对时间序列进行准确预测还远远不够，因为我们最终的目的是做投资决策。在投资决策过程中，我们可以使用马科维茨均值－方差模型、夏普比率和风险平价模型，实现收益的最大化、风险最小化。

习题

1. 结合附件中的石油数据，请分别以 3、5、7 日为窗口大小给出其移动平均模型的图形，并进行可视化呈现。

2. 结合附件中的石油数据，请使用不少于一种时间序列预测方法对未来一个月内的石油价格进行预测。

第 8 章

机器学习与统计模型

本章主要介绍机器学习与统计模型，主要涉及的知识点如下。

- 统计学中的假设检验。
- 统计学中的回归模型。
- 什么是机器学习。
- KNN 与机器学习工具箱。
- 费舍尔判别和支持向量机。
- 神经网络与神经网络工具箱。
- 决策树。
- 集成学习方法。
- 经典的聚类方法及其实现。
- 关联关系挖掘。

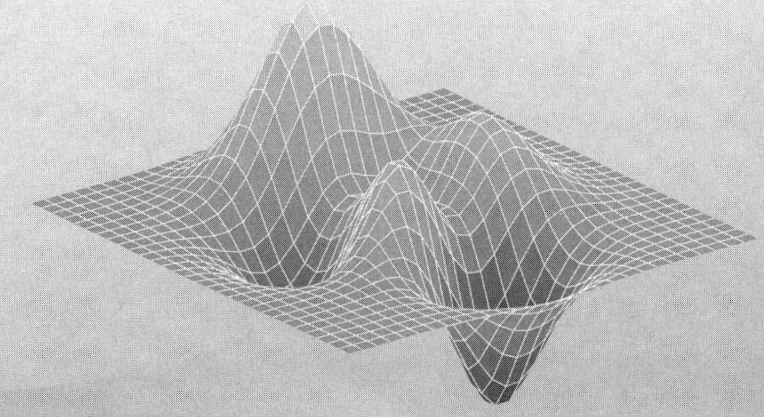

8.1 假设检验

本节将介绍经典统计学中几个常用的假设检验方法。

8.1.1 为什么需要假设检验

现将一批腹泻患者随机分成两组，一组患者光喝粥补充体力和水分，另一组患者除喝粥外还服用了由决明子和茯苓制成的中药胶囊，经过观察后一组患者的腹泻频率比前一组低。问这种差异是由偶然因素导致的，还是决明子和茯苓在起作用？

对两组对象做差异性分析，通常需要使用假设检验。

假设检验就是针对试验现象做出假设，然后根据样本的观测值去构建统计指标，分析指标的统计分布并计算接受概率，进而决定是否拒绝原假设。假设检验是经典统计学研究的重点内容。

常见的统计分布包括正态分布、卡方分布、t 分布和 F 分布等。

（1）若 n 个随机变量 $(X_1,X_2,\cdots,X_n)$ 服从标准正态分布，则卡方分布记为

$$\chi^2(n)=X_1^2+X_2^2+\cdots+X_n^2$$

（2）若随机变量 X 服从标准正态分布，$Y\sim\chi^2(n)$，则 t 分布记为

$$t(n)=\frac{X}{\sqrt{\frac{Y}{n}}}$$

（3）若 $X_1\sim\chi^2(n_1)$，$X_2\sim\chi^2(n_2)$，则 F 分布记为

$$F(n)=\frac{X_1/n_1}{X_2/n_2}$$

另外，还介绍一个分位点的概念。分位点是指将一个随机变量的概率分布范围分为几个等份的数值点。以卡方分布为例，如果 $P(\chi^2>\chi_\alpha^2(n))=\alpha$，那么称这一点叫作上 α 分位点。四种基本分布的图像如图 8.1 所示。

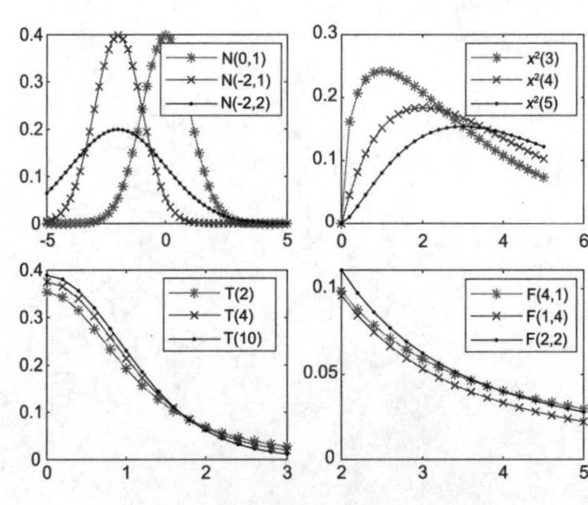

图8.1 四种基本分布的图形

8.1.2 几种典型的假设检验及其实现

1. 正态性检验

正态性检验主要用于评估数据是否具有正态分布的特性（满足 3σ 概率原则，也就是保证异常样本尽可能少）。正态性检验的方法有很多，比如 QQ 图、Shapiro-Wilk 检验、K-S 检验、Jarque-Bera 检验等。这里着重介绍 Shapiro-Wilk 检验和 K-S 检验。

（1）Shapiro-Wilk 检验。

Shapiro-Wilk 检验是一种常用的正态性检验方法。首先需要对原数据进行升序排序，然后构造统计量：

$$W=\frac{(\sum_{i=1}^{n}a_i x_i)^2}{\sum_{i=1}^{n}(x_i-\bar{x})^2}$$

$$\boldsymbol{a}=[a_1,a_2,\cdots,a_n]^{\mathrm{T}}=\frac{\boldsymbol{\mu}^{\mathrm{T}}\boldsymbol{V}^{-1}}{\sqrt{\boldsymbol{\mu}^{\mathrm{T}}(\boldsymbol{V}^{-1})^{\mathrm{T}}\boldsymbol{V}^{-1}\boldsymbol{\mu}}}$$

其中，$\boldsymbol{a}$ 表示显著性水平，V 为方差矩阵。

统计量 W 的最大值是 1，最小值是 $\frac{na_1^2}{n-1}$。可以把 W 看作是样本值 y_i 顺序排列和系数 a_i 计算得到的相关系数的平方或是线性回归的确定系数。它的值越高，表示样本与正态分布越匹配。

接下来根据统计量 W 进行假设检验。

（2）K-S 检验。

在 K-S 检验中定义一个经验分布概率 $F_n(x)=\frac{1}{n}\sum_{i=1}^{n}I(x_i\leqslant x)$。在进行 K-S 检验时，首先会构造统计量 $D_n=\sup_x|F_n(x)-F(x)|$，并计算统计量。拒绝域由概率值或分布给出。计算过程如下。

①计算实际均值方差，以及各水平对应的频数。

②对水平大小进行排序得到频数时间序列，并且计算累计频数。

③计算累计频率，以及对应水平经过 Z-score 标准化以后的取值。

④利用 x 查表得到理论分布函数 $F(x)$。

统计量越小，就越接近正态分布。

2. 独立性检验

独立性检验统计的是离散的相关关系。比如，得不得肺癌只有两类取值——得或不得；吸不吸烟也只有两类取值——吸或不吸。两两组合就有四类人群。统计不同的人群可以列出一个列联表，构造的统计量是一个服从卡方分布的统计量，查表可得结果。

这一假设检验的原假设为 H_0：吸烟和得肺癌是独立的。假设医院中吸烟的患者有 556 人，其中得肺癌的有 324 人；不吸烟的患者有 260 人，其中得肺癌的有 98 人。使用 MATLAB 进行独立性检验获得的函数分析结果为

```
[p, Q]= chi2test([324, 556-324; 98, 260-98])
p=
   4.2073e-08
Q=
   30.0515
```

得到的概率值是 10 的 –8 次方，非常接近 0，所以二者独立是一个小概率事件。故推翻原假设接受备择假设 H_1：吸烟和得肺癌不是独立的，换言之，二者是相关的。备择假设也就是与原假设对立的假设。

注意　在假设检验中，我们主要关注其概率值。我们将概率值与临界值“0.05、0.01 和 0.001”相比较。小于 0.05 就认为原假设是一个小概率事件，可以推翻原假设。统计类表格中的 3 颗星，代表概率小于 0.001；2 颗星代表概率小于 0.01；1 颗星代表概率小于 0.05。

3. 差异性检验

两个样本之间的差异性检验通常用 *t* 检验实现。*t* 检验分三种，即单样本 *t* 检验、配对样本 *t* 检验和独立样本 *t* 检验。其中，单样本 *t* 检验常用于检验正态分布的性质，配对样本 *t* 检验要求两组样本的数据量是相同的，而独立样本 *t* 检验对两组数据的数据量没有明确要求。

差异性检验的原假设 H_0 认为，两组样本之间没有差异。这里同样可以通过 MATLAB 调用函数求解，使用方法如下。

```
%两样本t检验
[h,p,muci,stats]=ttest2(x,y,Alpha,tail,vartype)
%配对样本t检验
[h,p,muci,stats]=ttest(x,y,Alpha,tail)
```

同样，分析概率大小就可以确定两组样本是否存在差异。一般来说，如果概率比较小（至少小于 0.05），就可以拒绝原假设接受备择假设，认为两组样本有差异。

注意　*t* 检验之前需要对数据进行方差齐性检验。在 MATLAB 中，可以调用 vartestn 函数来执行这一检验。

如果要检验多个因素对某个结果产生影响的差异，那么就需要使用方差分析（ANOVA）。

方差分析的基本思想是：对样本观测值的总变差平方和进行适当的分解，以判明实验中各因素影响的有无及大小。方差可以分解成三个部分：$Q=Q_1+Q_2+Q_3$。其中，Q_1 是指多个控制变量单独作用引起的平方和，Q_2 是指多个控制变量交互作用引起的离差平方和，Q_3 则是随机扰动项。

在方差分析中，自变量是离散性的分类变量，用于比较自变量的不同水平上因变量的均值差异。在回归分析中，自变量是连续性的数值变量，用于估计自变量发生变动时因变量的平均改变。

在一般线性模型中，把自变量的数据标准放宽，方差分析和回归分析是可以统一的。

注意 方差分析的适用前提有三个：可比性、正态分布性、方差齐性。否则需要进行数据变换或更换检验方法。

当方差分析得出不同处理组间的均值差异是显著的结论，为了进一步比较哪些处理组之间的差异在统计上是显著的，通常需要进行事后检验。例如，研究人员想知道三组学生（本科以下、本科、本科以上）的智商平均值是否有显著性差异。经过方差检验后发现，三组学生（本科以下、本科、本科以上）的智商存在明显的差异。为了进一步探究具体哪两组之间的差异更为显著，可以进行事后检验。例如，分析结果显示，本科以下与本科、本科以上两组之间差异更为显著，而本科与本科以上之间的差异并不显著。这就是通过事后检验得到的具体差异。事后检验比较常用的方法包括 LSD 法、图基（Turkey）法等。

在 MATLAB 中，用于进行方差分析的函数的使用方法如下所示。

```
%perminute为测试数据
%n为组数
result=[0,0,0];
%正态性检验
for i=1:n
    x_i=perminute(i,:)'; %提取第i个group的数据值
    [h,p]=lillietest(x_i); %正态性检验
    result(i)=p;
end
result %正态性检验的p值

%方差齐性检验
[p,stats]=vartestn(perminute'); %调用vartestn函数进行方差齐性检验

p=anova1(perminute');
[p,table,stats]=anova2(perminute',5); %进行方差检验

%多重比较
[c,m,h,gnames]=multcompare(stats); %多重比较
```

这段代码包括了一个完整的方差分析流程：首先进行正态性检验，其次做方差齐性检验，之后按照多个自变量作用的模式分组进行方差检验，最后进行事后检验。相关的统计结果会以弹窗的形式弹出。

注意 方差分析的表格解读不建议用 MATLAB。相比之下，用 SPSS 或 SPSSPRO 得到的表格比较好解释一些。

以前面提到的中药胶囊为例，假设有 12 个身高、体重、年龄都接近的患者单独测试了一种含有茯苓的中药胶囊和含有决明子的中药胶囊。这 12 个患者一个月内发生腹泻的频率如表 8.1 所示。

表 8.1　不同服药方案对 12 个患者的腹泻次数的影响

决明子的腹泻次数	茯苓的腹泻次数	
	未服用茯苓	服用茯苓
未服用决明子	15,21,19	13,18,12
服用决明子	10,12,14	7,5,11

可以调用如下函数。

```
x=[15,13;21,18;19,12;10,7;12,5;14,11];
[p,tbl,stast]=anova2(x,3);
```

得到的统计结果如图 8.2 所示。

ANOVA Table

Source	SS	df	MS	F	Prob>F
Columns	52.083	1	52.083	6.31	0.0362
Rows	126.75	1	126.75	15.36	0.0044
Interaction	0.083	1	0.083	0.01	0.9224
Error	66	8	8.25		
Total	244.917	11			

图8.2　ANOVA检验结果

从图 8.2 中可以看到，行列单独的概率都在 0.05 以内，所以茯苓和决明子二者都有显著的调节作用。但交互效应（Interaction）的概率（0.9224）比较大，所以认为两种药没有显著的交互效应，单独作用也可以调节腹泻。

注意

这个例子只是随便列举了两种中药，在实际情况中患者应遵从医嘱。

4. 相关性检验

相关分析方法是判断和分析各种相关关系的方法和技术的统称。在相关分析中，通常使用相关系数对变量之间的关系密切程度进行数字测度。常见的相关系数有皮尔逊相关系数、斯皮尔曼相关系数和肯德尔相关系数。

皮尔逊相关系数的表达式：

$$\rho = \frac{\mathrm{Cov}(X,Y)}{\sqrt{D(x)}\sqrt{D(Y)}}$$

斯皮尔曼相关系数不要求数据必须严格服从正态分布，而是可以呈现有偏分布。其计算方法为在 X 和 Y 时间序列中得到每个元素的排名并作差，从而得到新时间序列 d：

$$\rho = 1 - \frac{6\sum_{i=1}^{n} d_i^2}{n(n^2-1)}$$

肯德尔相关系数是一个用来测量两个随机变量相关性的统计值。这个系数涉及一致性和一致性检验的定义，这里就不过多阐述了。

如果数据是一个矩阵，想求的是每两列之间的相关系数矩阵，可以按如下形式调用函数。

```
corr(X,'type','Pearson') %可以换Spearman和Kendall
```

8.2 回归模型

本节主要讲解回归模型。

8.2.1 线性回归模型

线性回归方程以均方误差作为损失函数，也就是实际值和预测值的偏差方差：

$$J(w,b)=\frac{1}{n}\sum_{i=1}^{n}(y_i-wx_i-b)^2$$

写成矩阵的形式：

$$\boldsymbol{y}=\boldsymbol{W}^{\mathrm{T}}\boldsymbol{X}+\boldsymbol{b}$$

另外，如果回归模型在训练的数据上只有极小的误差，但预测的时候与实际值的偏差非常之大，就表示发生了过拟合，这时需要使用正则化方法对模型进行修正。

两种经典的正则化方法包括 LASSO 回归和岭回归。

LASSO 回归使用的是一阶正则：

$$J(w,b)=\frac{1}{n}\sum_{i=1}^{n}(y_i-wx_i-b)^2+\|w\|$$

岭回归使用的是二阶正则函数：

$$J(w,b)=\frac{1}{n}\sum_{i=1}^{n}(y_i-wx_i-b)^2+\|w\|^2$$

LASSO 回归和岭回归的本质是对均方误差函数的修正。

注意

当然也有其他的正则化方法，但 LASSO 回归和岭回归是最基础、最常用的。

8.2.2 偏最小二乘回归和广义回归

1. 偏最小二乘回归

偏最小二乘回归法结合主成分分析与典型相关分析，能克服传统自变量间多重共线性问题，让自变量更好解释因变量。首先，为了消除不同量纲的影响，需要对自变量数据进行标准化处理，一般采用 Z-score 标准化。

使用偏最小二乘回归法求解主成分时，需要保证主成分尽量携带变量信息，以及自变量和因变量的相关性最大。设 X 的主成分为 t_1、Y 的主成分为 u_1，要求 $\mathrm{Var}(t_1)$ 和 $\mathrm{Var}(u_1)$ 的最大化，以及 t_1 和 u_1 相关系数 $\mathrm{Corr}(t_1,u_1)$ 的最大化，即可得到

$$\max\sqrt{\mathrm{Var}(t_1)}\cdot\sqrt{\mathrm{Var}(u_1)}\cdot\mathrm{Corr}(t_1,u_1)=\mathrm{Cov}(t_1,u_1)$$

因为 t_1,u_1 分别是 X,Y 投影得到的，设投影轴分别为 $\boldsymbol{w}_1,\boldsymbol{v}_1$ 且为方向向量，则有 $t_1=E_0w_1$，$u_1=F_0w_1$，即目标函数为

$$\max\ \mathrm{Cov}(\boldsymbol{F}\boldsymbol{w}_1,\boldsymbol{E}\boldsymbol{v}_1)=\boldsymbol{v}_1^{\mathrm{T}}\boldsymbol{E}^{\mathrm{T}}\boldsymbol{F}\boldsymbol{w}_1$$

$$s.t.\ \|\boldsymbol{w}_1\|^2=1,\|\boldsymbol{v}_1\|^2=1$$

将问题化为条件极值问题，运用拉格朗日法求解，得到：

$$L(x)=\boldsymbol{v}_1^{\mathrm{T}}\boldsymbol{E}^{\mathrm{T}}\boldsymbol{F}\boldsymbol{w}_1-\frac{\lambda}{2}(1-\|\boldsymbol{w}\|^2)-\frac{\theta}{2}(1-\|\boldsymbol{v}\|^2)$$

于是，可以训练回归模型：

$$\begin{cases}x_0=t_1\alpha_1+E_1\\y_0=t_1\beta_1+F_1\end{cases}$$

如果使用单个成分的预测效果不够好时，可以基于残差结果得到新的成分，以得到更优的模型：

$$\begin{cases}x_0=t_1\alpha_1+t_2\alpha_2+E_2\\y_0=t_1\beta_1+t_2\beta_2+F_2\end{cases}$$

以此类推，得到各个成分矩阵达到满秩时的方程形式：

$$\begin{cases}x_0=t_1\alpha_1+t_2\alpha_2+\cdots+t_r\alpha_r+E_r\\y_0=t_1\beta_1+t_2\beta_2+\cdots+t_r\beta_r+F_r\end{cases}$$

由于主成分分析中投影的本质是自变量线性组合，因此得到的结果是一个线性方程。

注意

不好理解的话，可以理解为 PCA 过程 + 回归过程。

在 MATLAB 中，可以用下面的方法调用偏最小二乘回归。

```
[XL,YL,XS,YS,BETA,PCTVAR,MSE] = plsregress(X,Y,ncomp)
```

2. 广义回归

在讨论广义回归之前，首先介绍逻辑回归的概念。

逻辑回归虽然名字中有回归二字，但实际上是一种分类算法。逻辑回归可以通过 sigmoid 函数把一个实数映射到 (0,1) 区间。sigmoid 函数图形如图 8.3 所示。

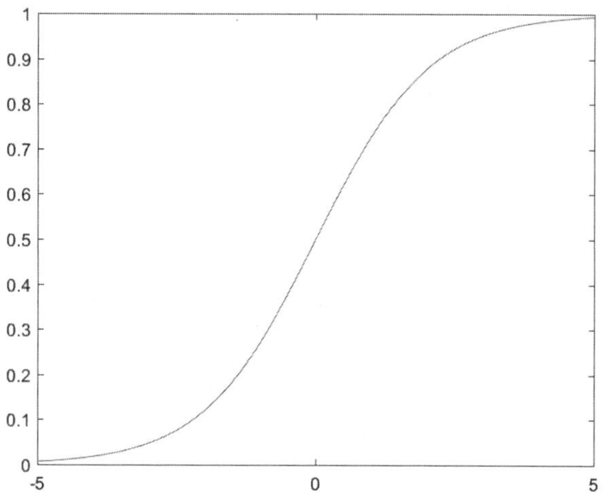

图8.3 sigmoid函数图形

sigmoid 函数的图形是一个连续函数。sigmoid 函数的定义为

$$y=\frac{1}{1+\mathrm{e}^{-x}}$$

它的值域在 0~1 之间，而且是连续可导的，这是一条重要性质。如果把 x 的范围再扩大一点，就会发现从 0~1 的上升过程还是相当迅速的。sigmoid 函数的函数值相当于一个分类概率，模型的形式为

$$\ln\frac{\hat{y}}{1-\hat{y}}=XW$$

假设 y 为样本被分类为正类的概率，那么 $y=P(y=1|X)$。分类的平均概率实际上就是交叉熵：

$$P(y_i\,|\,X_i,W)=y_iP(y_i=1\,|\,X)+(1-y_i)P(y_i=0\,|\,X)$$

通过对概率表达式的映射还原并代入似然函数就得到了目标函数：

$$J(w)=\sum_{i=1}^{m}(-y_iwX_i+\ln(1+\mathrm{e}^{wX})),w^*=\arg\min J(w)$$

求 $J(w)$ 的梯度符号解需要对交叉熵函数求导，但由于求符号解很困难，故在实际工程中我们通常使用梯度下降法求目标函数的数值解。在广义回归中，除了 sigmoid 函数，还可以对 y 附加正态分布、指数、对数等不同的映射函数，从而得到更多类型的广义回归模型。MATLAB 中的集成方法如下。

```
[b,dev,stats] = glmfit(X,y,distr)
```

下面使用逻辑回归对鸢尾花数据集进行分类。

```
load fisheriris
X = meas(51:end,:);
y = strcmp('versicolor',species(51:end));
```

```
link = @(mu) log(mu ./ (1-mu));
derlink = @(mu) 1 ./ (mu .* (1-mu));
invlink = @(resp) 1 ./ (1 + exp(-resp));
F = {link, derlink, invlink};
b = glmfit(X,y,'binomial','link',F)
```

得到的是常数项和四个自变量的权重系数。

8.2.3 调节效应和中介效应

调节效应是指原因对结果的影响强度会因个体特征或环境条件而异，这种特征或条件被称为调节变量。而中介效应是指原因通过一个或几个中间变量影响结果，这种中间变量被称为中介变量。

在调节效应中，存在以下回归关系：

$$Y = \beta_0 + \beta_1 D + \beta_2 M + \beta_3 M \cdot D + \varepsilon$$

其中，处理变量记为 D，调节变量记为 M，DM 表示处理变量 D 对结果 Y 的影响受到了 M 的调节作用。另外，若 $\hat{\beta}_3$ 显著，则称观测到了显著的调节效应。

在中介效应中，存在以下一组回归关系：

$$Y = \alpha_0 + \alpha_1 D + \varepsilon_{Y_1}$$

$$Y = \beta_0 + \beta_1 D + \beta_2 M + \varepsilon_{Y_2}$$

$$M = \gamma_0 + \gamma_1 D + \varepsilon_M$$

其中，Y 是结果变量，D 是处理变量，M 是中介变量。α_1 为 D 对 Y 的总效应，β_1 为 D 对 Y 的直接效应，$\beta_2\gamma_1$ 为 D 对 Y（经由中介变量 M）的间接效应。由于中介变量与处理变量的相关性，直接效应与总效应会产生差值，间接效应相当于通过中介变量对处理变量和结果变量关系进行补充。总效应、直接效应和间接之间的关系如下。

$$\alpha_1 = \beta_1 + \beta_2\gamma_1$$

注意

中介效应和调节效应使用 MATLAB 都很难实现，一般会使用 SPSS 或 SPSSPRO 来实现。

8.2.4 结构方程模型

结构方程模型是由随机变量和结构参数所构成的结构方程体系，其中包含观察变量、潜在变量和误差三个变量。观察变量是指能够直接观测到的变量，潜在变量是指无法直接观测到的变量，如心理、教育、社会等。一般来说，潜在变量可以通过观测变量构建。

结构方程模型的测量模型方程如下。

$$x = \Lambda_x \xi + \delta$$

$$y = \Lambda_y \eta + \varepsilon$$

结构方程模型的结构模型方程如下。

$$\eta = \beta\eta + \Gamma\xi + \varsigma$$

其中，ξ表示外生潜在变量，η表示内生潜在变量，x为ξ的测量指标，y为η的测量指标，δ和ε表示各测量指标所对应的检测误差，Λ_x为x在ξ上的因子载荷，Λ_y为y在η上的因子载荷，β为系数（含义为内生潜在变量直接的相互影响），Γ为外生变量对内生变量的影响，ς为残差项。

下面使用 SPSSPRO 对结构方程模型的路径进行分析，分析结果如图 8.4 所示。

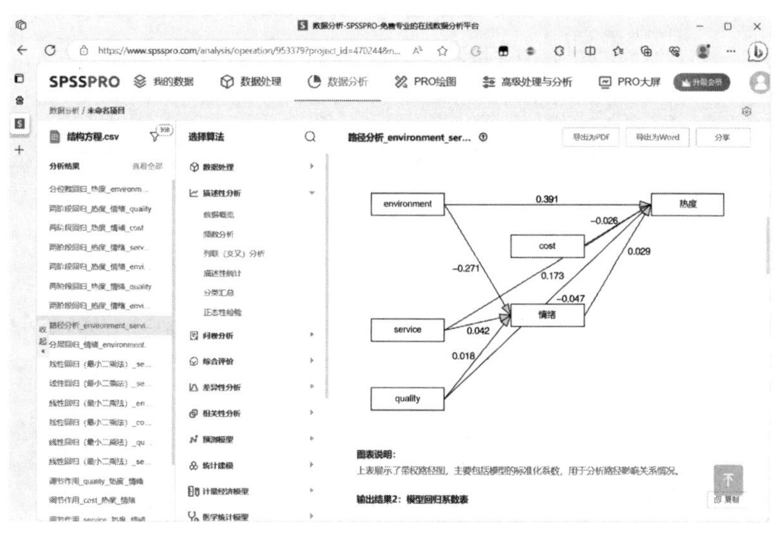

图8.4　路径分析

SPSSPRO 处理统计问题非常方便。但它有一个缺点，就是生成的结果与图形风格比较固定，所以在竞赛实操过程中要谨慎使用。

8.3　什么是机器学习

机器学习本质上是根据数据训练一个数学模型，并对未知数据进行合理预测。机器学习的要素包括模型、学习准则、优化算法三个要素。

从数据中学得模型的过程，通常分为以下三步。

（1）选择一个合适的模型：这通常需要依据实际问题而定，针对不同的问题和任务需要选取恰当的模型，模型就是一组函数的集合。

（2）判断函数是否适合：这需要确定一个衡量标准，即损失函数。损失函数的确定也需要依据具体问题而定，如回归问题一般采用欧几里得距离，分类问题一般采用交叉熵代价函数。

（3）找出“适合”的函数：如何从众多函数中最快找出“适合”的那一个，往往不是一件容易的事情。常用的方法有梯度下降算法、最小二乘法等。

机器学习问题可以分成图 8.5 所示的几类。鸢尾花数据集是机器学习中的一个经典的数据集。使用成对矩阵图绘制的鸢尾花数据集的分布如图 8.6 所示。

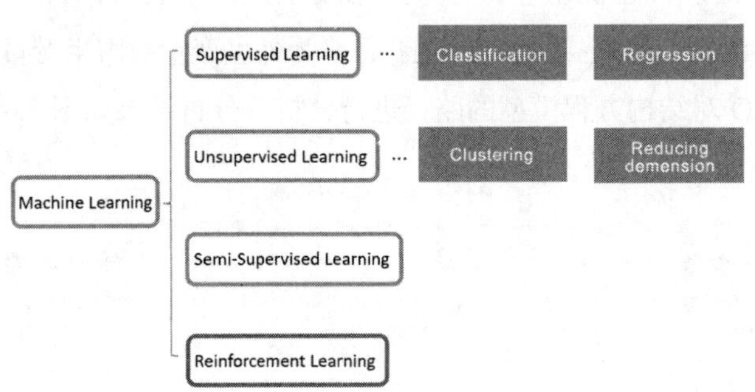

图8.5 机器学习问题的分类

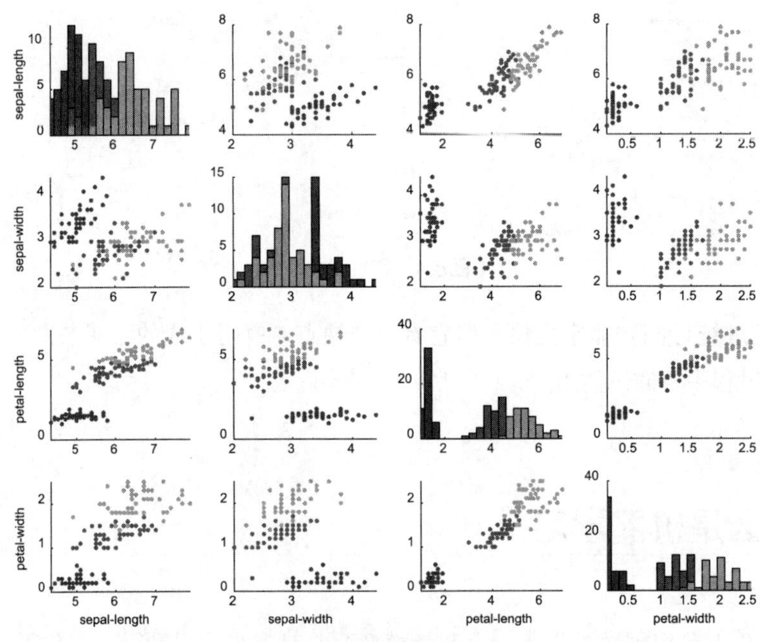

图8.6 鸢尾花数据集的分布

在构建模型之前，绘制一幅这样的统计图表，会对后续的建模很有帮助。

注意

如果数据条数不超过 100 条，不可以使用机器学习，尤其是神经网络。

常见的机器学习任务包括监督学习和无监督学习两大类。监督学习是指在有监督信息的条件下进行学习。无监督学习是指仅需要示例数据即可完成的学习任务。

典型的监督学习任务包括分类和回归。分类是一种预测离散标签或类别的任务。回归主要研究自变量与因变量之间的依赖关系以及预判因变量的取值。

典型的无监督学习任务包括聚类和降维。聚类是指将抽象对象的集合分成由类似的对象组成多个类的过程。降维本质上就是通过变量分解与组合的模式，把数据的列数减少。

在机器学习的训练中还需要进行交叉验证。交叉验证评估结果的稳定性和保真性在很大程度上取决于参数 K 的取值，因此交叉验证法也被称为 K 折交叉验证。以最常用的 10（K 值为 10）折交叉验证为例，它随机把数据集分成 10 等份，训练过程中将进行 10 次迭代，每一次迭代时选取 1 份数据作为测试数据，剩下的 9 份用作训练数据集。这样得到的模型效果会更具有一般性，训练的模型也更稳定。

对于二分类问题，机器学习中有诸多指标评价分类器的分类效果，这里主要比较准确率 F1 分数和 AUC 值。若用混淆矩阵表示，准确率即分类结果与实际相同的样本在总样本中占比，是对样本分类整体精度的描述，其能够直接反映总样本中被正确分类的样本的占比。F1 分数是对分类问题中细节的权衡考量。F1 分数为查准率和查全率的调和平均数，在一定程度上可以反映模型预测的鲁棒性。将预测为正类的样本中正例率和反例率绘制到图像中构成 ROC 曲线，ROC 曲线与横轴围成的面积即为 AUC 值。AUC 值和 F1 分数、准确率一样，越接近 1 说明效果越佳。

在 MATLAB 中，可以用如下函数绘制 ROC 曲线并计算 AUC 值。

```
[XRF,YRF,TRF,AUCRF] = perfcurve(label,output,1);
```

得到的图形如图 8.7 所示。

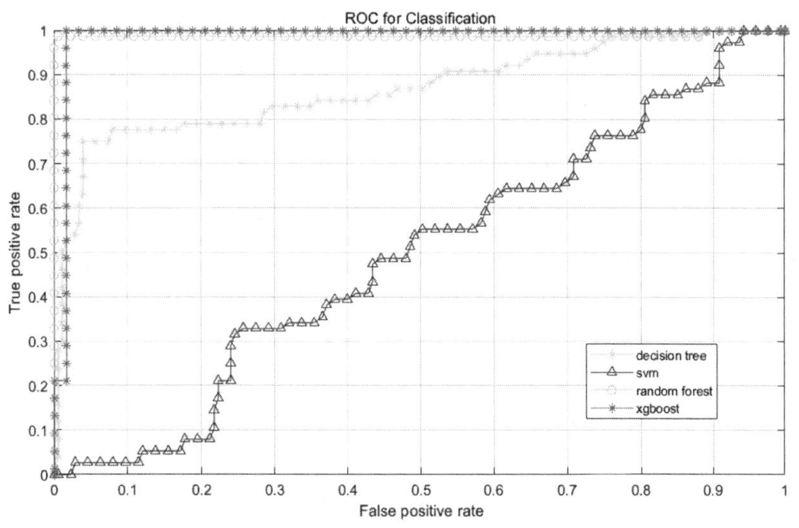

图8.7 一组ROC曲线

从图 8.7 中可以看到，随机森林下方围成的面积最大，非常接近 1，所以可以认为这是最好的一套算法。当然，AUC 的计算方法建议还是自己写更好一些。

注意　AUC 值只是一个方面，评价算法的好坏要用 AUC、F1 分数和准确率进行综合评估。

8.4 KNN 与机器学习工具箱

KNN（k-Nearest Neighbor，K 近邻）算法是最简单的机器学习算法之一。本节不仅会介绍 KNN 的基本原理，而且会介绍机器学习工具箱的基本使用方法。

8.4.1 KNN 模型的原理

KNN 是基本的分类算法之一，是一种典型的监督学习方法。KNN 用距离衡量样本之间的相似度，可以理解为两个样本的自变量属性越相似，它们的标签越可能一样。

注意　K-means 聚类算法也是使用距离来衡量数据对象间的相似度，但它与 KNN 是两个完全不同的算法。

KNN 算法的基本步骤如下。

（1）计算测试集样本与其他训练集样本之间的距离。

（2）统计距离最近的 K 个邻居。

（3）根据 K 个最近邻居中属于各个类别的数量，将待分类样本归类于数量最多的类别。

KNN 算法的效果取决于三个因素：距离的计算方式、K 值的选取和数据集。在计算距离时可以采用多种不同的距离衡量方式，如欧几里得距离、曼哈顿距离、切比雪夫距离等，其中用得最多的是欧几里得距离。数据集没有办法修改，那 K 值如何选择呢？

如果 K 值比较小，则测试样本只会受与它最近的邻居影响。在这种情况下，如果邻居点是个噪声点，那么未分类物体的分类也会产生误差。如果 K 值比较大，则距离过远的点也会对测试样本的分类产生影响。这种情况的好处是鲁棒性强，但是不足也很明显，会产生欠拟合情况，也就是没有把测试样本真正分类出来。

所以 K 值应该是个经验值，而非预先设。通常情况下，K 值为 5~15 中的奇数，但具体取值除了需要进行测试与交叉验证外，还可以根据数据量与训练集标签的特征来预估。

为了加快最近邻居的搜索可以利用 KD 树进行数据结构的优化。KD 树是一种对数据点在 k 维空间中进行划分的数据结构。在 KD 的构造中，每个节点都是 k 维数值点的二叉树，可以采用二叉树的增删改查操作，从而大大提升搜索效率。

这里以 MATLAB 自带的 fisheriris 数据集来进行测试。这是一个鸢尾花的分类数据集。meas 属性中包含了萼片的长度等四列属性，species 属性为三种鸢尾花的花名。代码如下。

```
function out=knn(test_set,train_set,K)
    n=size(test_set,1);
    m=size(train_set,1);
    test_set_x=test_set(:,1:4);%只要自变量
    for i=1:n
        for j=1:m
            %求距离
            distance(j)=sqrt(sum((test_set_x(i)-train_set(j)).^2));
        end
        [~,index]=sort(distance,'ascend');
        label=train_set(index,5);%按照距离大小排序
        out(i)=mode(label(1:K));%取前K个标签里出现次数最多的那个标签
    end
    out=out';
end
```

在实现 KNN 后，下面的过程就是针对测试集和训练集样本去求解距离，然后找到每个测试样本的 K 近邻。通过计算待求测试集与训练集之间的距离并排序，可以对最近的 K 个邻居进行投票。

为了探索最优的 K 值，可以用网格搜索的方式进行探索。示例代码如下。

```
load fisheriris;
iris=meas;
iris(:,5)=[zeros(50,1);ones(50,1);2*ones(50,1)];
Kmax=20;
acc_avg_history=[];
rerank=randperm(size(iris,1));%打乱顺序
rand_iris=iris(rerank,:);
train_set=rand_iris(1:120,:);%取120条做训练集
test_set=rand_iris(121:150,:);%30条做测试集
test_size=size(test_set,2);
for k=1:Kmax
    %找到最优K
    pre_label=knn(test_set,train_set,k);%KNN预测花卉种类
    accuracy=sum(pre_label==test_set(:,5))/30;%求正确率
    acc_avg_history=[acc_avg_history accuracy];%保存不同K值下的正确率
end
plot(acc_avg_history);
xlabel('K');
ylabel('准确率');
title('最优K值')
```

绘制的 K 值与准确率图形如图 8.8 所示。

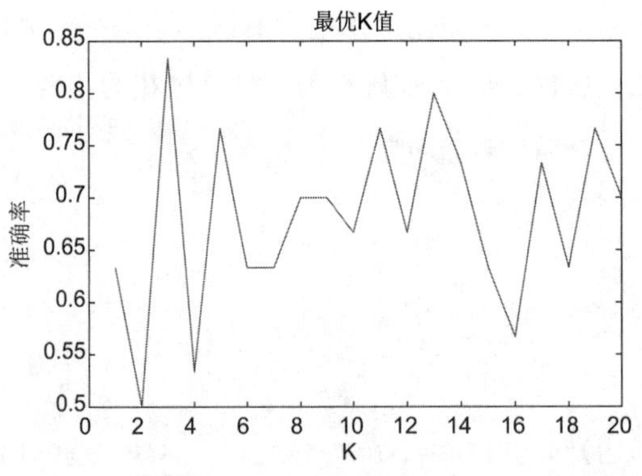

图8.8　K值与准确率图形

从图 8.8 中可以看到，当 K 取 3 时准确率最高，为 0.84，所以这一折交叉验证的结果最优，应该保存下来。但由于数据随机打乱以后只进行了一次距离计算，准确率往往并不是很高，所以应当将数据多次打乱然后取平均值。

8.4.2　机器学习工具箱的使用

MATLAB 中主要包括两个机器学习工具箱：Classification Learner（分类学习器）和 Regression Learner（回归学习器）。它们提供了良好的用户接口，可以交互式、点击式地进行数据导入、模型训练和绘图等操作。

例如，打开 MATLAB 中的 Classification Learner，并且导入 iris 数据集，系统会选择以行或列为变量，然后在图窗区域中绘图，如图 8.9 所示。

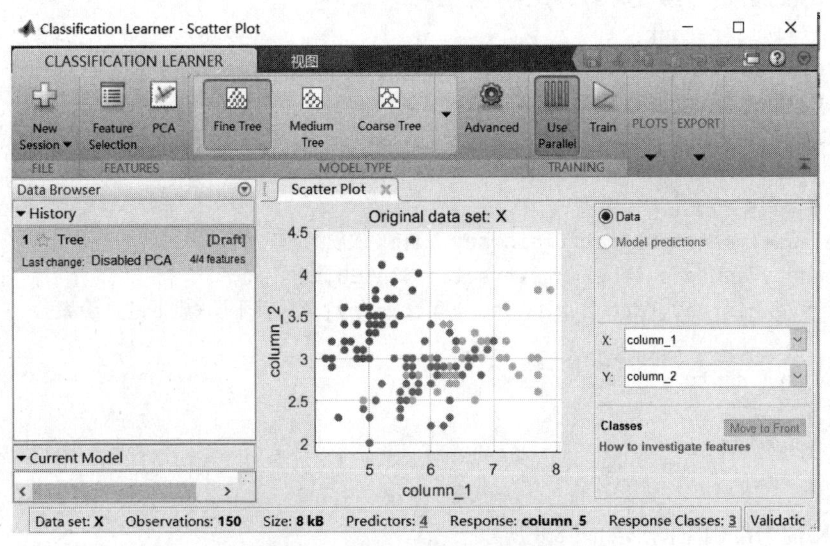

图8.9　学习分类器工具箱界面

在 Classification Learner 界面的工具栏中，可以对算法进行设置。第一次启动的时候时间可能有点长，但到后面速度就快起来了。选择算法以后单击“Train”按钮模型就开始训练建模与预测了。当训练结束时，模型预测和指标结果如图 8.10 所示。

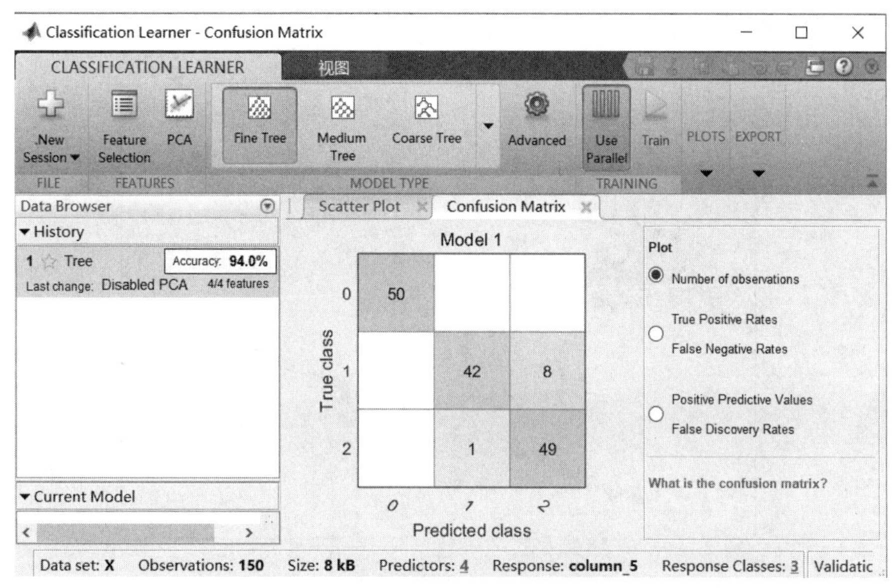

图8.10 使用机器学习工具箱的预测结果

从图 8.10 中可以看到，工具箱的准确率达到了 94.0%。图 8.10 中的 3 × 3 的矩阵叫混淆矩阵，是实际分类和预测分类构成的一个列联表。例如，42 就是实际是 1 模型也写对了答案是 1 的分类。你可以将分类看作做选择题，目标是让这个混淆矩阵尽可能地接近一个对角矩阵。

注意　但当分类结果完全是一个对角矩阵时，应分析一下模型是不是发生了过拟合。

8.5 费希尔判别和支持向量机

费希尔判别和支持向量机在本质上都是求函数的极值问题，涉及凸优化理论。

8.5.1 费希尔判别

费希尔判别分析由英国统计学家 R. A. 费希尔（R. A. Fisher）提出。它又名线性判别分析（Linear Discriminant Analysis，LDA）。LDA 在模式识别领域（如人脸识别、舰艇识别等图形图像识别领域）中有非常广泛的应用。LDA 是一种监督学习的降维技术，也就是说它可以同时实现降维和分类两个操作。LDA 的思想是：给定训练样本集，设法将样本投影到一条直线上，使得同类样本的投影点尽可能接近、异类样本的投影上尽可能远离；在对新样本进行分类时，将其投影到同样的这条直线上，再根据投影点的位置来确定新样本的类别。如图 8.11 所示是一个 LDA 的投影效果。

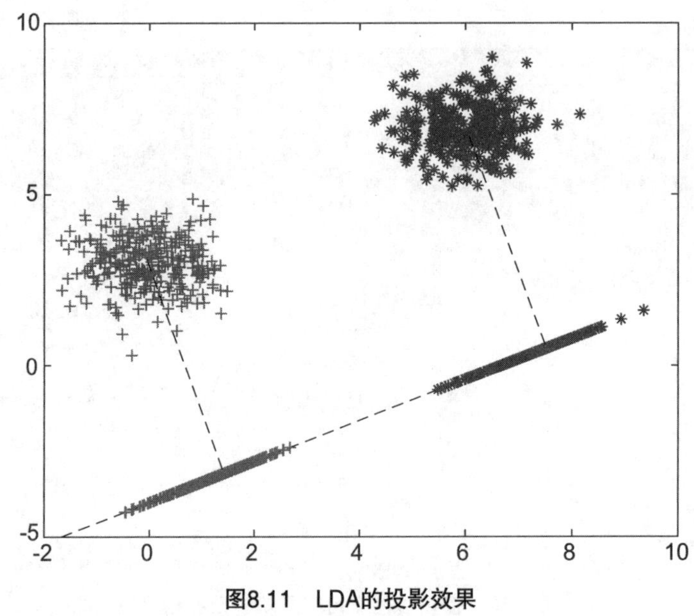

图8.11 LDA的投影效果

假设有两类二维数据，如图 8.11 所示，现将这些数据投影到一维直线上，让每一种类别数据的投影点尽可能接近，而不同类别数据的投影点尽可能远离。从图中可以看出，两类数据的分布较为集中，且类别之间的距离明显。以上就是 LDA 的主要思想。当然在实际应用中，数据的类别通常有多个，数据特征往往也超过二维，投影后结果也一般不是直线而是一个低维的超平面。

线性判别分析的步骤如下。

（1）对于给定有标签数据集 (x_i, y_i)，计算出均值 $(\boldsymbol{\mu}_i)$ 和协方差 $(\boldsymbol{\Sigma}_i)$。

（2）将数据投影到直线 $y=\boldsymbol{w}^{\mathrm{T}}\boldsymbol{X}$ 使均值和协方差变为 $\boldsymbol{w}^{\mathrm{T}}\boldsymbol{\mu}_i$ 和 $\boldsymbol{w}^{\mathrm{T}}\boldsymbol{\Sigma}_i\boldsymbol{w}$。

（3）让类内差别 $\boldsymbol{w}^{\mathrm{T}}\boldsymbol{\Sigma}_i\boldsymbol{w}$ 尽量小，类间差别 $\left\|\boldsymbol{w}^{\mathrm{T}}\boldsymbol{\mu}_0-\boldsymbol{w}^{\mathrm{T}}\boldsymbol{\mu}_1\right\|$ 尽可能大，列出目标函数：

$$\boldsymbol{J}=\frac{\boldsymbol{w}^{\mathrm{T}}(\boldsymbol{\mu}_0-\boldsymbol{\mu}_1)^{\mathrm{T}}(\boldsymbol{\mu}_0-\boldsymbol{\mu}_1)\boldsymbol{w}}{\boldsymbol{w}^{\mathrm{T}}(\boldsymbol{\Sigma}_0+\boldsymbol{\Sigma}_1)\boldsymbol{w}}$$

（4）记 $\boldsymbol{S}_w=\boldsymbol{\Sigma}_0+\boldsymbol{\Sigma}_1$，$\boldsymbol{S}_b=(\boldsymbol{\mu}_0-\boldsymbol{\mu}_1)^{\mathrm{T}}(\boldsymbol{\mu}_0-\boldsymbol{\mu}_1)$，那目标函数就变成了一个广义瑞利商 $\boldsymbol{J}=\dfrac{\boldsymbol{w}^{\mathrm{T}}\boldsymbol{S}_b\boldsymbol{w}}{\boldsymbol{w}^{\mathrm{T}}\boldsymbol{S}_w\boldsymbol{w}}$，于是问题等价于一个凸优化问题，再将分母规约得到：

$$\begin{gathered}\min-\boldsymbol{w}^{\mathrm{T}}\boldsymbol{S}_b\boldsymbol{w}\\ s.t.\boldsymbol{w}^{\mathrm{T}}\boldsymbol{S}_w\boldsymbol{w}=1\end{gathered}$$

利用拉格朗日法求解，可以得到 $\boldsymbol{w}=\boldsymbol{S}_w^{-1}(\boldsymbol{\mu}_0-\boldsymbol{\mu}_1)$。实际操作中，我们还会对 $\boldsymbol{S}_w$ 进行 SVD。

对上面的代数优化进行编程，可以得到LDA的投影直线方程与解析式。

```
%设置参数准备生成数据集
mu1=[0 3];
sigma1=[0.5 0;
        0 0.5];
c1=mvnrnd(mu1,sigma1,300);
mu2=[6 7];
sigma2=[0.9 0;
        0 0.1];
c2=mvnrnd(mu2,sigma2,300);
%观测量
n1=size(c1,1)
n2=size(c2,1)
N=n1+n2
%实际均值
mu1=mean(c1) % eq. (18)
mu2=mean(c2) % eq. (18)
%平均
mu=((n1/N)*mu1+(n2/N)*mu2) % eq. (18)
%中心化
d1=c1-repmat(mu1,size(c1,1),1)
d2=c2-repmat(mu2,size(c2,1),1)
%计算SW
s1=d1'*d1 ;s2=d2'*d2;sw=s1+s2;
invsw=inv(sw) ;
sb1=n1*(mu1-mu)'*(mu1-mu) ;sb2=n2*(mu2-mu)'*(mu2-mu) ;
SB=sb1+sb2 ;
v=invsw*SB ;
[evec,eval]=eig(v) ;
y1=c1*evec(:,2) ;
y2=c2*evec(:,2) ;
```

运行上面的代码，得到的最大特征值所对应的特征向量就是映射的权向量。其实，特征向量方法与PCA有异曲同工之妙，y1和y2就是映射出来的结果。当然，MATLAB中也有集成方法。

```
load fisheriris
MdlLinear = fitcdiscr(meas,species);
meanmeas = mean(meas);
meanclass = predict(MdlLinear,meanmeas)
```

最终输出的预测结果是“versicolor”。当然，predict的过程也可以输入一个数组。

8.5.2 支持向量机

支持向量机是基于线性可分情况下的最优分类面提出的。所谓最优分类，就是要求分类线将两类样本正确地分开，而且使两类样本之间的分类间隔最大。推广到高维空间，最优分类线就成为最优分类面。

图 8.12 中所示的是两类样本之间如何用一个最优分割超平面去切分两类样本的范围。这条直线到最近的一个浅色点和最近的一个深色点的距离之和最大。

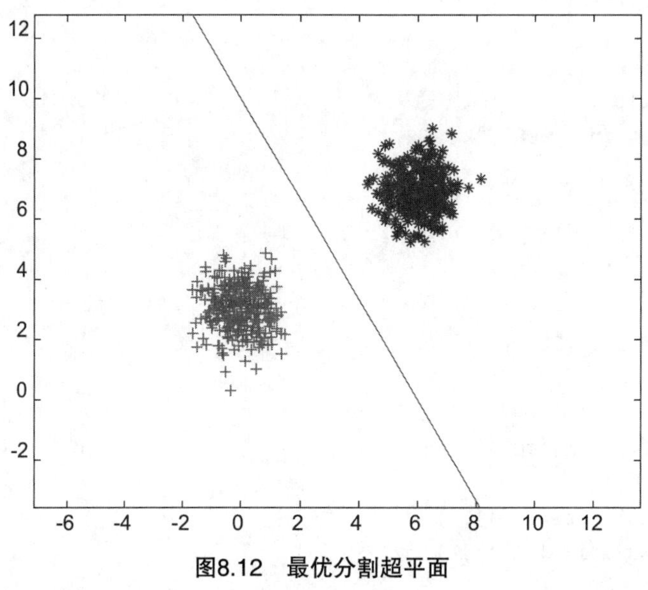

图8.12 最优分割超平面

那么，在二分类问题（暂且以二分类为例）中就是找到两个平行的分割超平面。这两个分割超平面应能够接近浅色和深色的边界。

$$H_1 : \boldsymbol{w}^{\mathrm{T}}\boldsymbol{x} + b = +1$$

$$H_2 : \boldsymbol{w}^{\mathrm{T}}\boldsymbol{x} + b = -1$$

超平面不一定是平面或者直线，它是指几维欧几里得空间中余维度等于 1 的线性子空间。设两个超平面之间的间距为 $\gamma = \frac{2}{\|\boldsymbol{w}\|}$，则可以导出来一个凸优化问题：

$$\min_w \frac{\|\boldsymbol{w}\|^2}{2}$$

$$\text{s.}t.y_i(\boldsymbol{w}^{\mathrm{T}}\boldsymbol{x}_i + b) \geqslant 1$$

注意

超平面或者说支持向量本质上是一个线性方程。

在实际操作中往往很难找到合适的核函数使训练集在特征空间中线性可分，即使找到了合适的核函数，也很难判断是不是由于过拟合造成的。就是说，不能刻意要求所有的变量都线性可分，只能说正确分类绝大部分数据，而允许一小部分极端分子被错误分类。这就是为什么要引入软间隔的概念。

软间隔与正则化十分相似，加入一些松弛变量模型就变成了：

$$\min_{w}\frac{\|\boldsymbol{w}\|^2}{2}+C\sum_{i=1}^{n}\xi_i$$
$$s.t. y_i(\boldsymbol{w}^{\mathrm{T}}\boldsymbol{x}_i+b)\geqslant 1-\xi_i$$

支持向量机曾一度掀起了机器学习的浪潮，其原因就在于核方法的引入。核方法能够使数据由低维映射至高维，让形如异或问题这样的线性不可分问题得到解决。常用的核函数类型及其形式如表 8.2 所示。

表 8.2　常用的核函数及其形式

核函数类型	核函数形式
线性	$k(x_i,x_j)=\boldsymbol{x}_i^T\boldsymbol{x}_j$
多项式	$k(x_i,x_j)=(a\boldsymbol{x}_i^T\boldsymbol{x}_j+b)^r$
高斯	$k(x_i,x_j)=\exp-\frac{\|\boldsymbol{x}_i-\boldsymbol{x}_j\|^2}{2\sigma^2}$
拉普拉斯	$k(x_i,x_j)=\exp-\frac{\|\boldsymbol{x}_i-\boldsymbol{x}_j\|}{\sigma}$
sigmoid	$k(x_i,x_j)=\tanh(a\boldsymbol{x}_i^T\boldsymbol{x}_j+b)$

非线性问题往往不好求解，但我们可以采用非线性变换，将非线性问题变换成线性问题。

具体方法就是将训练样本从原始空间映射到一个更高维的空间，使得样本在这个空间中线性可分。如果原始空间的维数是有限的，即属性是有限的，那么一定存在一个高维特征空间是样本可分的。

将训练样本通过核方法映射到高维空间后的特征向量代替原始特征向量 X，就可以得到新的超平面形式 $y=w^TK(X)+b$，并且很容易发现这是一个典型的凸优化问题，所以可以使用拉格朗日法来求解。先不考虑核化，引入一系列拉格朗日乘子以后问题可以变形成：

$$L(\boldsymbol{w},b,\alpha)=\frac{1}{2}\|\boldsymbol{w}\|^2+\sum_{i=1}^{2}\alpha_i(1-y_i(\boldsymbol{w}^{\mathrm{T}}\boldsymbol{x}_i+b))$$

对目标函数求偏导就等于：

$$\begin{cases}\dfrac{\partial L}{\partial b}=\sum\limits_{i=1}^{n}\alpha_i y_i\\ \dfrac{\partial L}{\partial w}=\boldsymbol{w}-\sum\limits_{i=1}^{n}\alpha_i y_i x_i\end{cases}$$

解方程然后代入，将 $\boldsymbol{w}$ 和 b 消掉就只剩下了拉格朗日乘子：

$$\max_{\alpha}\sum_{i=1}^{n}a_i-\frac{1}{2}\sum_{i=1}^{n}\sum_{j=1}^{n}\alpha_i\alpha_j y_i y_j x_i x_j$$

$$s.t.\sum_{i=1}^{n}\alpha_i y_i=0,\alpha_i\geqslant 0,i=1,2,\cdots,n$$

整个过程的 KKT 条件就是:

$$\begin{cases}\alpha_i\geqslant 0\\ y_i f(x_i)-1\geqslant 0\\ \alpha_i(y_i f(x_i)-1)=0\end{cases}$$

当训练完成后，大部分样本不需要保留，最终模型只与支持向量有关。如果经过了核化，就把目标函数变成:

$$\max_{\alpha}\sum_{i=1}^{n}\boldsymbol{a}_i-\frac{1}{2}\sum_{i=1}^{n}\sum_{j=1}^{n}\alpha_i\alpha_j y_i y_j k(x_i,x_j)$$

这个问题的变量太多，用传统的优化算法很难求解，可以用序列最小优化算法（SMO）来求解。SMO 算法可用于解决支持向量机训练过程中所产生的优化问题，可以简记为 $\alpha_i y_1+\alpha_2 y_2=\delta$，反代入:

$$W=\alpha_1+\alpha_2-\frac{1}{2}K_{11}\alpha_1{}^2-\frac{1}{2}K_{22}\alpha_2{}^2-y_1y_2\alpha_1\alpha_2K_{12}-y_1\alpha_1v_1-y_2\alpha_2v_2+C_0$$

然后这一凸优化问题转化为求导问题就可以解出来了。求出来两个以后再换组合，将这些乘子逐一击破。

对于一般的回归问题，给定训练样本，希望学习到一个 f(x) 使得其与 y 尽可能接近，$\boldsymbol{w}$，b 是待确定的参数。支持向量回归假设能容忍 f(x) 与 y 之间最多有 ε 的偏差，当且仅当 f(x) 与 y 的差别绝对值大于 ε 时，才计算损失。这相当于以 f(x) 为中心，构建一个宽度为 2 ε 的间隔带，若训练样本落入此间隔带，则认为预测正确。

支持向量回归的模型形式为

$$\frac{\|\boldsymbol{w}\|^2}{2}+C\sum_{i=1}^{n}l_\epsilon(f(x_i)-y_i)$$

其中 $l_\epsilon(x)=\begin{cases}0(x\leqslant\epsilon)\\(|x|-\epsilon)(x>\epsilon)\end{cases}$。求解时，先引入松弛变量然后引入拉格朗日乘子再进行对偶比较。具体过程这里就不展开了，直接给出最后的模型形式:

$$f(x)=\sum_{i=1}^{n}(\widehat{\alpha_i}-\alpha_i)x_i^T x+b$$

$$b=y_i+\epsilon-\sum_{i=1}^{n}(\widehat{\alpha_i}-\alpha_i)x_i^T x$$

支持向量机是很复杂的一套优化理论。近年来还出现了半监督 SVM、Few-shot Learning 与 SVM

结合等研究，有兴趣的读者可以进行深入了解。下面我们对 SVM 进行调参并可视化其核函数，代码如下。

```
    rng default
    %生成数据
    grnpop = mvnrnd([1,0],eye(2),10);
    redpop = mvnrnd([0,1],eye(2),10);
    plot(grnpop(:,1),grnpop(:,2),'go')
    hold on
    plot(redpop(:,1),redpop(:,2),'ro')
    hold off
    redpts = zeros(100,2);grnpts = redpts;
    for i = 1:100
        grnpts(i,:) = mvnrnd(grnpop(randi(10),:),eye(2)*0.02);
        redpts(i,:) = mvnrnd(redpop(randi(10),:),eye(2)*0.02);
    end
    figure
    plot(grnpts(:,1),grnpts(:,2),'go')
    hold on
    plot(redpts(:,1),redpts(:,2),'ro')
    hold off
    cdata = [grnpts;redpts];
    grp = ones(200,1);
    %绿色点代表1，红色点代表-1
    grp(101:200) = -1;
    c = cvpartition(200,'KFold',10);
    opts = struct('Optimizer','bayesopt','ShowPlots',true,'CVPartition',c,...
        'AcquisitionFunctionName','expected-improvement-plus');
    svmmod = fitcsvm(cdata,grp,'KernelFunction','rbf',...
        'OptimizeHyperparameters','auto','HyperparameterOptimizationOptions',opts)
    lossnew = kfoldLoss(fitcsvm(cdata,grp,'CVPartition',c,'KernelFunction','rbf',...
        'BoxConstraint',svmmod.HyperparameterOptimizationResults.XAtMinObjective.
BoxConstraint,...
        'KernelScale',svmmod.HyperparameterOptimizationResults.XAtMinObjective.
KernelScale))
    d = 0.02;
    [x1Grid,x2Grid] = meshgrid(min(cdata(:,1)):d:max(cdata(:,1)),...
        min(cdata(:,2)):d:max(cdata(:,2)));
    xGrid = [x1Grid(:),x2Grid(:)];
    [~,scores] = predict(svmmod,xGrid);
    figure;
    h = nan(3,1);
    h(1:2) = gscatter(cdata(:,1),cdata(:,2),grp,'rg','+*');
    hold on
    h(3) = plot(cdata(svmmod.IsSupportVector,1),...
        cdata(svmmod.IsSupportVector,2),'ko');
```

```
contour(x1Grid,x2Grid,reshape(scores(:,2),size(x1Grid)),[0 0],'k');
legend(h,{'-1','+1','Support Vectors'},'Location','Southeast');
axis equal
hold off
```

最终的核函数拟合形式如图 8.13 所示。

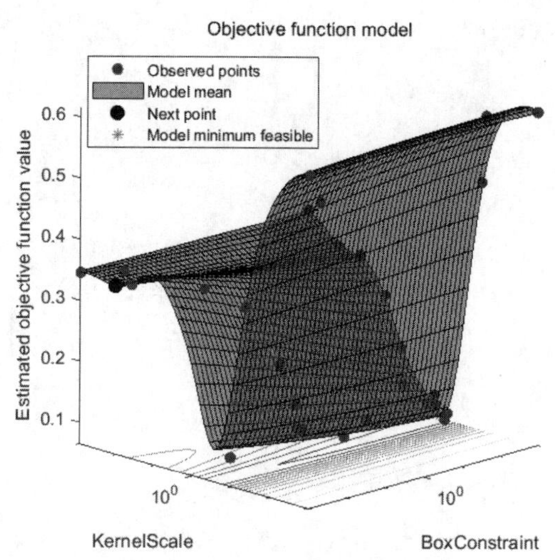

图8.13 核函数的拟合形式

SVM 用于分类的函数为 fitcsvm，其使用方法与其他机器学习函数类似：将生成的样本进行决策边界的可视化，绘制支持向量（也就是超平面）和训练迭代曲线，如图 8.14 所示。

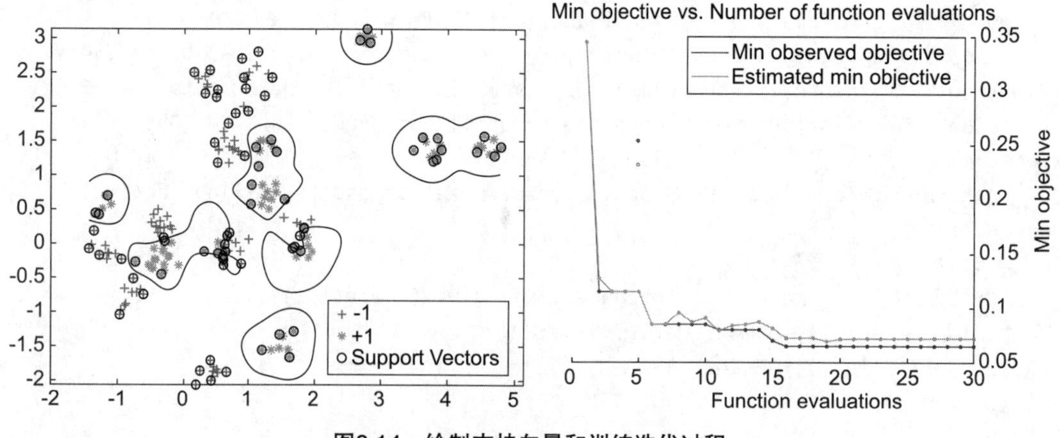

图8.14 绘制支持向量和训练迭代过程

从图 8.14 中可以看到，决策的边界还是比较精确的，序贯优化到第 15 轮左右就收敛了。这也是 SVM 的特点，即能够非常精准地划分边界，即使是样本数极少，也能为它们单独分配边界。

SVM 不适合特征维度过高的数据。因为在经过核化升维后本来就稀疏的数据会变得更稀疏，如果数据在欧几里得空间中存在流形的情况（如瑞士卷数据集），将会造成严重的维度灾难。克服维度灾难问题的主要解决方案之一是高维降维。

8.6 神经网络与神经网络工具箱

神经网络是一种非常有效的挖掘数据的手段，它不仅适用于监督学习，还适用于无监督学习，更是大规模数据处理和技术应用的基础。神经网络一般包含两个大类：一是生物神经网络，二是人工神经网络。这里主要讨论人工神经网络。

8.6.1 神经网络

神经网络主要包括生物神经网络和人工神经网络（Artificial Neural Network，ANN）。人工神经网络是指一种模仿生物神经网络（如动物的中枢神经系统、特别是大脑）结构和功能的数学模型或计算模型，用于对函数进行估计或近似。典型的人工神经网络由输入层、隐藏层和输出层组成。这里的神经网络是指人工神经网络。人工神经网络是一个非常强大的模型，正是由于它的存在，才有了今天的深度学习。

图 8.15 所示是一个人工神经网络的结构图。

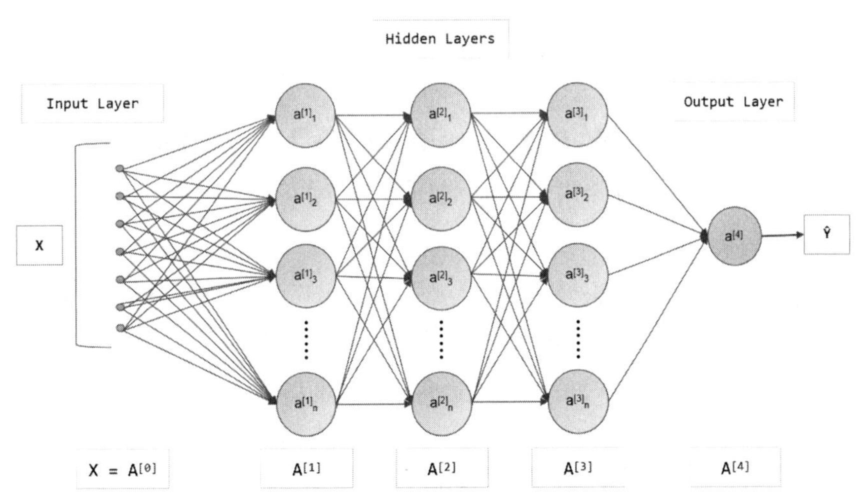

图8.15 人工神经网络的结构图

如图 8.15 所示，对于任意相邻的两层而言，前一层的任意一个神经元与后一层的任意一个神经元之间都有连接，这个连接用一个权重表示。如果上一层有 m 个神经元，下一层有 n 个神经元，

那么权值就有 mn 个，可以排成一个矩阵。加上偏置项，一个数据信息在两层之间的传播实际上就是一个线性方程 $y_n(\boldsymbol{X})=\boldsymbol{W}_n\boldsymbol{X}+\boldsymbol{b}$。在神经网络中，还有一个很重要的成分叫作激活函数。激活函数只有通过线性变换的数据映射成一个新的变量才能作为响应，然后再反馈给下一层。常用的激活函数有 sigmoid、tanh、softmax、ReLU 。

在两层之间的过程中，数据会经过线性映射和激活函数的处理，然后输出到下一层。

任意相邻两层神经元的关系可以表示为一个复合函数：

$$\boldsymbol{X}_n = f_n(\boldsymbol{W}_n\boldsymbol{X}_{n-1} + \boldsymbol{b}_n)$$

在基本的模型搭建完成后，训练阶段所要做的就是完成模型参数的学习。由于人工神经网络具有多层结构，直接使用梯度下降法来训练模型参数变得非常困难，因此可以使用误差反向传播算法。误差反向传播是一种非常行之有效的更新算法，它通过计算损失函数相对于各层网络连接权重的梯度来更新网络权重，这一过程可以逐步减少通过损失函数所定义的响应误差。

后向传播算法是一种基于梯度下降法的优化算法，其原理类似于在线性回归和逻辑回归中对损失函数求导的过程。由于神经网络的结构比线性回归和逻辑回归模型更加复杂，直接求导比较困难。从作用原理出发，对于神经网络中的人工某一层而言，权值 w_{ij} 先影响对应的输入值 β_j，然后影响输出值 $\hat{y}_j$，从而影响损失函数 E。那么，可以进行一个链式求导的过程：

$$\frac{\partial E}{\partial w_{ij}} = \frac{\partial E}{\partial \widehat{y_j}} \frac{\partial \widehat{y_j}}{\partial \beta_j} \frac{\partial \beta_j}{\partial w_{ij}}$$

值得注意的是，最后一项本质上是上一层网络的输出，这样本层的损失与上一层的输出就建立了关系。另外，将损失函数对输入层求微分：

$$\frac{\partial E}{\partial x} = \frac{\partial E}{\partial y_n} \frac{\partial y_n}{\partial y_{n-1}} \cdots \frac{\partial y_1}{\partial x}$$

可以看到，损失函数在某一层的梯度微分本质上还是和上一层的输出有关。误差项通过这个方程实现了后向传播。通过不断地迭代和训练，权重系数等参数会逐渐稳定下来，最终达到逼近的目的。

注意　训练过程是一个迭代的过程，需要不断迭代和更新权重。因此，它需要消耗大量的时间和算力。如果真正从事深度学习研究，需要配置较好的显卡来支持训练过程。

深度学习是机器学习的一个分支，其表现力优于传统的机器学习。深度学习可以理解为传统神经网络的发展。传统的机器学习方法虽然高效，但它们过于注重“算法”这一充满智慧与技巧的部分，而对数据本身没有太多深入的研究。当处理一些海量高维数据集时，传统机器学习方法的表现并不理想，尤其是在图像处理方面。而深度学习的提出恰好弥补了这一缺陷。

那深度学习中的“深度”指的是什么？在神经网络中，如果增加层级结构，将更多的隐藏层添加进神经网络，这个神经网络的“深度”就会增加，效果也会变好一些。这就是为什么它被称为深度学习。然而，一个显著的问题是，随着网络层级的增加，参数数量会呈指数级增长。

下面用一个简单的例子来介绍神经网络的最基本用法，该案例的输入为 MATLAB 中自带的人体脂肪数据集样例。

```
load bodyfat_dataset;
x = bodyfatInputs;
t = bodyfatTargets;
%'trainlm' Levenberg-Marquard的误差后向传播应用最广，训练方法速度最快        .
%'trainbr' 贝叶斯优化方法，时间略长，更适合处理复杂函数        .
%'trainscg' 占存更小        .
trainFcn = 'trainlm';
%构造双层网络架构，一层为20，一层为10
hiddenLayerSize = [20 10];
net = fitnet(hiddenLayerSize,trainFcn);
%数据集切分
net.divideParam.trainRatio = 70/100;
net.divideParam.valRatio = 15/100;
net.divideParam.testRatio = 15/100;
%训练网络
[net,tr] = train(net,x,t);
%测试效果
y = net(x);
e = gsubtract(t,y);
performance = perform(net,t,y)
%数据可视化
view(net) %结构
figure, plotperform(tr) %损失收敛
figure, ploterrhist(e) %误差分布
figure, plotregression(t,y) %回归线
```

大家可以自行运行上面的代码，观察模型的训练效果。训练效果也可以在 8.6.3 小节中看到。

8.6.2 长短期记忆神经网络

长短期记忆神经网络（LSTM）由瑟普·霍赫赖特（Sepp Hochreiter）和尤尔根·施米德胡贝（Jürgen Schmidhuber）提出，并被费利克斯·耶尔斯（Felix Gers）等人改进。它在 RNN 的基础上引入了遗忘门。RNN 可以看作是同一结构的反复迭代，每次迭代的结果都会被传递到下一个值进行再处理。当 RNN 展开时，可以将其视为一个具有相同权值在不同时间步上重复使用的神经网络结构。虽然 RNN 的目的是学习长期的依赖性，但理论和实践经验表明其很难学习并长期保存信息。LSTM 则是对 RNN 的改进，是一种特殊的 RNN 模型，被广泛地应用于文本预测、时间序列预测等领域。

> **注意** RNN 本质上是以历史前一项或前几项作为自变量，通过线性回归后用 tanh 激活函数进行非线性处理，从而产生当前时间步的输出。所以本质上还是上一章讲到的“历史预测未来”的思想。

LSTM 网络与普通 RNN 一样，都有重复的单元结构。但不同的是，传统的普通 RNN 单元只有比较简单的网络结构，而 LSTM 的单元由三个不同的门组成：输入门、输出门和遗忘门。LSTM 的基本架构如图 8.16 所示。

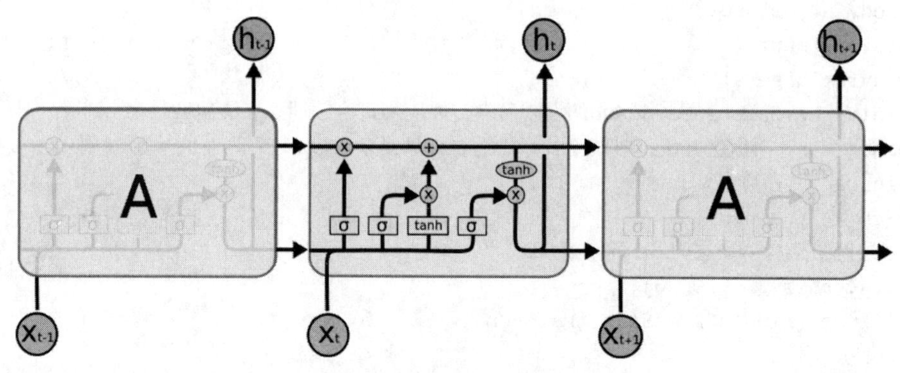

图8.16 LSTM单元的基本架构

图 8.16 最上方的 c_{t-1} 到 c_t 的总线贯穿始终，是整个 LSTM 的核心。在总线的下方是三个门，从左到右分别为遗忘门、输入门和输出门。

遗忘门的作用是选择性地遗忘接收的信息，并主动调节不同位置信息的作用大小。对此，有：

$$f_t = \sigma(W_f(h_{t-1}, x_t) + b_f)$$

输入门的作用是更新单元的状态，将新的信息有选择性地输入来代替被遗忘的信息，并生成候选向量 $\boldsymbol{C}$。下面的方程解释了输入门生成的候选向量：

$$i_t = \sigma(W_i(h_{t-1}, x_t) + b_i)$$
$$\boldsymbol{C} = \tanh(W_C(h_{t-1}, x_t) + b_C)$$

输出门可以给出结果，同时将先前的信息保存到隐藏层中去。同样，有：

$$o_t = \sigma(W_o(h_{t-1}, x_t) + b_o)$$
$$c_t = f_t \cdot c_{t-1} + i_t \cdot \boldsymbol{C}$$
$$h_t = o_t \cdot \tanh(c_t)$$

可以看到，LSTM 宏观上是关于 x_{t-1} 和 x_t 的函数，但是由于多了门控单元对长期信息和短期信息采用不同的处理模式，使网络能够对先前的长期信息保持一定的记忆，从而克服了传统 RNN 只能对先前的短期数据进行计算的缺点。

8.6.3 神经网络工具箱

神经网络的工具箱有很多，除了神经网络分类、回归、神经网络时间序列、神经网络聚类（尽管不推荐用于聚类任务），还有深度学习模型设计的工具包。

这里首先介绍分类工具箱的用法。

如图 8.17 所示是神经网络分类工具箱导入数据的界面。这里使用的是 MATLAB 自带的鸢尾花数据集，当然也可以从 MAT 文件或工作区导入。导入数据后，选择以列作为变量还是行作为变量，再一步步往下操作就可以了。这里我们需要设置一下网络的隐藏层，如图 8.18 所示。

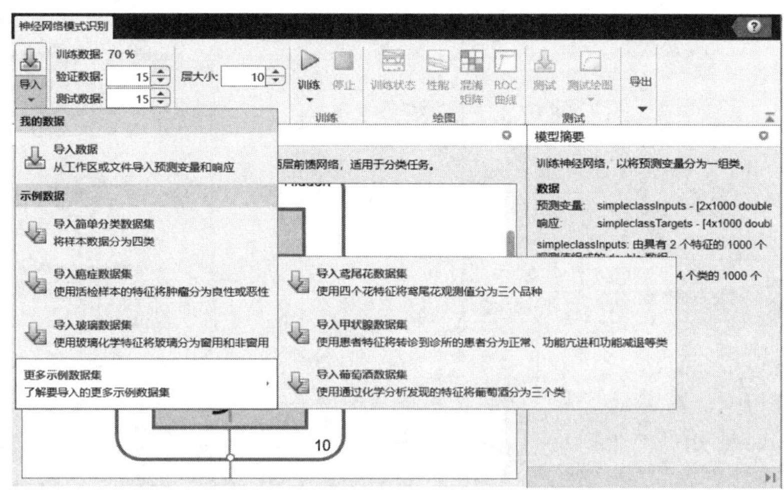

图8.17　神经网络分类工具箱导入数据

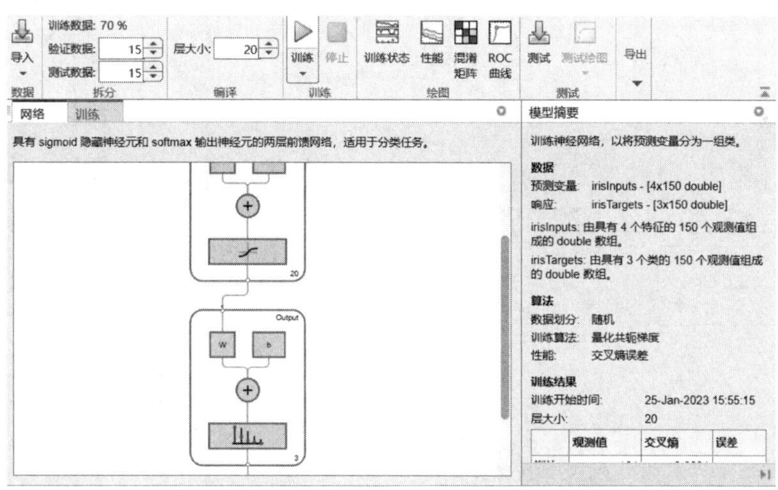

图8.18　设置隐藏层

图 8.18 中的神经网络只有一个隐藏层。在只有一个隐藏层的情况下，我们只需要设置隐藏层的神经元个数。

> **注意**　一层隐藏层，对于简单的分类任务其实足够了，通常也能取得不错的效果。

接下来，就可以利用数据集进行训练了。这里我们将前面肥胖数据集的效果用神经网络工具箱展示出来，如图 8.19 所示。

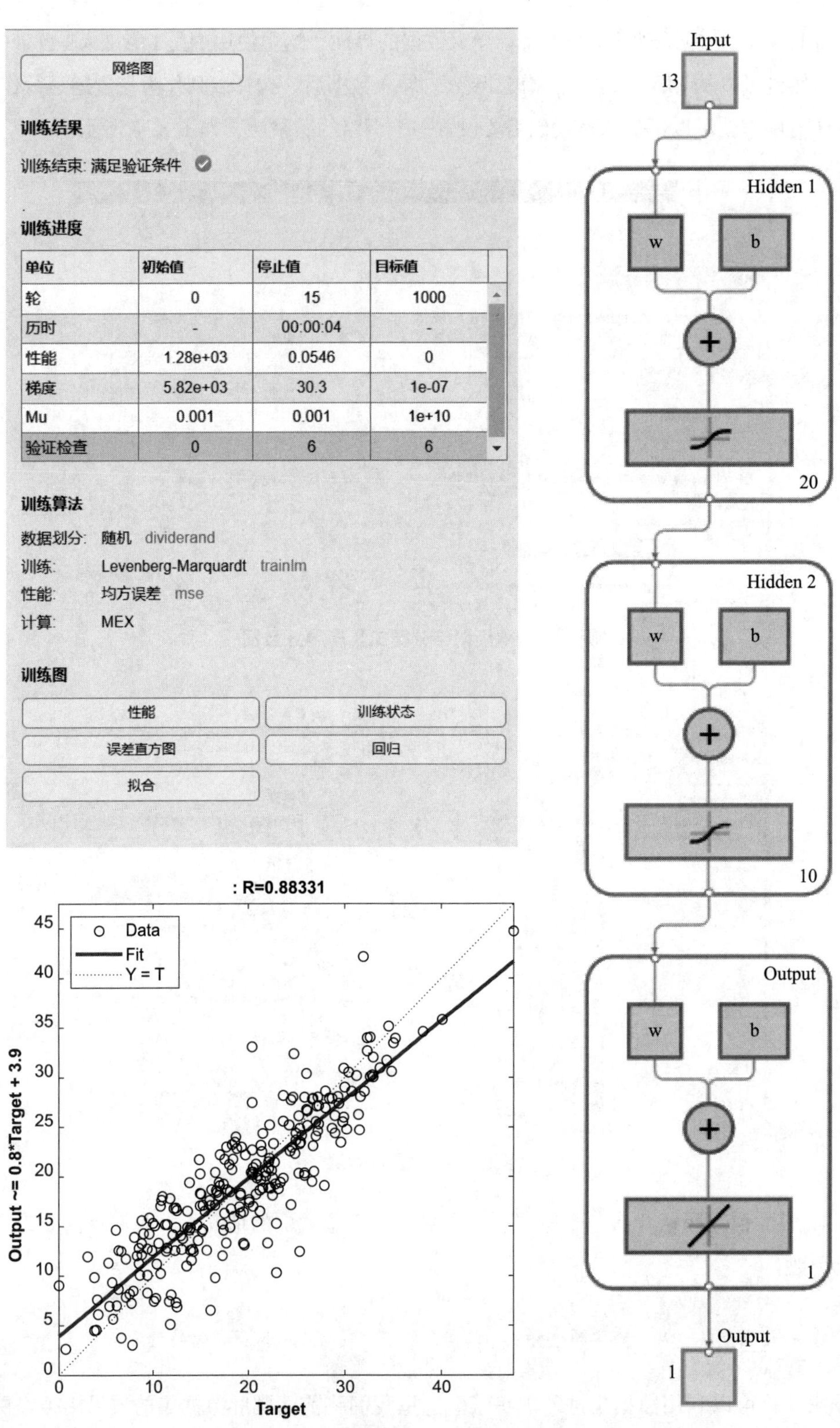

图8.19　神经网络分类工具箱训练及其效果

从图 8.19 可以看到，经过 15 轮迭代模型迅速收敛，整个训练过程耗时不到 1 秒，并行化计算的速度还是非常不错的。此外，相关的评价图表如交叉熵损失、误差直方图、混淆矩阵和拟合曲线等都可以通过单击按钮来输出。

除了分类工具箱之外，另一个常用的工具箱是深度学习工具箱。这个工具箱包含的层种类有很多，可以处理图像、文本、时间序列等数据类型，其最大的好处是可以用拖拽式设计来设计网络结构并进行模型训练。如图 8.20 所示是一个用深度学习工具箱设计的神经网络。

图 8.20 中的网络设计都采用的是拖拽式设计方法，非常方便，类似于搭积木，非常适用于嵌入式神经网络模型开发。

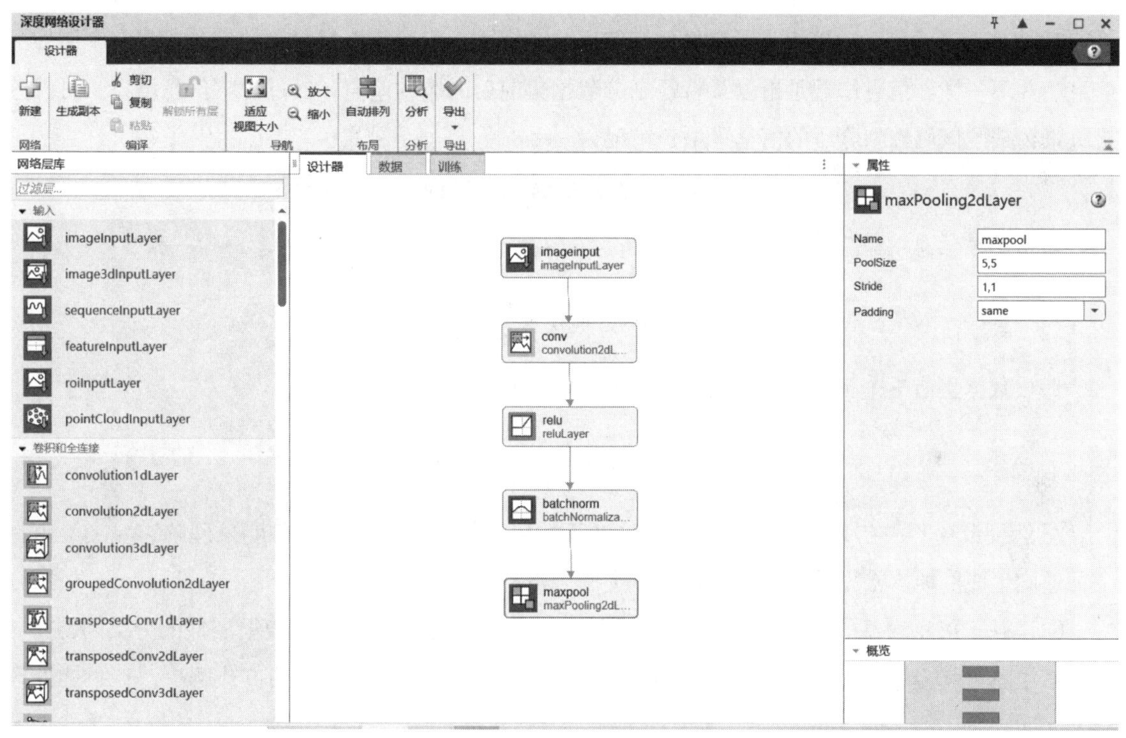

图8.20　使用深度学习工具箱设计神经网络

8.7 决策树

决策树是指一种利用树状数据结构来进行分类或回归的算法。决策树的原理是将决策问题的自然状态或条件出现的概率、行动方案、益损值、预测结果等，用一个树状图表示出来，并用该图来反映人们思考、预测、决策的全过程。

8.7.1 决策树的相关概念

与决策树相关的一个重要概念是信息熵。如果样本集合 S 一共可以划分为 k 个类，每个类的概率是 p_k，那么信息熵的定义为

$$E(S) = -\sum_{i=1}^{k} p_k \log p_k$$

如果按照某一个属性 A 将数据集 S 划分成 v 个子集，那么属性 A 的信息熵为

$$E(S,A) = \sum_{i=1}^{v} \frac{|A_i|}{|S|} E(A_i)$$

数据集本身的 k 个类是按照因变量的标签进行排序的，所以数据集整体的信息熵与每个属性的信息熵并不一样。信息增益是指以某特征划分数据集前后的熵的差值，通过计算信息增益，可以分析决策树按照该属性划分后的信息量增长情况：

$$\text{Gain}(A) = E(S) - E(S,A)$$

增益率是信息增益与信息熵的比值：

$$\text{GainRatio}(A) = \frac{\text{Gain}(A)}{E(S,A)}$$

假设数据集有 n 个类，第 k 类的概率是 p_k，定义基尼指数：

$$\text{GINI}(S) = 1 - \sum_{i=1}^{n} p_k^2$$

虽然决策树不一定是一棵二叉树，但这并不妨碍我们从数据结构的角度来理解它。决策树是一种递归生成的树，常见的决策树有以下三类。

（1）基于信息增益的 ID3 决策树，是最简单的决策树算法，只能处理离散属性的分类问题。

（2）基于增益率的 C4.5 决策树，能够处理连续属性，通过阈值划分的方式解决，但只能处理分类问题。

（3）基于基尼指数的 CART 决策树，开始能够处理回归问题。

决策树最大的问题是可能发生过拟合。为了降低过拟合，可以采用剪枝的方法。剪枝分为预剪枝和后剪枝两种方法。预剪枝就是在训练模型之前先估计哪些地方的子树应该被剪掉，而后剪枝则是自底而上先生成完毕再去判断是否应该剪掉某个分支。预剪枝的停止准则包括树的深度限制、叶子节点的数目限制、准确度限制等。其缺点是预剪枝过程中可能会过度剪枝，导致欠拟合的问题。而后剪枝方法的主要缺点是其训练时间开销较大。

8.7.2 决策树的生成

不同决策树的生成过程也不尽相同。

（1）ID3 决策树是以信息增益作为评价准则的。它要求自变量必须全部为离散属性，且仅适用于分类问题。ID3 决策树的生成过程如下。

- 创建根节点，确定属性是什么。
- 若全部样本都是一类，那它们将全部落在叶子节点上，否则根据每个属性计算信息增益，根据最大的信息增益确定划分属性以及划分规则。
- 根据划分属性把属性值不同的样本划到对应边上。
- 根据不同属性的分类准则递归生成决策树。

（2）C4.5 决策树是以增益率作为评价准则的。数据此时可以有连续属性的自变量了，但只能处理分类问题。在本质上，C4.5 是分治策略，它的生成过程如下。

- 将连续数值离散化，创建树。
- 确定连续属性的阈值，计算增益率，确定划分属性。
- 根据划分属性把属性值不同的样本划到对应边上。
- 根据不同属性的分类准则递归生成决策树。

（3）CART 决策树是以基尼指数作为评价准则的。它的使用最广泛，能够处理连续属性，既能用于分类问题又能用于回归问题。CART 决策树通过自顶而下递归生成，结构上 CART 属于二叉树。它的生成过程如下。

- 将连续数值离散化，创建树。
- 确定连续属性的阈值，计算基尼指数增长，确定划分属性，按最小者开始划分，注意要进行二分划分。
- 根据划分属性把属性值不同的样本划到对应边上。
- 根据不同属性递归计算基尼指数增长并划分，最终生成整体决策树。

注意

目前 CART 决策树使用得最为广泛，MATLAB 内置的也是 CART 决策树模型。

如果 CART 决策树处理的是一个回归问题，则回归中的基尼指数为

$$\text{GainGINI} = \sqrt{y_{k1} - \mu_1} + \sqrt{y_{k2} - \mu_2}$$

可以通过下面的例子来熟悉决策树的训练和可视化过程。

```
clc;
load fisheriris  %载入样本数据
t = fitctree(meas,species,'PredictorNames',{'SL' 'SW' 'PL' 'PW'}) %定义4种属性的显示名称
view(t,'Mode','graph') %图形显示决策树结构
```

这一案例是基于前面提到的鸢尾花数据集展开的决策树训练。4 个自变量属性分别被命名为 SL、SW、PL、PW。其可视化图形，如图 8.21 所示。

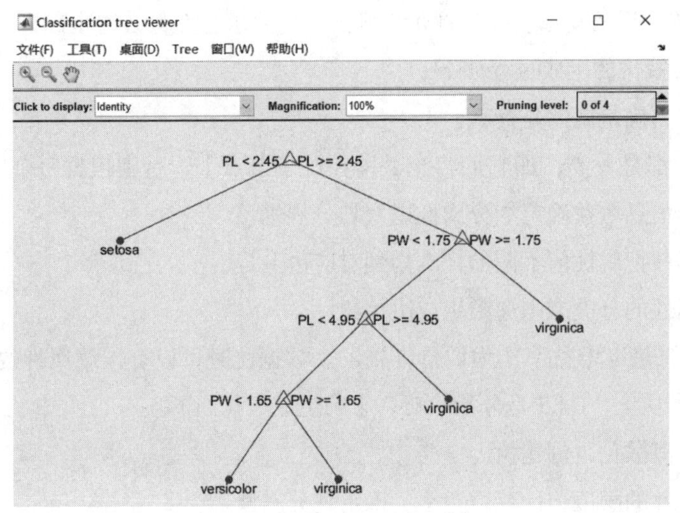

图8.21 决策树结构可视化

从图 8.21 中可以看到，决策树模型其实是一棵很清晰的二叉树，并且只有 PL 和 PW 两个属性在起作用。分类准确率达到了 0.94，非常不错。

8.8 集成学习方法

集成学习通过构建并结合多个学习器来完成学习任务，有时也被称为多分类器系统。集成学习的一般结构为：先产生一组"个体学习器"，再用某种策略将它们结合起来。只包含同种类型的个体学习器的集成称为同质集成。同质集成中的个体学习器称为"基学习器"，相应的算法称为"基学习算法"。包含不同类型的个体学习器的集成称为"异质集成"，异质集成中的个体学习器称为"组建学习器"。

8.8.1 Boosting 系列方法

要获得好的集成，个体学习器应"好而不同"，即个体学习器要有一定的准确性和多样性，且个体学习器间具有差异。

> **注意** 多样性的要求是投票机制，因为需要满足少数服从多数的原则。如果每个基学习器的性能都很好，但每个基学习器出现的错误大体相似，那么集成方法就失去了意义。

AdaBoost 是 Boosting 中的经典算法，其主要应用于二分类问题。AdaBoost 算法能够调整样本权重，从而实现对样本分布的调整，即提高前一轮个体学习器错误分类的样本的权重，而降低那些正确分类的样本的权重，这样就能使错误分类的样本可以受到更多的关注，从而在下一轮中可以正确分类，增大样本的异质性。对于组合方式，AdaBoost采用加权多数表决的方法，即加大分类误差率小的弱分类器的权值，减小分类误差率大的弱分类器的权值，从而调整它们在表决中的作用。

Boosting方法的基学习器必须一个一个生成，后一个在前一个的基础上生成，故又名串行生成。它的工作机制是初始给每个样本赋予一个均衡的权重值 $1/m$，然后训练第一个弱学习器，根据该弱学习器的学习误差率来更新权重值，使该学习器中的误差率高的训练样本的权重值变高。同样，集成学习方法会给出现错误的数据分配更大的权重，从而能够自适应地调整自身的模型结构以在错误数据上获得更好的性能。然后以此方法来依次学习各个弱学习器，直到弱学习器的数量达到预先指定的值为止。最后通过某种策略将这些弱学习器进行整合，得到最终的强学习器。

AdaBoost算法的基本原理是将多个弱分类器（决策树桩或逻辑回归）进行合理的结合，使其成为一个强分类器。它每次迭代只训练一个弱分类器，训练好的弱分类器将参与下一次迭代。第N个弱分类器更可能在前N–1个弱分类器表现不佳的数据集上取得进步，而集成模型的最终分类输出取决于这 N 个弱分类器的综合效果。

AdaBoost算法中有两种权重：一种是数据的权重，另一种是弱分类器的权重。其中，数据的权重主要用于帮助弱分类器寻找其分类误差最小的决策点，找到之后用这个最小误差计算出该弱分类器的权重。弱分类器的权重越大，其在最终决策中的影响力就越大。它会对每个样本赋权值，训练样本是带有标签的，权值代表重要性，可以调整误差。但AdaBoost调整误差的方式并非优化基学习器，而是把错误分类的样本权值变大。这是因为所有的样本都有很高的区分度，对于一个集成学习器来说，基学习器的性能稍弱并不影响整体性能，只要保证集成后的系统性能优良即可。

AdaBoost的输入包括数据集 $D=\{x_i,y_i\}$、基学习器 L 和训练次数 T。通常选择决策树作为基学习器。AdaBoost算法的流程如下。

（1）初始化分布。

（2）如果一个训练轮次 t 还没有达到训练次数上限 T，则训练出在该轮次采样的数据 D_t 对应的统计分布下生成的基学习器。

（3）定义误差数据，为 $\epsilon_t = I(h_t(x_i)!=y_i)$，然后计算出权重：

$$\alpha_t = \frac{1}{2}\ln\frac{1-\epsilon_t}{\epsilon_t}$$

（4）更新分布：

$$D_{t+1}(i) = \frac{D_t(i)}{Z_t}\exp(-\alpha_t y_i h_t(x_i))$$

其中，Z_t 为正则化因子，它的目的是使 D_{t+1} 服从正态分布。

（5）当训练次数未达到上限或精度不达标时，返回步骤（2）继续执行。

注意

AdaBoost由于初始基学习器非常简单，所以算法稳定性也不是很高。

测试 AdaBoost 的代码如下。

```
    load ionosphere; %加载数据，ionosphere是UCI上的一个数据集，具有351个观测、34个特征、二分类标签：good & bad
    ClassTreeEns = fitensemble(X,Y,'AdaBoostM1',100,'Tree'); %利用AdaBoost算法训练100轮，弱学习器类型为决策树，返回一个ClassificationEnsemble类
    rsLoss = resubLoss(ClassTreeEns,'Mode','Cumulative'); %计算误差，Cumulative表示累计误差
    plot(rsLoss); %绘制训练次数与误差关系
    xlabel('Number of Learning Cycles');
    ylabel('Resubstitution Loss');
    Xbar = mean(X); %构造一个新的样本
    [ypredict score] = predict(ClassTreeEns,Xbar) %预测新的样本，利用predict方法
    view(ClassTreeEns.Trained{5}, 'Mode', 'graph') ;%显示训练的弱分类器
```

得到的基学习器和迭代曲线如图 8.22 所示。

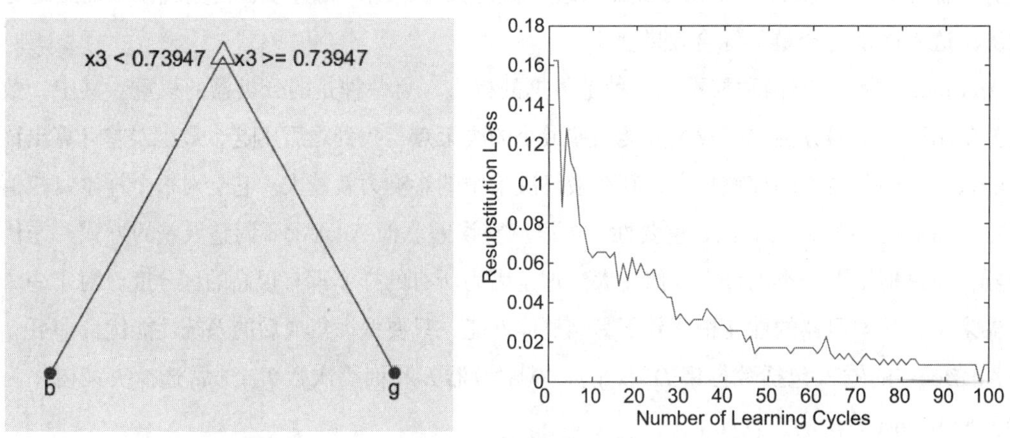

图8.22　由AdaBoost得到的基学习器和迭代曲线

从图 8.22 中可以看到，AdaBoost 算法最初训练的基学习器是一个只有一层的决策树，因此该算法的准确率在迭代曲线中表现得非常不稳定，即振幅相对较大。

8.8.2　Bagging 系列方法

Bagging 是一种个体学习器之间不存在强依赖关系、可同时生成的并行式集成学习方法。它基于自助采样法，即给定包含 m 个样本的数据集，先随机从样本中取出一个样本放入采样集中，再把该样本返回初始数据集，使得下次采样时该样本仍可以被选中，这样经过 m 次随机采样操作，就可以得到包含 m 个样本的采样集，初始数据集中有的样本多次出现，有的则未出现，其中约有 63.2% 的样本出现在采样集中。照上面的方式进行多次操作，将训练得到的基学习器进行组合，即可得到集成学习器。在对输出进行预测时，Bagging 通常对分类使用简单投票法，对回归使用简单平均法。

随机森林是 Bagging 最有代表性的算法。随机森林的名称中有两个关键词：一个是“随机”，另一个是“森林”。“森林”很好理解，一棵叫作树，成千上万棵就叫作森林了，这样的比喻体现了

随机森林的主要思想——集成思想，这里的“随机”是指在生成决策树时随机选择一些属性。一般，决策树在选择划分属性时是从当前节点的所有属性中选择一个最优属性，而在随机森林的基学习器学习过程中，不一定使用所有的属性，而是会从属性集中随机抽取一部分属性，然后从这些抽样出的属性中选择最优的划分属性。

随机森林的优势包括以下几点。

（1）能够处理很高维度的数据。

（2）在训练完成后，可以给出哪些属性比较重要。这一方法也被用于自动化特征工程。

（3）是一种并行化方法，训练速度快。

（4）方便进行可视化展示，便于后续分析。

Bagging 的步骤如下。

（1）从样本集中使用自助采样法采集 n 个样本。

（2）在树的每个节点上，从所有属性中随机选择 k 个属性，然后从这 k 个属性中选择出一个最佳分割属性作为节点，建立决策树，一般 $k=\log_2 d$，d 表示属性的总个数。

（3）重复以上两步 m 次，建立 m 棵决策树。重复的过程可以并行化。

（4）通过简单平均或加权平均形成随机森林。

使用 Bagging 系列算法中的随机森林的 MATLAB 代码如下。

```
load fisheriris
Mdl = TreeBagger(50,meas,species,'OOBPrediction','On','Method','classification')
view(Mdl.Trees{1},'Mode','graph')
figure;
oobErrorBaggedEnsemble = oobError(Mdl);
plot(oobErrorBaggedEnsemble)
xlabel 'Number of grown trees';
ylabel 'Out-of-bag classification error';
```

输出的基学习器和迭代曲线如图 8.23 所示。

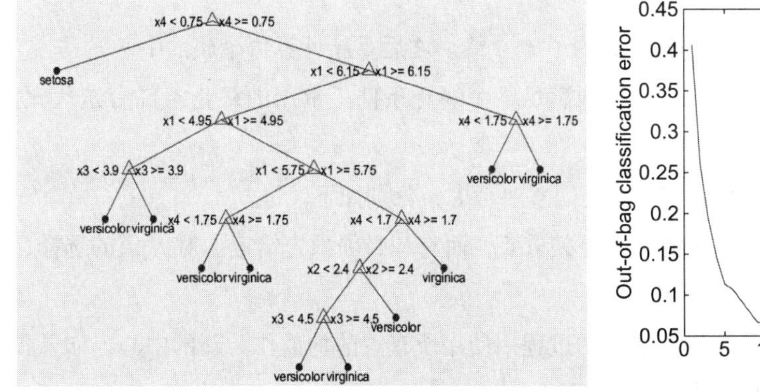

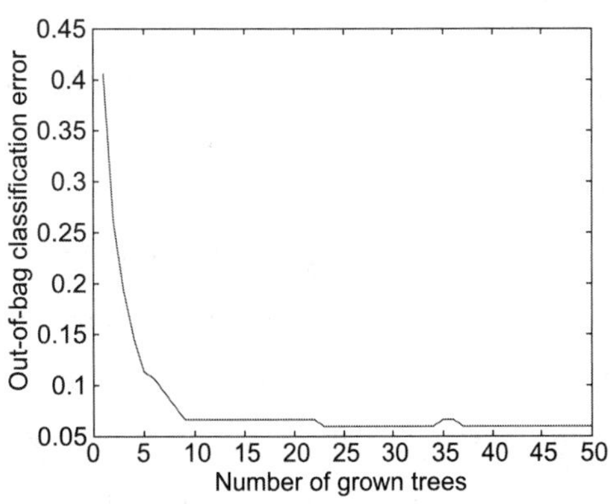

图8.23 随机森林的基学习器和迭代曲线

从图 8.23 中可以看到，每个基学习器的复杂度都差不多，而且由于并行化生成，算法不仅稳定而且收敛更快。但是由于基学习器的复杂度相似，每个基学习器的内存和计算量也相当，这会导致模型参数的空间复杂度相对较高。

注意　在 MATLAB 中除了 AdaBoost 和随机森林算法，集成学习算法都可以通过 fitensemble 函数来实现。目前性能最好的集成学习算法是 XGBoost 算法，它在 Python 和 R 语言中可以很容易地安装。比如，在 Python 中仅需输入 pip install xgboost 就可以获取其安装包。但在 MATLAB 中安装 XGBoost 算法则非常复杂，需要先找它的 .c 和 .h 头文件，然后利用 Visual Studio 或 CMake 将 C 语言文件编译为 DLL 文件，因为 MATLAB 使用的是 DLL 文件，所以这个过程很复杂。因此，不推荐在 MATLAB 中使用 XGBoost 算法。

8.9 经典的聚类方法及其实现

本节将介绍 3 个经典的聚类方法及其实现：K-means 算法、DBSCAN 聚类、层次聚类。这些算法虽然形式上和 KNN、决策树有一定的相似之处，但本质上是两类完全不同的问题。

8.9.1 K-means 算法

K-means 算法中的 K 为常数，需要事先设定。该算法的基本思想是在最小化误差函数的基础上将数据划分为预定的类数 K。K-means 算法需要使簇内的数据点尽可能相似，同时簇间的距离尽可能大。

K-means 算法的执行步骤如下。

（1）选取 K 个点作为初始聚类中心（也可以选择非样本点）。

（2）分别计算每个样本点到 K 个簇中心点的距离，找到离该样本点最近的簇中心点，将它归属到对应的簇。

（3）所有样本点都归属到簇之后，就被分为了 K 个簇。之后重新计算每个簇的中心。

（4）反复迭代步骤（2）和步骤（3），直到满足某个终止条件。常用的终止条件有迭代次数、最小平方误差等。

对于 K-mean 算法来说，有三个比较重要的因素要考虑，分别如下。

（1）K 值的选择：K 值对最终结果的影响至关重要，而它却必须预先给定。对 K 值的选择，通常可以使用肘部法则、轮廓系数法等方法。

（2）异常点的干扰：K-means 算法在迭代的过程中使用所有点的均值作为新的中心，如果簇中存在异常点，将导致均值偏差比较严重。

（3）初值敏感：K-means 算法是初值敏感的，选择不同的初始值可能导致不同的簇划分规则。

为了避免这种敏感性导致的最终结果异常，可以通过初始化多套初始节点来构造不同的分类规则，然后选择最优的聚类方案，由此衍生了二分 K-means 算法、K-means++ 算法、Canopy 算法等。

衡量聚类好坏的标准可以用轮廓系数来描述。轮廓系数的定义为

$$s(\boldsymbol{i})=\frac{b(\boldsymbol{i})-a(\boldsymbol{i})}{\max\{a(\boldsymbol{i}),b(\boldsymbol{i})\}}$$

其中，$a(\boldsymbol{i})$ 是向量 $\boldsymbol{i}$ 到同一簇内其他点不相似程度的平均值，$b(\boldsymbol{i})$ 是向量 $\boldsymbol{i}$ 到其他簇的平均不相似程度的最小值。轮廓系数的取值在 [-1,1] 之间，越大越合理。

判断最优的 K 值会采取肘部法则。肘部法则的计算原理是通过分析损失函数随着聚类簇数量的变化曲线，找到其拐点。在聚类中，损失函数是每个数据点到其所属类别中心的距离平方和。在选择类别数量上，肘部法则会把不同值的成本函数值画出来。肘部是指这个图的拐点。

下面以一个例子来测试 K-means 函数，这里以曼哈顿距离来计算距离。

```
X = [randn(100,2)*0.75+ones(100,2);randn(100,2)*0.5-ones(100,2)]; %产生两组随机数据
[idx,C] = kmeans(X,2,'Distance','cityblock','Replicates',5);%利用K均值算法进行分组
plot(X(idx==1,1),X(idx==1,2),'r.','MarkerSize',12) %绘制分组后第一组的数据
hold on
plot(X(idx==2,1),X(idx==2,2),'b.','MarkerSize',12) %绘制分组后第二组的数据
plot(C(:,1),C(:,2),'kx','MarkerSize',15,'LineWidth',3) %绘制第一组和第二组数据的中心点
legend('Cluster 1','Cluster 2','Centroids','Location','NW')
title 'Cluster Assignments and Centroids'
hold off
```

通过随机数生成了二维数据 X，然后对 X 采用 K=2 的 K-means 聚类算法的效果，如图 8.24 所示。

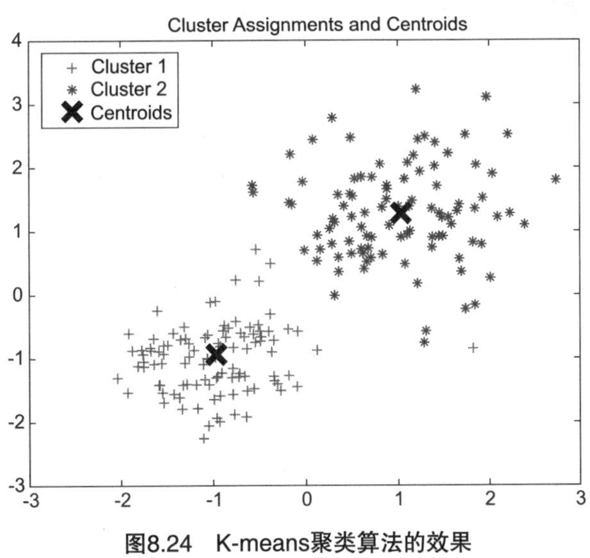

图8.24　K-means聚类算法的效果

从图 8.24 中可以看到，聚类算法会按照距离将样本划分为两类，然后用叉号标记出两个聚类簇的中心，并且每个样本都被聚类了。

8.9.2 DBSCAN 聚类

DBSCAN 算法根据样本的密集程度来进行聚类。

基于密度的聚类算法包括两个核心的组件，即点密度的估计及高密度区域的判别。DBSCAN 通过领域内点的数量来估计点的密度，如某点的密度是以其圆心、ε 为半径的超球内的点数。

ε- 邻域是指距离样本点 X_i 不超过 ε 的范围。

如果 X_i 的 ε- 邻域内至少含有 M 个样本，则 X_i 是一个核心对象。M 被定义为密集的阈值。

如果 B 样本位于 A 样本的 ε- 邻域内，则称 A 样本和 B 样本密度直达。若 B 样本和 A、C 样本均密度可达，则称 A 样本和 C 样本密度相连。

本质上，DBSCAN 算法是统计数据中的核心对象并将其归类。这个算法的一个特点是非核心对象判定为离群点，所以定义一个特殊的离群类并记为 –1。具体的 MATLAB 操作如下。

```
X = [randn(100,2)*0.75+ones(100,2);randn(100,2)*0.5-ones(100,2)]; %产生两组随机数据
idx= dbscan(X,0.4,5);%利用K均值算法进行分组
plot(X(idx==1,1),X(idx==1,2),'r.','MarkerSize',12) %绘制分组后第一组的数据
hold on
plot(X(idx==2,1),X(idx==2,2),'b.','MarkerSize',12) %绘制分组后第二组的数据
hold on
plot(X(idx==-1,1),X(idx==-1,2),'kx','MarkerSize',6) %绘制分组后不密集的数据
hold off
```

注意　DBSCAN 虽然能较好地分类出离群点，但是算法稳定性很不好，参数稍微改变一点会对性能产生很大影响。所以，要进行网格搜索调参，从而找到最好的配置。

DBSCAN 聚类的示意图如图 8.25 所示。从图 8.25 中可以看到，样本被分为了两类，而且有很多叉号，就是说样本的非核心对象被当作离群点了。DBSCAN 算法受到数据集和参数扰动很严重，如果换个随机数运行一次，结果又不一样。

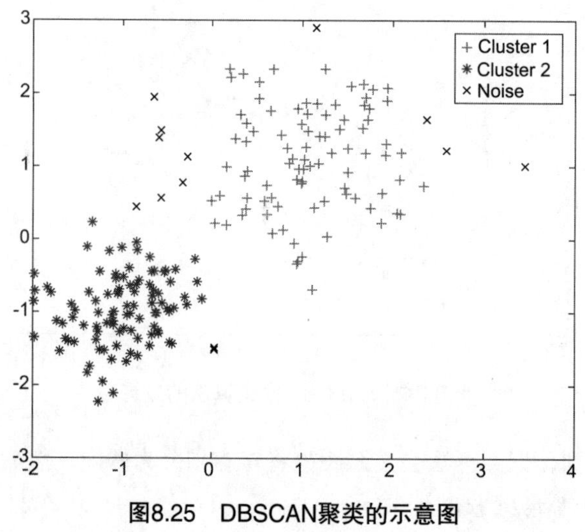

图8.25　DBSCAN聚类的示意图

8.9.3 层次聚类

层次聚类法通过计算不同簇数据点间的相似度来创建一棵层次嵌套聚类树。层次聚类有两种顺序：自上而下和自下而上。BIRCH 算法是层次聚类算法中的代表性算法之一。

自上而下的层次聚类输入样本数据和聚类数量后进行以下操作。

（1）将所有样本分配给一个簇。

（2）根据样本间的相似度，通过二分方法将此簇分为两个最不相似的簇。

（3）递归地对每个簇进行操作，直到每个样本只属于一个簇为止。

自下而上的层次聚类则按照以下顺序进行。

（1）把每个样本归为一个簇，计算每两个样本之间的相似度。

（2）寻找各个簇之间最近的两个簇，把它们归为一簇。

（3）重新计算生成的这个簇与各个旧簇之间的相似度。

（4）重复步骤（2）和步骤（3）直到所有样本点都归为一簇，结束。

在 MATLAB 中使用 linkage 函数进行层次聚类，再使用 dendrogram 函数绘制层次聚类树状图。这个树结构很容易让人想到决策树，但事实上这是聚类用的样本关系。下面编写一段测试代码。

```
clear all
x = [randn(100,2)*0.75+ones(100,2);randn(100,2)*0.5-ones(100,2)]; %产生两组随机数据
y=pdist(x);
sf=squareform(y);
z=linkage(y,"average")
dendrogram(z)
t=cluster(z,'maxclust',2);
```

层次聚类示意图如图 8.26 所示。

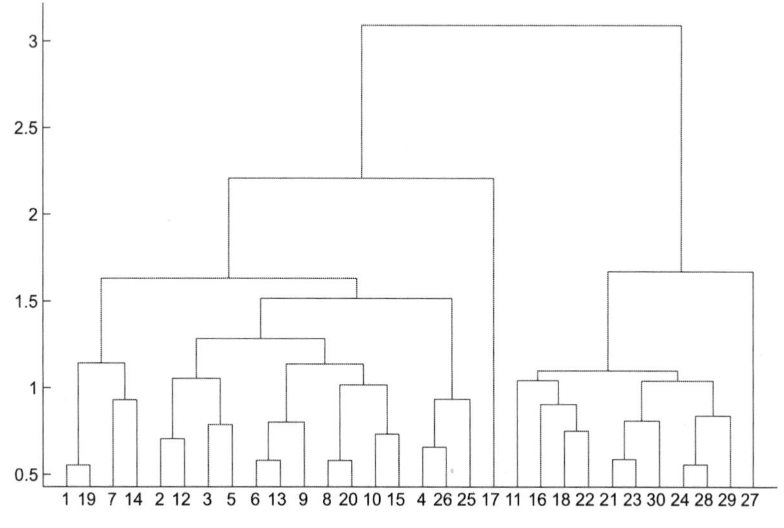

图8.26　层次聚类示意图

8.10 关联规则挖掘

关联规则挖掘最初是针对购物篮分析问题提出的。购物篮分析通过分析顾客在商场或超市放入其购物篮中不同商品之间的联系，分析出顾客的购买习惯，从而帮助零售商制定合理的营销策略。

注意　关联规则和相关关系是不同的。

8.10.1 关联规则挖掘的相关概念

关联规则挖掘的一种常用算法是 Apriori 算法，用于关联分析的挖掘布尔关联规则频繁项集。

如果一个项集包含 k 个项，则称它为 k- 项集。空集是指不包含任何元素的集合。例如，{ 啤酒，尿布，牛奶 } 是一个 3- 项集。

项集出现频率是包含项集的数据条目数，即支持度计数。

关联规则是形如 $X \rightarrow Y$ 的蕴含式，其中 X 和 Y 是不相交的项集。关联规则的强度可以用它的支持度和置信度来衡量。支持度用于衡量规则在给定数据集中出现的频繁程度，而置信度用于确定 Y 在包含 X 的数据条目中出现的频繁程度。

支持度的定义为

$$S(X \rightarrow Y) = \frac{\sigma(X \cup Y)}{N}$$

置信度的定义为

$$C(X \rightarrow Y) = \frac{\sigma(X \cup Y)}{\sigma(X)}$$

关联规则挖掘过程主要包含两个阶段。

（1）频繁项集的挖掘：发现满足最小支持度阈值的所有项集（即至少和预定义的最小支持计数相等的项集）。

（2）规则的挖掘：从上一步发现的频繁项集中提取所有高置信度的规则。这些规则称为强规则。

关联规则挖掘使用逐层搜索的迭代方法，即用 k-1 项搜索 k 项集。首先，找出频繁项集 1- 的集合，也就是被高频购买的商品 L_1。从单一商品进化到下一层的两两组合，再到三三组合，直到不能找到频繁项集 k-。寻找每个 k- 项集都需要扫描数据库。

根据关联规则挖掘，频繁项集的所有非空子集也必须是频繁项集。如图 8.27 所示是关联规则挖掘算法的流程图。

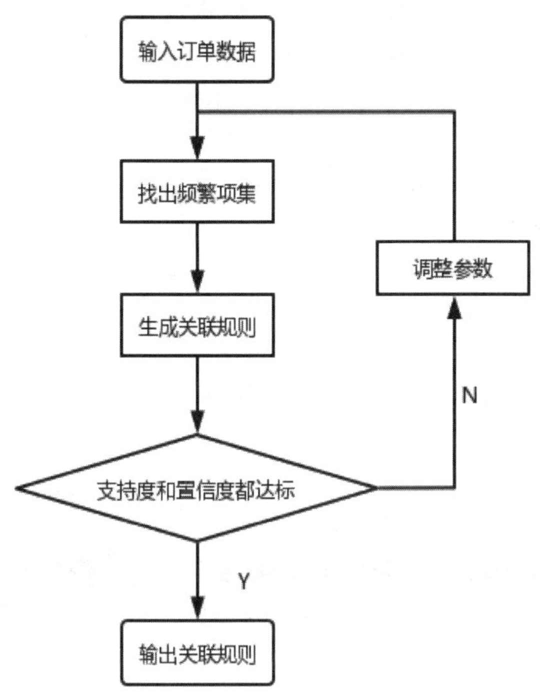

图8.27 关联规则挖掘的流程图

一旦从数据库中找出频繁项集，就可以利用这些频繁项集生成关联规则。关联规则的生成需要满足最小支持度和最小置信度要求。对于置信度，可以用下式表示，其中条件概率用项集支持度计数表示。

$$C(X \to Y) = \frac{S(X \cup Y)}{S(X)}$$

产生关联规则的步骤如下。

（1）产生每个频繁项集 I 的所有非空子集。

（2）对于 I 的每个非空子集 s，如果满足规则置信度要求，则输出规则。

由于规则是由频繁项集生成的，每个规则都自动满足最小支持度。频繁项集及其对应的支持度预先存放在哈希表中，使得它们可以快速被访问。

8.10.2 关联规则挖掘的应用

本小节将介绍一个基于关联规则算法的示例。这个例子比较简单，只涉及几个样本和五类商品的关联关系规则。

```
%数据预处理函数，特征转换，将数据转换为编号
function [processed_data, num_sample, num_goods] = preprocess(data)
[num_sample, num_goods]=size(data); %样本数和商品数
```

```
    for sample=1:num_sample
        processed_data{sample}=find(data(sample,:)==1); %数据转化为商品编号
    end
    end
    %迭代遍历所有的组合
    function [candidate_data, frequent_data, iter] = frequent_iteration(processed_data,
num_sample, num_goods, min_sup)
    iter=0;
    while 1
        iter=iter+1;
        frequent_data{iter}={}; %初始化频繁项集

        %生成当前的候选项集
        if iter==1
            candidate_data{iter}=(1:num_goods)'; %生成第一代候选项集
        else
            [nL,mL]=size(frequent_data{iter-1}); %上一代频繁项集的组合数量和商品数
            cnt=0;
            for i=1:nL
                for j=i+1:nL
                     tmp=union(frequent_data{iter-1}(i,:), frequent_data{iter-1}(j,:));
%两种组合求并集，生成可能的下一代候选项集
                    if length(tmp)==iter %筛选出组合中商品数和迭代数相同的组合
                        cnt=cnt+1;
                        candidate_data{iter}(cnt,1:iter)=tmp;
                    end
                end
            end
            candidate_data{iter}=unique(candidate_data{iter},'rows'); %去掉重复的组合
        end

        %%求候选项集的支持度candidate_sup{k}
        [nC,mC] = size(candidate_data{iter}); %候选项集的组合数和组合中商品数
        for i=1:nC
            cnt = 0;
            for j=1:num_sample
                if all(ismember(candidate_data{iter}(i,:), processed_data{j}), 2) == 1
%逐个判断候选项集中的每个组合是否为原数据中每个样本的子集
                    cnt=cnt+1; %统计满足组合条件的样本数
                end
            end
            candidate_sup{iter}(i,1)=cnt/num_sample; %每行存候选项集对应的支持度
        end

        %%求频繁项集L{k}
```

```
        frequent_data{iter}=candidate_data{iter}(candidate_sup{iter}>=min_sup,:); %筛选
候选项集中支持度大于阈值的组合作为频繁项集计入频繁项集
        if isempty(frequent_data{iter}) %若没有找出频繁项集
            break;
        end
        if size(frequent_data{iter},1)==1 %频繁项集行数为1，下一次无法生成候选项集，直接结束
            iter=iter+1;
            candidate_data{iter}={};
            candidate_data{iter}={};
            break
        end
    end
    end
    %筛选满足条件的关联规则
    function rule = filter(frequent_data, processed_data, min_con, num_sample, iter)
    [nL,mL]=size(frequent_data{iter-1});  %频繁的组合数和组合中商品数
    rule_count=0;
    for p=1:nL %第p个频繁项集
        L_last=frequent_data{iter-1}(p,:); %之后将L_last分成左右两个部分，表示规则的前件和后件
        %%求ab一起出现的次数cnt_ab
        cnt_ab=0;
        for i=1:num_sample
            if all(ismember(L_last, processed_data{i}), 2) == 1 %逐个判断频繁项集是否为原
数据中每个样本的子集
                cnt_ab=cnt_ab+1; %统计满足频繁项集的样本数（关联集合和被关联集合都存在的样本数）
            end
        end
        len=floor(length(L_last)/2); %关联集合的最大商品数量
        for i=1:len
            s=nchoosek(L_last,i); %所有可选是关联集合（剩余的为被关联集合）
            [ns,ms]=size(s);
            for j=1:ns
                a=s(j,:); %关联集合（数）
                b=setdiff(L_last,a); %被关联集合（数）
                [na,ma]=size(a);
                [nb,mb]=size(b);

                %关联规则a->b
                cnt_a=0;
                for j=1:num_sample
                    if all(ismember(a, processed_data{j}),2)==1 %判断关联集合（数）是否为
原数据中每个样本的子集
                        cnt_a=cnt_a+1; %关联集合存在的样本数
                    end
                end
```

```
            pab = cnt_ab/cnt_a; %计算置信度
            if pab >= min_con %当关联规则a->b的置信度大于等于最小置信度
                rule_count = rule_count+1; %记录满足的数量
                rule(rule_count,1:ma)=a; %记录关联集合（数）
                rule(rule_count,ma+1:ma+mb)=b; %记录被关联集合（数）
                rule(rule_count,ma+mb+1)=ma; %记录分割位置
                rule(rule_count,ma+mb+2)=pab; %记录置信度
            end

            if ma ~= mb
                %%关联规则b->a
                cnt_b=0;
                for j=1:num_sample
                    if all(ismember(b, processed_data{j}),2) == 1
                        cnt_b=cnt_b+1;
                    end
                end
                pba=cnt_ab/cnt_b;
                if pba>=min_con %关联规则b->a的置信度大于等于最小置信度
                    rule_count=rule_count+1;
                    rule(rule_count,1:mb)=b;
                    rule(rule_count,mb+1:mb+ma)=a;
                    rule(rule_count,mb+ma+1)=mb;
                    rule(rule_count,mb+ma+2)=pba;
                end
            end
        end
    end
end
end
```

最终得到的结果是 a 到 b 和 b 到 a 的关联关系，其表示的是一个频繁项集与另一个频繁项集的关联关系。

下面用购物篮分析来测试这个函数，代码如下。

```
%导入数据
clear; clc;
data=[1 1 0 0 1
      0 1 0 1 0
      0 1 1 0 0
      1 1 0 1 0
      1 0 1 0 0
      1 1 1 0 1
      1 1 1 0 0
      0 1 1 0 1
```

```
        1 1 0 0 1
        0 1 0 0 1];
    min_sup=0.5 %最小支持度
    min_con=0.5 %最小置信度
    %主程序
    [processed_data, num_sample, num_goods] = preprocess(data) %数据预处理函数，特征转换，将数据转换为编号
    [candidate_data, frequent_data, iter] = frequent_iteration(processed_data, num_sample, num_goods, min_sup)
    rule = filter(frequent_data, processed_data, min_con, num_sample, iter)
    %打印结果
    fprintf("\n");
    for i=1:iter-1
        fprintf("第%d轮的候选项集为:",i); candidate_data{i}
        fprintf("第%d轮的频繁项集为:",i); frequent_data{i}
    end
    fprintf("第%d轮结束，最大频繁项集为:",iter); frequent_data{iter-1}
    fprintf("强关联规则\t置信度\n");
    [nr,mr]=size(rule);
    for i=1:nr
        pos=rule(i,mr-1); %断开位置，1:pos为规则前件，pos+1:mr-2为规则后件
        for j=1:pos
            fprintf("%d ",rule(i,j));
        end
        for j=pos+1:mr-2
            fprintf("%d ",rule(i,j));
        end
        fprintf("\t\t%f\n",rule(i,mr));
    end
```

每一列数据为一类商品，每一条数据为一个购物篮。挖掘出的频繁项集为 {1,2,3,5}，并且可以求解出这个购物篮数据中的关联关系。每个关联规则（rule）的样本记录了关联集合、被关联集合、被分割的位置、置信度。rule[i, :-3] 相当于一个频繁集。rule[i, -2] 记录了频繁集的分割位置。分割位置之前的部分是关联集，之后的部分是被关联集。输出结果如下。

```
    rule =

        1.0000    2.0000    1.0000    0.8333
        2.0000    1.0000    1.0000    0.5556
        2.0000    5.0000    1.0000    0.5556
        5.0000    2.0000    1.0000    1.0000


    第1轮的候选项集为:
    ans =
```

```
     1
     2
     3
     4
     5

第1轮的频繁项集为:
ans =

     1
     2
     3
     5

第2轮的候选项集为:
ans =

     1     2
     1     3
     1     5
     2     3
     2     5
     3     5

第2轮的频繁项集为:
ans =

     1     2
     2     5

第3轮结束，最大频繁项集为:
ans =

     1     2
     2     5

强关联规则 置信度
1 2             0.833333
2 1             0.555556
2 5             0.555556
5 2             1.000000
```

注意 购物篮数据不一定是方阵和布尔矩阵。

本章主要介绍了几个常用的机器学习和统计模型的原理、建模流程及应用，包括假设检验、回归、KNN 与机器学习工具箱、费希尔判别和支持向量机，以及经典的聚类算法等。

习题

1. 请利用附件中的泰坦尼克号数据集来构建机器学习模型，并预测测试集中的乘客是否生还。

2. 请利用附件中的波士顿房价数据集进行房价预测，并分析哪些因素会显著影响房价。

3. 请使用机器学习方法构建石油价格的预测模型，并总结用机器学习解决时间序列问题的基本思想。

第 9 章

进化计算与群体智能

这一章主要介绍进化计算和群体智能算法中四个最常用的算法。传统的优化算法如第二章提到的分支定界、蒙特卡洛等方法比较适合于简单的、约束和变量不是那么多的优化问题。但当优化问题的变量和约束非常多、目标函数形式非常复杂时，往往是求不出最优解的。这时通常要使用进化计算与群体智能算法去求近似解。本章主要涉及的知识点如下。

- 遗传算法。
- 蚁群算法。
- 粒子群算法。
- 模拟退火算法。

注意：本章内容比较复杂，大家只需学会调用和微调已有的代码库即可。如果想更深入了解智能优化算法可以参考李士勇、李妍、林永茂所著的《智能优化算法与涌现计算》一书。

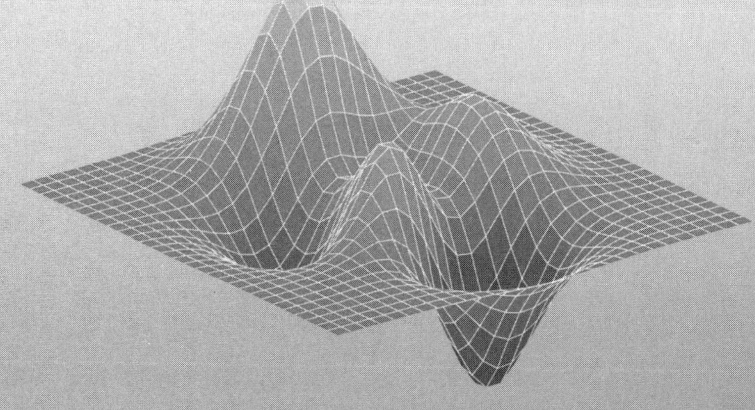

9.1 遗传算法

人类总是能够从自然界获取很多灵感：通过鱼的游动，发明了潜艇；通过鲨鱼的皮肤，发明了潜水服……遗传算法也是受到了生物原理的启发。

9.1.1 遗传算法的基本原理

遗传算法是一种模拟生物进化的计算机优化算法。这一算法原理简明，容易编程和修改，它由适应度函数控制搜索进程，无须解题过程辅助知识，不要求适应度函数连续、可微。

基本的遗传算法包括编码和初始群体生成、群体评价、个体选择、交叉操作、变异操作等步骤。

遗传算法将问题的解编码成染色体，这里称为个体。个体组成的集合称为群体或种群。初始种群从解中随机选择生成，然后按照适者生存和优胜劣汰的原理，逐步演化产生出越来越好的近似解。在每一代，通过适应度函数对每个个体进行评价。遗传算法的基本步骤如图 9.1 所示。

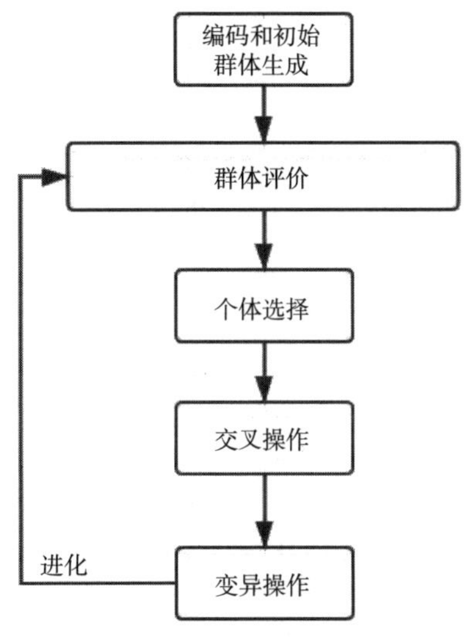

图9.1　遗传算法的基本步骤

注意

遗传算法看似复杂，但本质上是搜索，即从众多可行解里搜索最优解。

9.1.2 遗传算法的实现

本小节将以 TSP 问题为例介绍遗传算法每个部分的实现。首先定义距离的计算方式。

```
function dist = distance(a,b)
%a          第一个城市坐标
%b          第二个城市坐标
%dist       两个城市之间距离
    dist = sqrt((a(1)-b(1))^2+(a(2)-b(2))^2);
end
```

在遗传算法中需要定义个体适应度的评估函数。而在 TSP 问题中优化目标为回路路径和最短，所以以回路路径和为适应度函数。下面通过一个例子来介绍 TSP 的遗传编程。

city.txt 文件中存放了 34 个城市的经纬度坐标，试着求解这 34 个城市的 TSP，要求使用遗传算法。city.txt 中的城市坐标内容如图 9.2 所示。

```
city - 记事本
文件(F) 编辑(E) 格式(O) 查看(V) 帮助(H)
116.460000000000 39.9200000000000
117.200000000000 39.1300000000000
121.480000000000 31.2200000000000
106.540000000000 29.5900000000000
91.1100000000000 29.9700000000000
87.6800000000000 43.7700000000000
106.270000000000 38.4700000000000
111.650000000000 40.8200000000000
108.330000000000 22.8400000000000
126.630000000000 45.7500000000000
125.350000000000 43.8800000000000
123.380000000000 41.8000000000000
114.480000000000 38.0300000000000
112.530000000000 37.8700000000000
101.740000000000 36.5600000000000
117        36.6500000000000
113.600000000000 34.7600000000000
118.780000000000 32.0400000000000
117.270000000000 31.8600000000000
120.190000000000 30.2600000000000
119.300000000000 26.0800000000000
115.890000000000 28.6800000000000
113        28.2100000000000
114.310000000000 30.5200000000000
113.230000000000 23.1600000000000
121.500000000000 25.0500000000000
110.350000000000 20.0200000000000
103.730000000000 36.0300000000000
108.950000000000 34.2700000000000
104.060000000000 30.6700000000000
106.710000000000 26.5700000000000
102.730000000000 25.0400000000000
114.100000000000 22.2000000000000
113.330000000000 22.1300000000000
第1行，第1列    100%    Windows (CRLF)    UTF-8
```

图9.2 city.txt中的城市坐标内容

通过 importdata 函数读取经纬度坐标，可以构建坐标图。这里 TSP 不是以拓扑图的形式呈现的，而是给出的坐标。可以将它当作一个拓扑意义上的完全图，任意两个城市之间都可以建立连接，距离用欧几里得距离表示。代码如下。

```
% function [path,p0]=YCTSP
% (d,w,g,by)
tic  %计时开始
clc,clear, close all
sj0=load('city.txt');
n1=length(sj0(:,1));
d=zeros(n1);
for i=1:n1
    for j=1:n1
```

```
        d(i,j)=sqrt((sj0(i,1)-sj0(j,1))^2+(sj0(i,2)-sj0(j,2))^2);
    end
end
d=d+d'; w=100; g=100; %w为种群的个数，g为进化的代数
[N,~]=size(d);
A=zeros(N,w);
B=zeros(1,w);
by=0.1;
TU1=zeros(1,g);
%随机生成子代并计算其总路程

for j=1:w
    A(:,j)=randperm(N)';
    B(j)=jisuan(d,N,A(:,j));
end
%初始化种群最优解

for i=1:w
    for tt=1:1000
        flag=0;
        for j=1:N-1
            for ol=j+1:N
                D=A(:,i);
                ddd=D(j);
                D(j)=D(ol);
                D(ol)=ddd;
                P=jisuan(d,N,D);
                if B(i)>P
                    A(:,i)=D;
                    B(i)=P;
                    flag=1;
                end
            end
        end
        if  flag==0
            break
        end
    end
end
p0=min(B);
cp=find(B==p0);
path=A(:,cp(1));

for k=1:g
for j=1:w
    %自我学习如下
```

```
        if rand>by
            D=A(:,j);
            P=jisuan(d,N,D);
            a=randi([1 N]);
            b=randi([1 N]);
            c=max(a,b);
            e=min(a,b);
            ddd=A(e,j);
            A(e,j)=A(c,j);
            A(c,j)=ddd;
            B(j)=jisuan(d,N,A(:,j));
            if B(j)<p0
                p0=B(j);
                path=A(:,j);
            end
            if B(j)>P
                if rand>by
                    A(:,j)=D;
                    B(j)=P;
                    if B(j)<p0
                p0=B(j);
                path=A(:,j);
                    end
                end
            end
        else
            D=A(:,j);
            P=jisuan(d,N,D);
            a=randi([1 N]);
            b=randi([1 N]);
            c=max(a,b);
            e=min(a,b);
            A(e:c,j)=A(c:-1:e,j);
            B(j)=jisuan(d,N,A(:,j));
            if B(j)<p0
                p0=B(j);
                path=A(:,j);
            end
            if B(j)>P
                if rand>by
                    A(:,j)=D;
                    B(j)=P;
                    if B(j)<p0
                        p0=B(j);
                        path=A(:,j);
                    end
```

```
            end
        end
    end
    %在原有基础上的改进
    for i=1:w
        D=A(:,j);
        P=jisuan(d,N,D);
        a=randi([1 N]);
        e=find(A(:,j)==A(a,i));
        ddd=A(e,j);
        A(e,j)=A(a,j);
        A(a,j)=ddd;
        B(j)=jisuan(d,N,A(:,j));
        if B(j)<p0
            p0=B(j);
            path=A(:,j);
        end
        if B(j)>P
            if rand>by
                A(:,j)=D;
                B(j)=P;
                if B(j)<p0
                    p0=B(j);
                    path=A(:,j);
                end
            end
        end
    end
end
%搜索最优解过程
for i=1:w
    a=randi([1 N]);
    D=A(:,i);
    P=jisuan(d,N,D);
    e=find(A(:,i)==path(a));
    ddd=A(e,i);
    A(e,i)=A(a,i);
    A(a,i)=ddd;
    if B(i)<p0
        p0=B(i);
        path=A(:,i);
    end
    if B(i)>P
        if rand>by
            A(:,i)=D;
            B(i)=P;
```

```
            if B(i)<p0
                p0=B(i);
                path=A(:,i);
            end
        end
    end
end
%超越过程
for tt=1:N
    flag=0;
    for i=1:N-1
        for j=1:N
            D=path;
            ddd=D(j);
            D(j)=D(ol);
            D(ol)=ddd;
            P=jisuan(d,N,D);
            if p0>P
                path=D;
                p0=P;
                flag=1;
            end
        end
    end
    if flag==0
        break
    end
end
TU1(k)=p0;
end
path,p0
dpath=[path;path(1)];
xx=sj0(dpath,1);yy=sj0(dpath,2);
figure(1)
plot([1:g],TU1)
figure(2)
plot(xx,yy,'-o') %画出路径
toc
function zhi=jisuan(d,N,x)
y=x([2:N 1]);
zhi=0;
for i=1:N
    zhi=zhi+d(x(i),y(i));
end
end
```

得到的最终回路如图9.3所示。

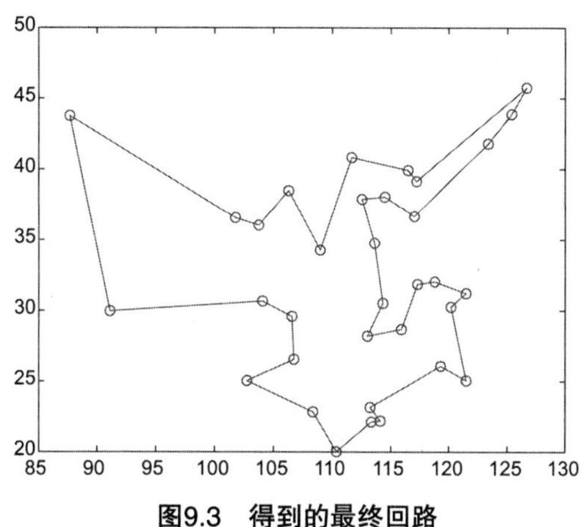

图9.3 得到的最终回路

得到的总距离的迭代曲线如图9.4所示。

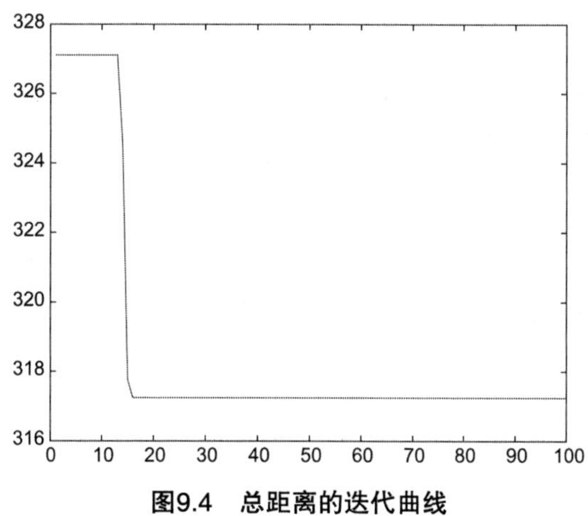

图9.4 总距离的迭代曲线

从图9.4中可以看到，初始随机化的回路距离为327，随后逐渐下降，到大约16代时开始收敛，回路路径长稳定于317.24左右，共耗时大约8.49秒。算法效果良好，计算速度也比较快。

遗传算法主要用于求函数极值。

求函数 $Y=\dfrac{\sin 10\pi X}{X}$ 的极小值，用谢菲尔德工具箱实现，代码如下。

```
clc
clear
close all
%%画出函数图
figure(1);
hold on;
lb = 1;  ub= 2;                                          %函数自变量范围【1.2】
```

```
ezplot('sin(10*pi*X)/X',[lb,ub]);                        %画出函数曲线
xlabel('自变量/x')
ylabel('自变量/y')
%%定义遗传算法参数
NIND = 100;                                               %种群大小
MAXGEN = 20;                                              %最大遗传代数
PRECI = 20;                                               %个体长度
GGAP = 0.95;                                              %代沟
px = 0.6;                                                 %交叉概率
pm = 0.01;                                                %变异概率
trace = zeros(2,MAXGEN);                                  %寻优结果的初始值
FieldD = [PRECI;lb;ub;1;0;1;1];                           %区域描述器
Chrom = crtbp(NIND,PRECI);                                %创建任意离散随机种群

%%优化
gen = 0;                                                  %代计数器
X = bs2rv(Chrom,FieldD);                                  %初始种群二进制到十进制转换
ObjV = sin(10*pi*X)./X;                                   %计算目标函数值
while gen<MAXGEN
    FitnV = ranking(ObjV);                                %分配适应度值
    SelCh = select('sus',Chrom,FitnV,GGAP);               %选择
    SelCh = recombin('xovsp',SelCh,px);                   %重组
    SelCh = mut(SelCh,pm);                                %变异
    X = bs2rv(SelCh,FieldD);                               %自带个体的十进制转换
    ObjVSel = sin(10*pi*X)./X;                            %计算自带的目标函数值
    [Chrom,ObjV] = reins(Chrom,SelCh,1,1,ObjV,ObjVSel); %重插入子代到父代，得到新种群
    X = bs2rv(Chrom,FieldD);
    gen = gen+1;                                          %代计数器增加

    %获取每代的最优解及其序号，Y为最优解，I为个体的序号
    [Y,I] = min(ObjV);
    trace(1,gen) = X(I);                                  %记下每代的最优值
    trace(2,gen) = Y;                                     %记下每代的最优值
end

plot(trace(1,:),trace(2,:),'bo');                         %画出每代的最优点
grid on;
plot(X,ObjV,'b*');                                        %画出最后一代的种群hold off
hold off
%%画进化图
figure(2);
plot(1:MAXGEN,trace(2,:));
grid on
xlabel('遗传代数')
ylabel('解的变化')
title('进化过程')
```

```
bestY = trace(2,end);
bestX = trace(1,end);
fprintf(['最优解：\nX = ',num2str(bestX),'\nY = ',num2str(bestY),'\n'])
```

这段代码很快求出了极小值点：X = 1.1491 时 Y = –0.8699。图形如图 9.5 所示。

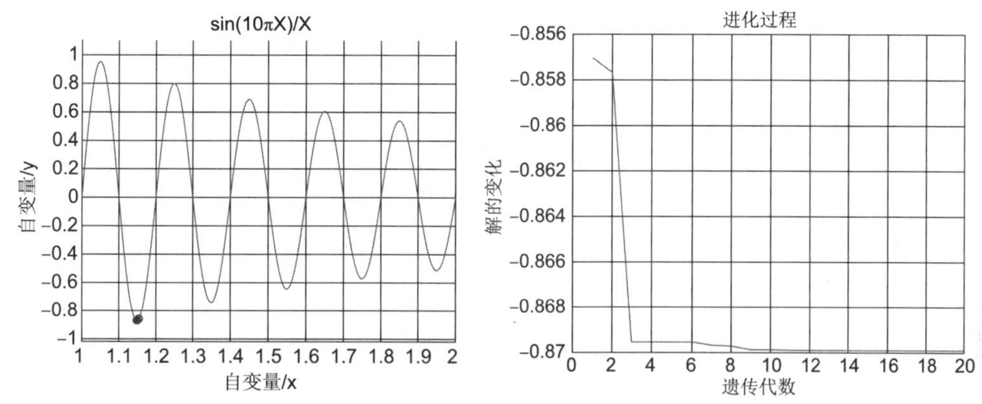

图9.5　使用谢菲尔德工具箱求函数极小值

从图 9.5 中可以看到求解速度很快，在第 3 代就开始收敛，并且得到的数值解有较高的精度，算法基本成功。

注意　在使用谢菲尔德工具包时如果遇到代码报错提示找不到这些函数，我们可以通过以下方法解决：导航到谢菲尔德工具包所在的 gatbx 文件夹，然后将 gatbx 文件夹和它的子文件夹添加到 MATLAB 的路径中，再重新运行代码。

9.2　蚁群算法

蚁群算法（Ant Colony Algorithm）是由意大利学者 M. 多里戈（M. Dorigo）、V.马尼佐（V. Maniezzo）、A. 克洛尼（A. Colorni）于 20 世纪 90 年代初提出。

9.2.1　蚁群算法的基本原理

蚁群算法的思想源于蚂蚁群在搜索食物源过程中表现出来的寻找最优路径的能力，可以用于解决一些系统优化中的困难问题。蚂蚁在爬行过程中，会在它所经过的路径上留下一种叫作信息素的物质进行信息传递，而且蚂蚁在爬行过程中能够感知这种物质，并以此指导自己的爬行方向。因此由大量蚂蚁组成的蚁群集体行为便表现出一种信息正反馈现象：某一路径上走过的蚂蚁越多，则后来者选择该路径的概率就越大。最优路径上的信息素浓度越大，其他路径上的信息素浓度越小，最终蚁群会找出最优路径。

蚁群算法的规则如下。

- 初始化：为每条边上的初始信息素和蚂蚁进行赋值。
- 如果满足算法外循环的停止规则则停止计算并输出最优解，否则蚂蚁全部从起点出发，将走过的路径添加到集合中。
- 按照信息素浓度分配每一只蚂蚁选择各个路径的概率，选择路径并同时留下信息素。分配规则如下：

$$p_{ij}=\frac{\tau_{ij}(k-1)}{\sum\tau_{ij}(k-1)}$$

- 按照一定规则对最短路径上的信息素进行增强，对其他路径上的信息素进行挥发。定义最短路径为 W，挥发的规则形如：

$$\tau_{ij}(k)=\begin{cases}(1-\rho_{k-1})\tau_{ij}(k-1)+\dfrac{\rho_{k-1}}{|W|},(i,j)\in W\\(1-\rho_{k-1})\tau_{ij}(k-1),(i,j)\notin W\end{cases}$$

注意　在蚁群算法中边上的信息素和蚂蚁的行进信息可以存储在禁忌表中。

蚁群算法的流程图如图 9.6 所示。

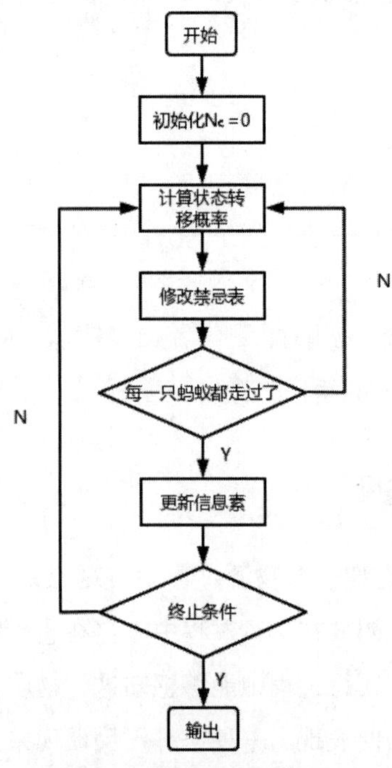

图9.6　蚁群算法的流程图

9.2.2 蚁群算法的实现

本小节将用蚁群算法实现 34 个城市的 TSP 问题，代码如下[1]。

```
%load("citys.txt")可以导入数据citys
D = Distance2(citys);    %计算距离矩阵
n = size(D, 1);          %计算城市个数
iter = 1;
iter_max=3000;
ants = 50;%参数可调节
alpha = 1;%信息素重要程度因子
beta = 3;%启发函数重要程度因子，可测试3-6之间
rho = 0.3;%信息素挥发程度，可测试0-0.8之间
Q = 20;%蚂蚁循环一次所释放的信息素总量
eta = 1./D;%启发函数
tau = ones(n,n);%信息素量，初始化都为1
path_table = zeros(ants,n);%路径记录表
rBest = zeros(iter_max,n);%记录各代的最佳路线
lBest = inf*ones(iter_max, 1);%记录各代的最佳路线的总长度，初始化为正无穷
lAverage = zeros(iter_max, 1);%记录各代路线的平均长度
while iter <= iter_max
    %随机产生各个蚂蚁的起点城市
    start = zeros(ants, 1);
    for i = 1:ants
        start(i) = randperm(1);
    end
    path_table(:,1) = start;%path_table表初始化
    citys_index = 1:n;
    %构造解空间
    for i = 1:ants
        for j = 2:n
            taboo = path_table(i, 1:(j - 1));  %构造禁忌表
            Allow = citys_index(~ismember(citys_index, taboo));
            %Allow表用于存放蚂蚁待访问的城市集合(城市编号)
            P = Allow;
            %计算蚂蚁从城市（j - 1）到剩下未访问的城市的转移概率
            for k = 1:size(Allow, 2)
                P(k) = tau(taboo(end), Allow(k))^alpha * eta(taboo(end), Allow(k))^beta;
                %计算转移概率公式的分子部分
            end
            P = P/sum(P);%概率归一化
            Pc = cumsum(P, 2);
            target_index = find(Pc >= rand);  %通过随机数测试
            target = Allow(target_index(1));  %抽取首项作为蚂蚁下一个访问的城市
```

1 卓金武，王鸿钧 .MATLAB 数学建模方法与实践（第 3 版）M. 北京：北京航空航天大学出版社，2018.

```
            path_table(i, j) = target;
        end
    end
    %计算各个蚂蚁的路径距离
    length = zeros(ants, 1);
    for i = 1:ants
        Route = path_table(i,: ); %Route存放蚂蚁i的行走路径
        for j = 1:(n - 1)
            length(i) = length(i) + D(Route(j), Route(j + 1));
        end
        length(i) = length(i) + D(Route(n), Route(1));
    end
    %计算最短路径距离及平均距离
    min_Length=min(length);
    min_index=find(length==min_Length);
    min_index=min_index(1);
    lAverage(iter) = mean(length);
    if iter == 1
       %[min_Length, min_index] = min(length);   %min_index返回的是最短路径的蚂蚁编号
       lBest(iter) = min_Length;
       rBest(iter, :) = path_table(min_index, :);
    else
       %[min_Length, min_index] = min(length);
       lBest(iter) = min(lBest(iter - 1), min_Length);  %比较上一代的最优值和本代的最优值
       if lBest(iter) == min_Length
           rBest(iter, :) = path_table(min_index, :);      %记录最优路径
       else
           rBest(iter, :) = rBest((iter - 1), :);
       end
    end
    %更新信息素
    dtau = zeros(n, n); %所有蚂蚁在城市i到城市j连接路径上释放的信息素浓度之和
    for i = 1:ants %逐个蚂蚁计算
        for j = 2:n %逐个城市计算
    dtau(path_table(i,j-1),path_table(i,j))=dtau(path_table(i,j-1),path_table(i,j))+Q/
length(i);
        end
            dtau(path_table(i,n), path_table(i,1))=dtau(path_table(i,n),path_
table(i,1))+ Q/length(i);
    end
    tau = (1 - rho)*tau + dtau;
    iter = iter + 1;
    path_table = zeros(ants, n);
end
[shortest_Length, shortest_index] = min(lBest);
```

```
shortest_Route = rBest(shortest_index, :);
disp(['最短距离:' num2str(shortest_Length)])
disp(['最短路径:' num2str([shortest_Route shortest_Route(1)])])

figure()
subplot(1,2,1)
plot([citys(shortest_Route,1); citys(shortest_Route(1),1)],...
     [citys(shortest_Route,2); citys(shortest_Route(1),2)],'o-');
grid on
for i = 1: size(citys, 1)
    text(citys(i, 1), citys(i, 2),num2str(i));
end
xlabel('经度')
ylabel('纬度')
title(['蚁群算法优化路径(最短距离: ' num2str(shortest_Length) ')'])
subplot(1,2,2)
plot(1: iter_max, lBest, 'b', 1: iter_max, lAverage, 'r:')
legend('最短距离', '平均距离')
xlabel('迭代次数')
ylabel('距离')
title('各代最短距离与平均距离对比')
```

蚁群算法优化路径如图 9.7 所示。

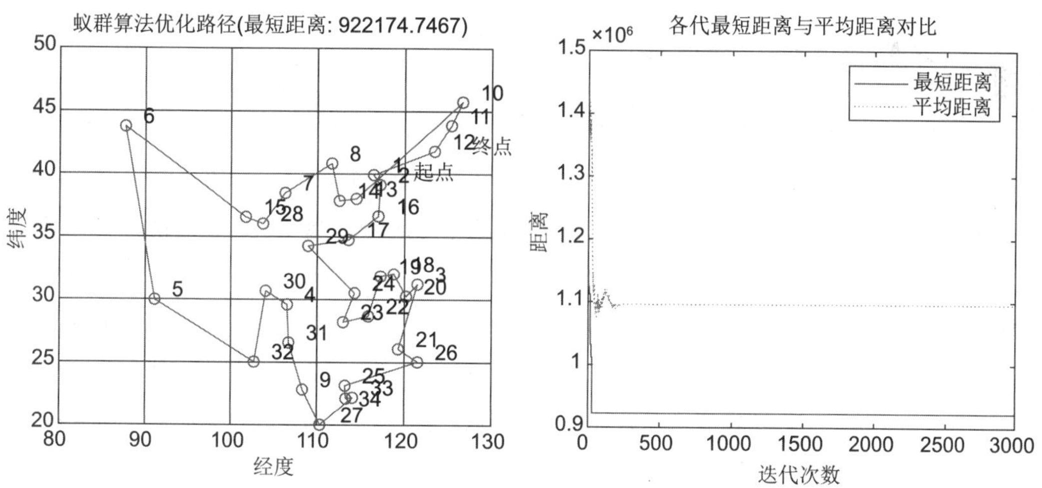

图9.7　蚁群算法优化路径

通过蚁群算法计算出的结果相较遗传算法更准确一些。一个很大的原因是在蚁群算法中计算距离时并不是直接用欧几里得距离，因为经纬度与实际地理距离（如千米）的换算关系不是线性的（毕竟地球是一个球体）。换算的规则如下。

```
function D = Distance2(citys)
%%计算两两城市之间的距离
```

```
%输入:各城市的经纬度坐标(citys)
%输出:两两城市之间的距离(D)

n = size(citys, 1);
D = zeros(n, n);
r = 6378.137;    %地球半径
for i = 1: n
    for j = i + 1: n
        D(i, j) = r * acosd(cosd(citys(i,1) - citys(j,1)) * cosd(citys(i, 2)) *
cosd(citys(j, 2)) + sind(citys(i,2)) * sind(citys(j,2)) );
        D(j, i) = D(i, j);
    end
    D(i, i) = 1e-4; %对角线的值为0，但由于后面的启发因子要取倒数，因此用一个很小数代替0
end
```

9.3 粒子群算法

粒子群算法是由詹姆斯·肯尼迪（James Kennedy）和拉塞尔·C. 埃伯哈特（Russell. C. Eberhart）于 1995 年提出的。

9.3.1 粒子群算法的基本原理

粒子群算法的基本概念源于对鸟类觅食迁徙和群聚行为的模仿。

假设一群鸟在一块有食物的区域内，它们都不知道食物在哪里，只知道当前位置与食物的距离。最简单的方法就是搜寻目前离食物最近的鸟的区域。这里把该区域看作函数的搜索空间，将每只鸟抽象为一个粒子（物理意义上的质点），每个粒子有一个适应度和速度描述飞行方向和距离。粒子通过分析当前最优粒子在解空间中的运动过程去搜索最优解。设微粒群体的规模为 N，其中每个微粒在 D 维空间中的坐标位置为 $X_i=(x_{i1},x_{i2},\cdots,x_{iD})$，微粒 i 的速度定义为每次迭代中微粒移动的距离，表示为 $V_i=(v_{i1},v_{i2},\cdots,v_{iD})$，$P_i$ 表示微粒 i 所经历的最好位置，P_g 为群体中所有微粒所经过的最好位置，则微粒 i 在第 d 维子空间 中的飞行速度 V_{id} 为

$$V_{id} = w \cdot V_{id} + c_1 \cdot Rand() \cdot (p_{id} - x_{id}) + c_2 \cdot Rand() \cdot (p_{gd} - x_{id})$$

在这个过程中，每次运动的时间间隔被视为单位 1，那么速度实际上也可以用于描述下一个时间间隔的移动方向和移动距离。

$$x_{id} = x_{id} + V_{id}$$

第一项为微粒先前速度乘一个权值进行加速，表示微粒对当前自身速度状态的信任，依据自

身的速度进行惯性运动，因此称这个权值为惯性权值。第二项为微粒的当前位置与自身最优位置之间的距离，为认知部分，表示微粒本身的思考，即微粒的运动来源于自己经验的部分。第三项为微粒当前位置与群体最优位置之间的距离，为社会部分，表示微粒间的信息共享与相互合作，即微粒的运动中来源于群体中其他微粒经验的部分。

粒子群算法的基本流程如下。

（1）初始化：随机初始化每一微粒的位置和速度。

（2）评估：依据适应度函数计算每个微粒的适应度值，以便对每个微粒进行评价。

（3）寻找个体最优解：找出每个微粒到目前为止所搜寻到的最佳解，这个最佳解称为 Pbest。

（4）寻找群体最优解：找出所有微粒到目前为止所搜寻到的整体最佳解，此最佳解称之为 Gbest。

（5）更新每个微粒的速度与位置。

（6）回到步骤 2 继续执行，直到满足终止条件。

粒子群算法的计算流程如图 9.8 所示。

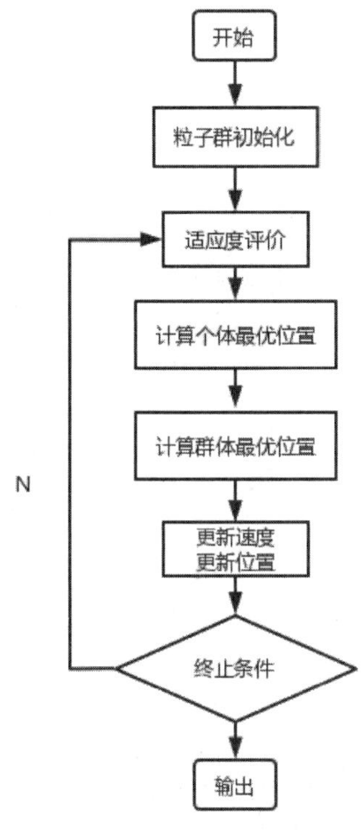

图9.8 粒子群算法的计算流程

注意

粒子群同样可以做 TSP 问题。

9.3.2 粒子群算法的实现

本小节将通过一个求极大值的例子来帮助大家学会应用粒子群算法[1]。

求解函数 $y = 11\sin(x) + 7\cos(5x)$ 在 [-3,3] 内的最大值。

首先，定义目标函数。

```
function y = fun1(x)
    y = 11*sin(x) + 7*cos(5*x);
end
```

然后，基于粒子群算法原理编写以下代码。

```
clear; clc
%%绘制函数的图形
x = -3:0.01:3;
y = 11*sin(x) + 7*cos(5*x);
figure(1)
plot(x,y,'b-')
title('y = 11*sin(x) + 7*cos(5*x)')
hold on  %不关闭图形，继续在上面画图

%%粒子群算法中的预设参数（参数的设置不是固定的，可以适当修改）
n = 10; %粒子数量
narvs = 1; %变量个数
c1 = 2;  %每个粒子的个体学习因子，也称为个体加速常数
c2 = 2;  %每个粒子的社会学习因子，也称为社会加速常数
w = 0.9;  %惯性权重
K = 50;  %迭代的次数
vmax = 1.2; %粒子的最大速度
x_lb = -3; %x的下界
x_ub = 3; %x的上界

%%初始化粒子的位置和速度
x = zeros(n,narvs);
for i = 1: narvs
    x(:,i) = x_lb(i) + (x_ub(i)-x_lb(i))*rand(n,1);    %随机初始化粒子所在的位置在定义域内
end
v = -vmax + 2*vmax .* rand(n,narvs);  %随机初始化粒子的速度（这里我们设置为[-vmax,vmax]）

%%计算适应度
fit = zeros(n,1);  %初始化这n个粒子的适应度全为0
for i = 1:n  %循环整个粒子群，计算每一个粒子的适应度
     fit(i) = fun1(x(i,:));    %调用fun1函数来计算适应度（fun1函数为目标函数的定义式，这
```

1 趣知 boy.Matlab 中实现粒子群算法 [EB/OL].（2023-02-24）[2024-08-06].https://blog.csdn.net/m0_67794575/article/details/129196162.

```
里写成x(i,:)主要是为了和以后遇到的多元函数互通)
    end
    pbest = x;    %初始化这n个粒子迄今为止找到的最佳位置(是一个n*narvs的向量)
    ind = find(fit == max(fit), 1);  %找到适应度最大的那个粒子的下标
    gbest = x(ind,:);  %定义所有粒子迄今为止找到的最佳位置(是一个1*narvs的向量)

    %%在图上标上这n个粒子的位置用于演示
    h = scatter(x,fit,80,'*r');   %scatter是绘制二维散点图的函数,80是设置的散点显示的大小
(这里返回h是为了得到图形的句柄,未来我们对其位置进行更新)

    %%迭代K次来更新速度与位置
    fitnessbest = ones(K,1);  %初始化每次迭代得到的最佳适应度
    for d = 1:K  %开始迭代,一共迭代K次
        for i = 1:n   %依次更新第i个粒子的速度与位置
            v(i,:) = w*v(i,:) + c1*rand(1)*(pbest(i,:) - x(i,:)) + c2*rand(1)*(gbest -
x(i,:));  %更新第i个粒子的速度
            %如果粒子的速度超过了最大速度限制,就对其进行调整
            for j = 1: narvs
                if v(i,j) < -vmax(j)
                    v(i,j) = -vmax(j);
                elseif v(i,j) > vmax(j)
                    v(i,j) = vmax(j);
                end
            end
            x(i,:) = x(i,:) + v(i,:); %更新第i个粒子的位置
            %如果粒子的位置超出了定义域,就对其进行调整
            for j = 1: narvs
                if x(i,j) < x_lb(j)
                    x(i,j) = x_lb(j);
                elseif x(i,j) > x_ub(j)
                    x(i,j) = x_ub(j);
                end
            end
            fit(i) = fun1(x(i,:));  %重新计算第i个粒子的适应度
            if fit(i) > fun1(pbest(i,:))   %如果第i个粒子的适应度大于这个粒子迄今为止找到的
最佳位置对应的适应度
                pbest(i,:) = x(i,:);   %那就更新第i个粒子迄今为止找到的最佳位置
            end
             if  fit(i) > fun1(gbest)  %如果第i个粒子的适应度大于所有的粒子迄今为止找到的最
佳位置对应的适应度
                gbest = pbest(i,:);   %那就更新所有粒子迄今为止找到的最佳位置
            end
        end
        fitnessbest(d) = fun1(gbest);  %更新第d次迭代得到的最佳适应度
        pause(0.1)  %暂停0.1s
```

```
    h.XData = x;  %更新散点图句柄的x轴的数据（此时粒子的位置在图上发生了变化）
    h.YData = fit; %更新散点图句柄的y轴的数据（此时粒子的位置在图上发生了变化）
end

figure(2)
plot(fitnessbest)  %绘制出每次迭代最佳适应度的变化图
xlabel('迭代次数');
disp('最佳的位置是：'); disp(gbest)
disp('此时最优值是：'); disp(fun1(gbest))
```

这个程序以动图的形式展示了粒子群体在函数上的运动轨迹。由于寻找的是最优值，这里就直接绘制了递增的迭代曲线。最终结果如图 9.9 所示。

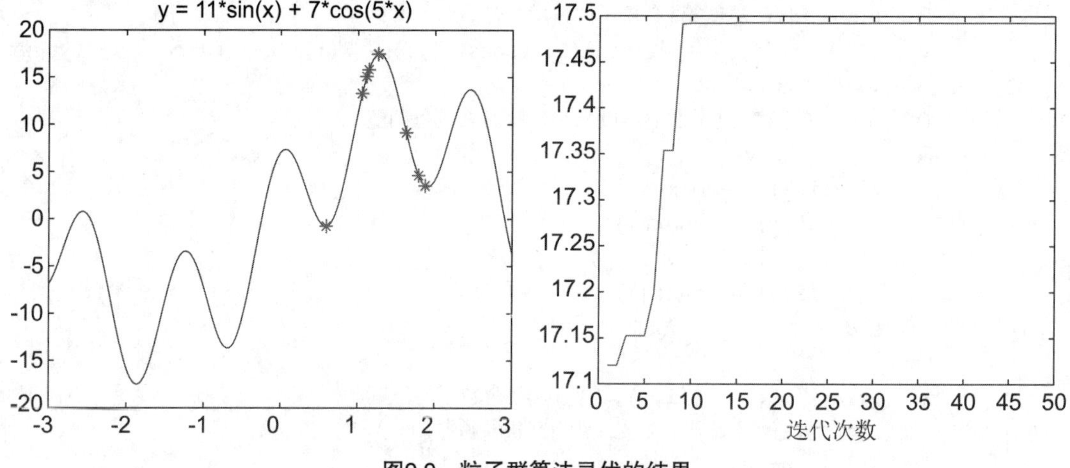

图9.9 粒子群算法寻优的结果

由于函数的极值相对比较容易求解，所以粒子数量设置比较小。但从图中可以看出，即使只有 10 个粒子、50 次迭代，粒子群算法依然能够在第 10 轮时收敛到极大值 17.4928，此时 X 为 1.2752。

除此以外，粒子群算法还可以用于函数的拟合。这里直接使用 MATLAB 提供的粒子群算法工具包来呈现一个示例。

利用粒子群算法拟合函数 $y = \mathrm{e}^{-k_1 x_1}\sin(k_2 x_2) + x_3^2$ 中的参数 k_1 和 k_2，所需要的数据如表 9.1 所示。

表 9.1 数据

y	x1	x2	x3	y	x1	x2	x3
15.02	23.73	5.49	1.21	15.94	23.52	5.18	1.98
12.62	22.34	4.32	1.35	14.33	21.86	4.86	1.59
14.86	28.84	5.04	1.92	15.11	28.95	5.18	1.37
13.98	27.67	4.72	1.49	13.81	24.53	4.88	1.39
15.91	20.83	5.35	1.56	15.58	27.65	5.02	1.66
12.47	22.27	4.27	1.5	15.85	27.29	5.55	1.7
15.8	27.57	5.25	1.85	15.28	29.07	5.26	1.82

续表

y	x1	x2	x3	y	x1	x2	x3
14.32	28.01	4.62	1.51	16.4	32.47	5.18	1.75
13.76	24.79	4.42	1.46	15.02	29.65	5.08	1.7
15.18	28.96	5.3	1.66	15.73	22.11	4.9	1.81
14.2	25.77	4.87	1.64	14.75	22.43	4.65	1.82
17.07	23.17	5.8	1.9	14.35	20.04	5.08	1.53
15.4	28.57	5.22	1.66				

首先，定义拟合用的函数。

```
function f = fun(k)
    global x y;  %在子函数中使用全局变量前也需要声明下
    y_hat = exp(-k(1)*x(:,1)) .* sin(k(2)*x(:,2)) + x(:,3).^2;
    f = sum((y - y_hat) .^ 2);
end
```

然后，调用 MATLAB 内置的粒子群算法工具包。

```
clear; clc
global x y;  %将x和y定义为全局变量（方便在子函数中直接调用，要先声明）
load data_x_y  %数据集内里有x和y两个变量
narvs = 2;
%使用粒子群算法，不需要指定初始值，只需要给定一个搜索的范围
lb = [-10 -10];  ub = [10 10];
[k, fval] = particleswarm(@fun,narvs,lb,ub)
```

调用方法非常简单，先指定目标函数，再设置变量个数和取值范围，如果有特殊需求还可以在后面追加参数 options。例如，如果想用 fmincon 函数与之混合求解，可以编写 options。

```
options = optimoptions('particleswarm','HybridFcn',@fmincon);
```

得到的结果如下。

```
Optimization ended: relative change in the objective value
over the last OPTIONS.MaxStallIterations iterations is less than OPTIONS.
FunctionTolerance.

k =

   -0.0915    0.3169


fval =

  297.0634
```

注意　关于 options 的编写，可以参考优化工具包的要求，或者在 MATLAB 帮助中心搜索 particleswarm 来查看相关文档。

9.4 模拟退火算法

模拟退火算法由 S. 柯克帕特里克（S. Kirkpatrick）等人提出，能有效解决局部最优解问题。

9.4.1 模拟退火算法的基本原理

模拟退火算法是一种基于物理中固体退火过程与一般组合优化问题之间存在的类似性的搜索方法。它从某一较高初始温度开始，利用概率特性与抽样策略在解空间中进行随机搜索，随着温度下降不断重复抽样，从而优化问题的求解。

在求解优化问题时，模拟退火迭代地重复如下过程：首先根据当前解产生一个新解，然后计算接受新解的概率。模拟退火算法一般采用 Metropolis 接受准则，如果新解比当前解好则接受概率为 1，即一定接受；如果新解比当前解差，则并非完全不接受，而是以一定的概率接受，此概率随新解与当前解目标函数值差距的增大而减小，随算法运行时间的增大而减小。概率值满足 Metropolis 定义：

$$P = e^{-\frac{E(n+1)-E(n)}{T}}$$

直接使用 Metropolis 准则可能会导致寻优速度太慢，以至于无法实际使用，为了确保算法在有限的时间内收敛，必须设定控制算法收敛的参数。在上式中，可以调节的参数是 T。T 值如果过大，会导致退火太快，达到局部最优值就结束迭代；T 值如果取值较小，则计算时间会增加。实际应用中通常采用退火温度表，在退火初期采用较大的 T 值，随着退火的进行，逐步降低。模拟退火算法流程图如图 9.10 所示。

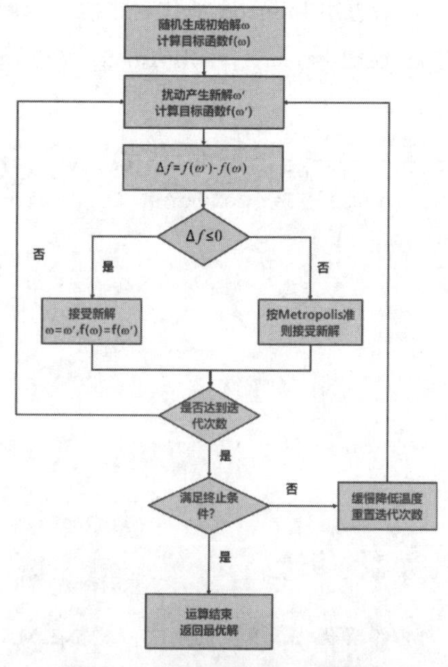

图9.10　模拟退火算法流程图

> **注意** 在运行速度方面，模拟退火和粒子群都很快，但模拟退火略快一些。粒子群求解大规模函数极值时容易陷入局部最优解，而模拟退火算法则相对稳定一些。

9.4.2 模拟退火算法的实现

本小节将用模拟退火算法求 9.3.2 小节的函数极大值问题。

```
%%绘制函数的图形
x = -3:0.1:3;
y = 11*sin(x) + 7*cos(5*x);
figure
plot(x,y,'b-')
%模拟退火算法

%初始化参数
narvs = 1; %变量个数
x_lb = -50;       % 自变量下界
x_ub = 50;        %自变量上界
maxgen = 100;  % 最大迭代次数
Lk = 10;         % 每个温度下的迭代次数（注意：这里可能需要重新考虑逻辑）
T = 100;   %初始温度
alfa = 0.99;  %温度衰减系数
x0 = rand(1, narvs) * (x_ub - x_lb) + x_lb;  % 初始解
y0 = 11*sin(x0) + 7*cos(5*x0);  % 初始解的函数值
max_y = y0;       % 初始化最大函数值
best_x = x0;      % 初始化最佳解
%模拟退火过程
for iter = 1 : maxgen
    for i = 1 : Lk
            %生成新解
        y = randn(1,narvs);
        z = y / sqrt(sum(y.^2));
        x_new = x0 + z*T; %注意：这里使用T作为步长可能不符合模拟退火的标准做法
        % 调整新解的位置
        x_new = max(min(x_new, x_ub), x_lb);
        % 计算新解的函数值
        y1 = 11*sin(x_new) + 7*cos(5*x_new);
        % Metropolis准则
        if y1 > y0
            x0 = x_new;
            y0 = y1;
        else
            p = exp((y0 - y1)/T); %注意：这里修改了符号以符合常见的模拟退火公式
            if rand() < p
                x0 = xx_new;
```

```
                y0 = y1;
            end
        end
        %更新最佳解
        if y0 > max_y
            max_y = y0;
            best_x = x0;
        end
    end
    %温度下降
    T = alfa*T;
end

%显示最终结果
disp('最佳的位置是：');
disp(best_x);
disp('此时最优值是：');
disp(max_y);

pause(0.5)
h.XData = [];  h.YData = [];  %将原来的散点删除
scatter(best_x,max_y,'*r');  %在最大值处重新标上散点
title(['模拟退火找到的最大值为', num2str(max_y)])  %加上图的标题

%%画出每次迭代后找到的最大y的图形
figure
plot(1:maxgen,MAXY,'b-');
xlabel('迭代次数');
ylabel('y的值');
```

模拟退火的迭代曲线如图 9.11 所示。

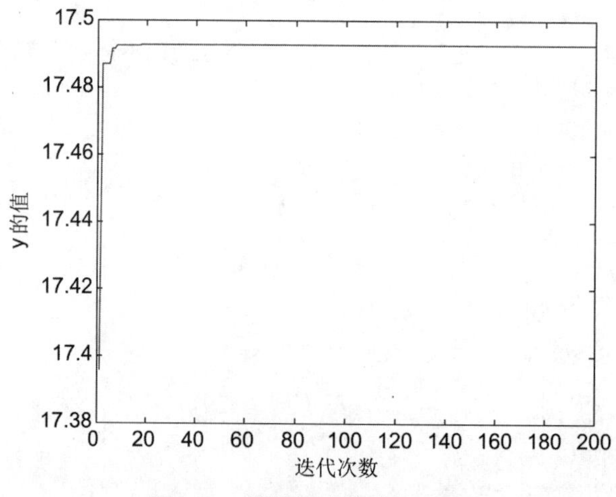

图9.11　模拟退火的迭代曲线

此外，模拟退火的运行速度也很快，迭代在十几轮时就收敛到最大值 17.4928，并且完成 200 轮退火迭代只需要 4.726 秒，因为它只需要基于一个概率去判断接受或拒绝，避免了大量的迭代计算。

本章主要介绍了四个最经典的智能优化算法。其中，遗传算法是进化计算的代表，而蚁群粒子群又是群体智能的代表。在参加数学建模竞赛时大家使用这几个智能优化算法即可，因为其他的智能算法与它们大同小异，并且不会有很显著的提升效果。

习题

1. 利用智能优化算法求解下列函数的极值：

$$y = x_1^2 + x_2^2 + \cos x_3$$

2. 医疗物资配送是一个典型的优化问题。假设国药控股山西有限公司要给 15 家医疗单位配送医疗物资。大同分公司是物资配送站，也就是起点。假定只有一辆配送车。各地点的经纬度和物资需求见附件。如果使用一辆载重量为 800kg 的运输车，应按照怎样的顺序遍历这些地点才能够使总代价最小？

3. 接问题 2，如果使用两辆载 600kg 的运输车，按照怎样的顺序遍历这些地点才能使总代价最小？

第 10 章

其他数学建模知识

本章主要介绍其他一些常用的数学建模知识。本章主要涉及的知识点如下。

- 元胞自动机。
- 基本图像处理方法。
- 基本文本处理方法。
- 基本信号处理方法。

注意：本章内容的考查频率相对较低，读者只需简单了解即可。

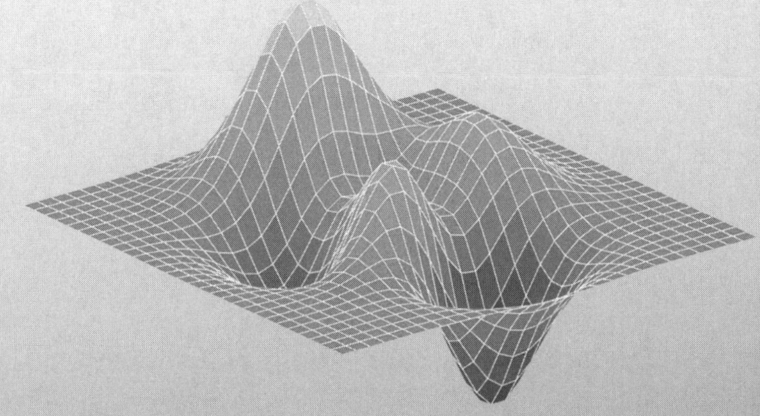

10.1 元胞自动机

10.1.1 元胞自动机是什么

元胞自动机是一种时间、空间、状态都离散，空间相互作用和时间因果关系为局部的网格动力学模型，具有模拟复杂系统时空演化过程的能力。

元胞自动机最大的特点是没有固定的数学公式，所以数学建模里有一句玩笑话叫作“遇事不决，元胞自动机”。自产生以来，元胞自动机的分类研究便成为其重要的研究课题和核心理论。按照不同的角度和标准，元胞自动机可有多种分类。1990 年，霍华德 · A. 古托维茨（Howard A. Gutowitz）提出了基于元胞自动机行为的马尔科夫概率量测的层次化、参量化的分类体系。S. 沃尔弗拉姆（S. Wolfram）在深入研究一维元胞自动机的演化行为后，基于大量的计算机实验，将所有元胞自动机的动力学行为归纳为以下四大类。

（1）平稳型：自任何初始状态开始，经过一定时间运行后，元胞空间整体构型趋于收敛不再随着时间变化而变化。

（2）周期型：经过一定时间运行后，元胞空间表现出周期性的规律，在周期中频繁出现一系列简单结构。这一类元胞自动机在数字图像、数字信号中有着广泛应用。

（3）混沌型：经过一段时间运行以后元胞空间没有周期规律，结构较为复杂，存在随机性，表现出混沌系统的特征。

（4）复杂型：出现复杂的局部结构，其中有些会不断地传播。

10.1.2 元胞自动机的实现

本小节将以某地山火的模拟仿真为例，展示一个元胞自动机的代码。在某地山火的模拟仿真中，定义规则为：将一片连续区域离散化为方格，在初始状态下每个方格都被视为空地，空地长出树木的概率为 P2，树木自然着火的概率为 P1；若前后左右四个方格有树木着火，那么本方格中的树木也会被点燃。代码如下。

```
P1=0.00001; %树木自然着火概率
P2 =0.01; %空地长出树木概率
%假设空地长出树木，树木燃烧变成空地只需要1回合
size =400; %森林大小
trees =zeros(size,size);
d1 = [size , 1:size-1];
d2 = [2:size , 1];
result = image(cat(3, (trees == 2), (trees == 1), zeros(size)))
for i =1:2000
```

```
        neighbour = (trees(d1,:)==2)+(trees(d2,:)==2)+(trees(:,d1)==2)+(trees(:,d2)==2);
%周围着火树木数量
        trees =trees+(trees==1 &(neighbour>0|rand(size,size)<=P1)) ...%自然着火，受周围
影响着火
         + (neighbour==0 &rand(size,size)<=P2& trees==0) +(trees==2)*(-2); %周围无火焰
的空地恢复成树木，燃烧树木变成空地
      set(result, 'cdata', cat(3, (trees == 2), (trees == 1), zeros(size)) );
      drawnow
      pause(0.01)
    end
```

由于程序运行结果是一个动图，因此这里仅展示一个截图，如图 10.1 所示。

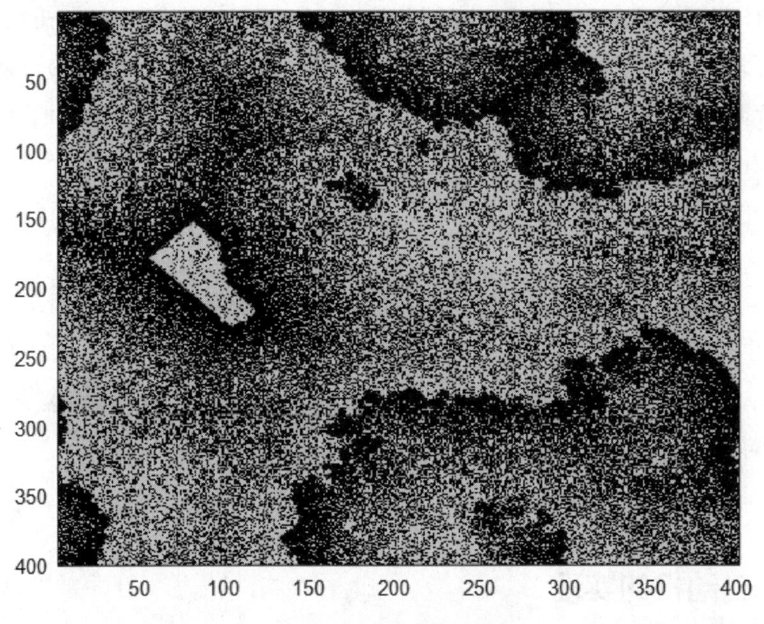

图10.1　元胞模拟过程截图

程序利用元胞自动机计算了树木燃烧的概率，同时判断了上下左右邻居中是否有两棵树着火的情况。

接下来请大家根据上面的元胞自动机代码和生命游戏的规则，完成生命游戏的代码。生命游戏规则为：在一个离散化的网格集群中，每个细胞有生与死两种状态，其状态由周围八个细胞的生死决定。如果当前细胞为活细胞，并且其周围有两三个细胞是活的它就可以继续存活，否则该细胞将死于寿命不足或拥挤；如果当前细胞为死细胞，并且其周围有三个活细胞则这一细胞会被复活。

注意

元胞自动机要谨慎使用，因为它没有显式的数学表达式，因此在叙述时比较困难。

10.2 基本的图像处理

10.2.1 MATLAB 图像工具

MATLAB 提供了丰富的图像处理工具，与 OpenCV 并驾齐驱。

假设在项目文件夹下面存放了一张名为“majima.jpg”的图片文件。MATLAB 可以用如下方式读取图片并在 GUI 窗口中显示。

```
clc;clear; close all;
I = imread('majima.jpg'); %读取图片文件
imshow(I); %弹窗显示
```

弹窗显示如图 10.2 所示。

图10.2 弹窗显示

这个图片的尺寸是 337 × 600 × 3。它其实是一个三维张量，这里的 3 表示三个颜色通道。彩色图像在计算机中以 RGB 和 HSV 两种常见的模式存储，每个通道都是一个矩阵。例如，RGB 三通道图像是红色、绿色、蓝色三个通道图像的叠加，每个通道矩阵的每一项表示灰度值。如果是一幅黑白图像那就只需要一个通道，灰度值越接近 0 则图像越黑，越接近 1 则图像越白。

使用 rgb2gray 和 rgb2hsv 可以将彩色的 RGB 图片转化为灰度图（黑白照）和 HSV 图，具体效果如图 10.3 所示。

```
clc;clear; close all;
rgbImage = imread('majima.jpg');
imshow(rgbImage);
figure();
```

```
grayImage=rgb2gray(rgbImage);
imshow(grayImage);
figure();
hsvImage = rgb2hsv(rgbImage);
imshow(hsvImage);
```

图10.3　灰度图效果（左）和HSV图效果（右）

从图 10.3 可以看到，使用 rgb2gray 函数可以将图像由彩色转为黑白；而使用 rgb2hsv 则会将其按照 HSV 格式输出。

注意

在进行图像的形态学运算时往往要先将图像转化为灰度图再进行运算。

图像的缩放、裁切与旋转等基本操作可以通过 imresize, imcrop 和 imrotate 等函数来实现。大家可以自行尝试操作。

```
clc;clear; close all;
RGB = imread('majima.jpg');
RGB2 = imresize(RGB, [128 128]);
figure;
imshow(RGB);
title('Original Image');
figure;
imshow(RGB2);
title('Resized Image');
RGB3 = imrotate(RGB2, 45, 'bilinear','loose');
imshow(RGB3);
title('Rotated Image');
```

特征点是图像里一些特别的地方，通常包括图像中的角点、边缘和区块等具有代表性的区域，但图像的视觉特征又往往会随着拍摄角度不同而变化。因此，研究者基于图像的梯度等数学描述设计了许多更加稳定的局部图像特征，如 SIFT、SURF、ORB 算子等。

MATLAB 图像工具包提供了六种不同的算子使用方法，包括 detectBRISKFeatures、detectMSERFeatures、 detectFASTFeatures、detectHarrisFeatures、detectSURFFeatures、detectMinEigenFeatures。这里列举四种常见的算子的使用方法。

```
I=imread('majima.jpg');J=rgb2gray(I);figure();
subplot(2,2,1)
boxPoints = detectSURFFeatures(J);
imshow(J);
title('SURF feature points');hold on;
plot(selectStrongest(boxPoints, 100));
subplot(2,2,2)
boxPoints = detectBRISKFeatures(J);
imshow(J);
title('BRISK feature points');hold on;
plot(selectStrongest(boxPoints, 100));
subplot(2,2,3)
boxPoints = detectFASTFeatures(J);
imshow(J);
title('FAST feature points');hold on;
plot(selectStrongest(boxPoints, 100));
subplot(2,2,4)
boxPoints = detectMinEigenFeatures(J);
imshow(J);
title('MinEigen feature points');hold on;
plot(selectStrongest(boxPoints, 100));
```

特征点提取结果如图 10.4 所示。

图10.4 特征点提取结果

从图 10.4 中可以看到，图片轮廓线上最具有特征的点被提取了出来。这些点有的梯度变化大，有的颜色分布多样，有的分布密集，有的分布稀疏，都是算法识别出的图片的特征。利用特征点的匹配可以完成一系列操作，如图像的分类、目标检测等。

> **注意** 在进行高级图像处理任务如图像分类、目标检测时，如采用特征点法，SIFT 算子和 ORB 算子往往更加常用。它们通常与机器学习相结合使用。

图像中除了包含局部特征点，还包含宏观的统计特征如图像颜色和亮度的分布情况。数学上它们可以用图像直方图来描述。

```
imhist(I);
```

绘制出的图像直方图如图 10.5 所示。

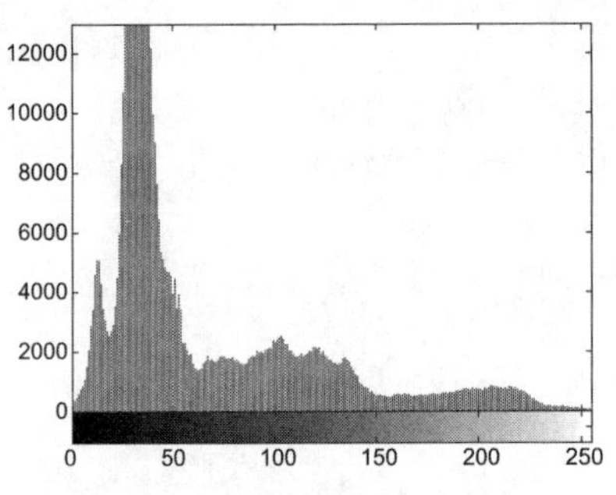

图10.5　图像直方图

从图 10.5 中可以看到，直方图的下方是灰度情况，这一直方图描述的是图像各像素的亮度统计分布情况。此外，黑色区域的像素分布相对密集，所以可以做一个直方图均衡化来增强图像的对比度。

```
I2 = histeq(I);
imshow(I2);
figure();
imhist(I2);
```

直方图均衡化处理后的效果如图 10.6 所示。

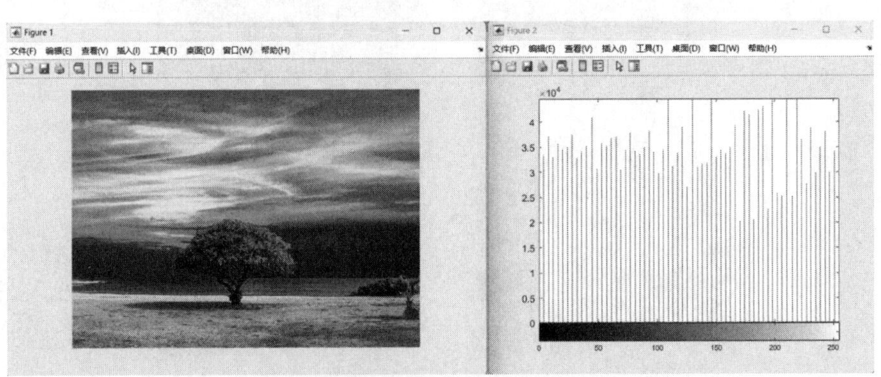

图10.6　直方图均衡化处理后的结果

从图 10.6 中可以看到，经过直方图均衡化处理后的图像不仅亮度更高，对比度也得到了提升。直方图均衡化和傅里叶变换是图像处理中两种最常用的技术。

另外三种经典的形态学运算是腐蚀、膨胀和锐化，由于在这张图上效果并不明显这里就不一一展示了。有兴趣的读者可以找一些图片试着运行下面的代码。

```
original_img = imread('majima.jpg');
imshow(original_img)
title('Original Image');
b = imsharpen(original_img);
figure, imshow(b)
title('Sharpened Image');
SE = strel('rectangle',[11 11]);
out = imerode(original_img, SE);
subplot(1,4,2);
imshow(out);
nhood = [0 1 0;1 1 1;0 1 0];
out = imdilate(original_img, nhood);
figure();
imshow(out);
```

10.2.2 机器视觉

让机器像人类一样去感知世界是计算机视觉领域所追求的目标。随着深度学习技术的发展，神经网络在解决计算机视觉和图像数据问题上展现出了惊人的效果。其中，以卷积神经网络和注意力机制为代表的深度学习方法在图像分类、目标检测、语义分割、图像超分辨率、图像生成等领域发挥了重要作用。卷积是图像处理中的一种有效方法，可以对图像特征进行提取、接收、响应和筛选。卷积神经网络中的卷积核可被视为特征提取器，组成卷积核的每个元素都对应一个权重系数和一个偏差量，类似于一个前馈神经网络的神经元。卷积核在工作时，会有规律地扫过输入图像，每滑动一次就进行一次卷积操作，对像素矩阵做元素乘法求和并叠加偏差量，得到一个特征值，特征值组成的特征矩阵即为特征映射。在图像上执行卷积操作如图 10.7 所示。

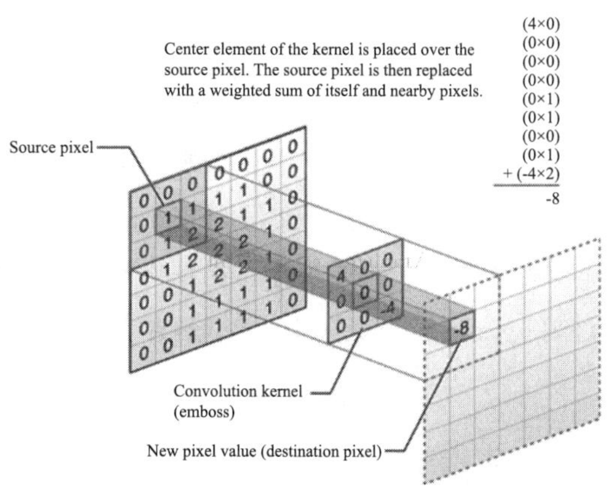

图10.7 在图像上执行卷积操作

注意　卷积神经网络在计算机视觉、自然语言处理等领域有着广泛的应用。它的常见模型包括 LeNet-5、ResNet、VGG、GoogleNet、GhostNet 等。后续很多网络的骨干网如 Faster RCNN、YOLO、FCN 等都有卷积神经网络的影子。

10.3 基本的文本处理

10.3.1 文本的可计算性

在自然语言处理领域，对文本进行编码，即将其转化为向量并构建时间序列模型，是进行所有任务的基本预处理操作。文本的向量化方法有很多，包括最早的基于统计自然语言处理的向量化方法，后来的基于机器学习的向量化方法，以及目前广泛应用的基于深度学习的向量化方法，尤其是基于大规模预训练模型的向量化。

独热编码（One-Hot Encoding）是一种较早的文本向量化方法。独热编码本质上是构建一个词典，再将每个单词转化为 1 个 0-1 向量。显然，独热编码方法仅适合处理短文本，不适合对长文本进行建模，因为一旦文本过长或者词汇过多则必将产生维度稀疏和维度爆炸的问题。基于统计方法的 TF-IDF 算法很好地解决了这一问题。TF-IDF 算法的原理为：某个单词在某一篇文章中出现的频次越高，同时在其他文章中出现的频次越低，则这个单词就有可能越是该文章的一个关键词。TF-IDF 的基本表达式形如：

$$TFIDF(t,d) = TF(t,d) \times IDF(t)$$

其中，$TF(t,d)$ 表示单词 t 在文档 d 中出现的频率；$IDF(t)$ 是逆文本频率指数，它可以衡量单词 t 在区分这篇文档和其他文档时的重要性。IDF 的公式如下，其中 N_{text} 表示文章总数，$N_{text}(t)$ 表示含单词 t 的文章数，分母加 1 是为了避免分母为 0：

$$IDF(t) = \log \frac{N_{text}}{N_{text}(t)+1}$$

Word2vec 是基于神经网络的模型，通过机器学习实现文本的向量化操作。它包含两种模型架构：一种是用一个单词作为输入来预测它的上下文的 Skip-gram 模型，结构由小到大；另一种是拿一个词语的上下文作为输入来预测这个词语本身的 CBOW 模型，结构由大到小。CBOW 模型更适合处理小型语料库，而 Skip-gram 在大型语料库上表现更好。图 10.8 为两种典型的 Word2vec 架构。

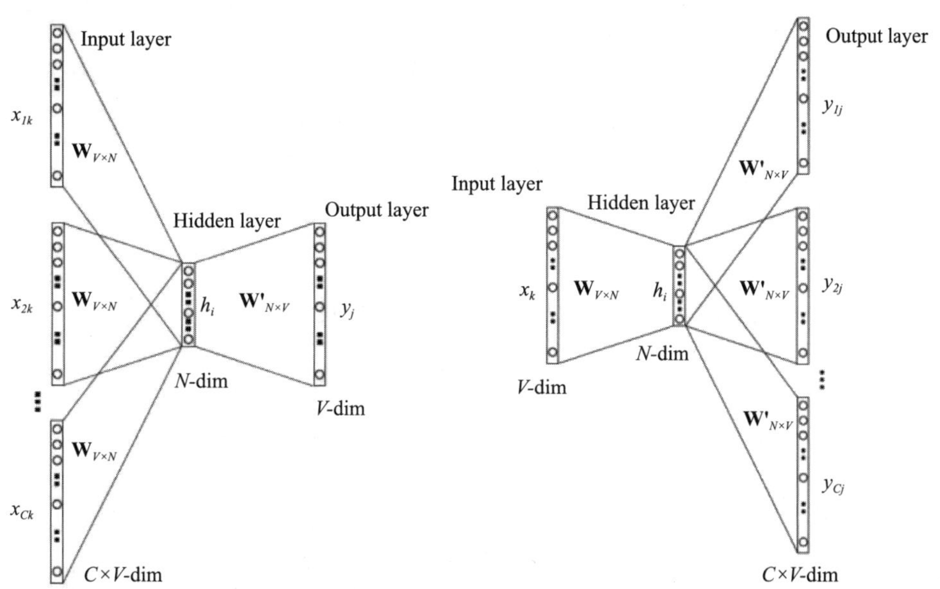

图10.8 两种典型的Word2vec架构

文本分类任务和其他机器学习方法一样，首先通过构造文本向量从而获得其统计特征和语义特征，然后基于有监督学习的统一范式将其向量化，处理并转化为一般分类任务后，再用传统机器学习算法或深度学习算法来求解。TextCNN 网络是一种基于卷积神经网络。TextCNN 由于结构简单、训练速度快、F1 分数高，在文本分类、推荐等 NLP 领域得到了广泛应用。图 10.9 是一个 TextCNN 的模型结构：

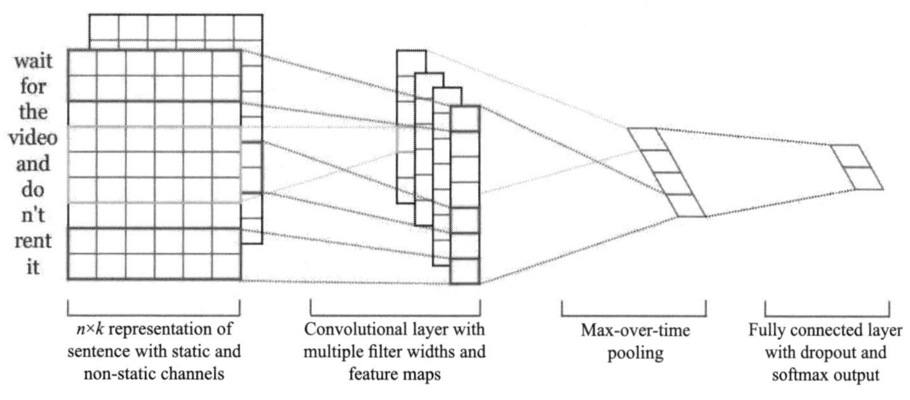

图10.9 TextCNN的模型结构

TextCNN 的成功在很大程度上是因为发掘带有序列性的向量数据，其中的卷积方法通过引入预训练的词向量（Word2Vec、GloVe 等）在多个数据集上达到了非常良好的表现，进一步证明了构造更好的文本向量化模型是提升文本分析建模中各项子问题（如命名实体识别、情感分析、话题抽取等）的关键能力。

LSTM 等循环神经网络也可以用于文本等序列模型的建模中，因为文本的语义场在本质上是一个词序列，上一个词和下一个词之间存在语义上的联系，可以用贝叶斯公式与条件概率去捕捉这种隐含的语义。文本分类问题需要对输入的文本字符串进行分析判断并输出分类预测的结果标签，但字符串不能输入到 RNN 网络中。因此在输入之前需要先对文本进行预处理，即通过分词切分出单个单词然后再将单词转化为向量并构成一个输入序列。分类器得到的输出结果也是一个向量。向量化模型将一个词对应为一个向量，向量的每一个维度对应一个浮点值。这些浮点值通过全连接层后，被映射到不同的分类标签中。使用 RNN 进行文本分类的示意图如图 10.10 所示。

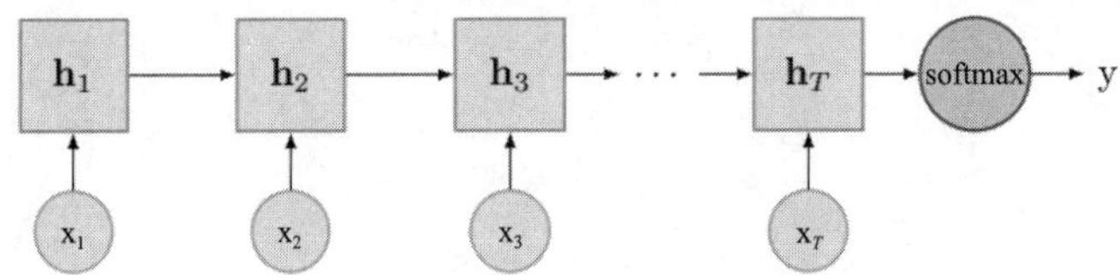

图10.10　使用RNN进行文本分类

RNN 网络不可避免存在信息瓶颈问题：最终输出结果受最近输入的影响较大，而较早的输入可能无法影响结果。此外，文本分析中如果使用单向 RNN 则只能捕捉上文信息，无法利用下文信息进行推理。为了解决 RNN 存在的梯度逸散、结构简单化造成的信息瓶颈，以及单向信息流造成的下文缺失等问题，在利用 RNN 类模型进行文本建模时可以使用双向 LSTM。双向 LSTM 模型不仅具备反向信息传播的能力，而且每一层都会产生一个隐藏状态输出，然后将这些隐藏状态输出组合起来并传给全连接层。

注意　卷积神经网络在文本处理上的一个最大的特点是快。循环神经网络在训练过程中要保证有足够的算力，因为神经网络的误差反向传播所需要的时间成本和算力成本比卷积神经网络更高。

自然语言处理模型在处理中文时一个很大的问题是分词。由于中文不像英文单词那样用空格分隔，并且中文分词时要注意歧义和指代的问题。另外，自然语言处理模型在处理中文时还涉及命名实体识别，即对语句中的专有名词（如人名、地名、时间等）进行自动识别。从序列模型的角度看，分词和命名实体识别都可以抽象为序列标注问题来解决。

命名实体识别在特定领域文本（如医疗文本、金融文本等）的实体规则定义与实体抽取上应用相对更广，但在通用场景下难以覆盖所有的语言现象因而容易造成识别误判。随着机器学习的发展，基于时间序列、随机场、隐马尔可夫模型等的序列标注方法在性能上取得了更大的突破。随着神经网络通用性研究的深入和算力的巨大突破，文本中的序列标注任务通常会采用 LSTM、CRF 或将两者进行融合，并在必要时引入 Bert 等预训练模型进行更好的向量化操作。

10.3.2　一个文本分析的简单例子

本小节将以 200 条社交媒体 X 上的评论为例展示如何使用文本分析工具包。这 200 条评论都是短文本，部分评论文本示例如图 10.11 所示。

	Video ID	Comment	Likes	Sentiment
0	wAZZ-UWGVI	Let's not forget that Apple Pay in 2014 required a brand new iPhone ir	95	1
1	wAZZ-UWGVI	Here in NZ 50% of retailers don't even have contactless credit card n	19	0
2	wAZZ-UWGVI	I will forever acknowledge this channel with the help of your lessons	161	2
3	wAZZ-UWGVI	Whenever I go to a place that doesn't take Apple Pay (doesn't happer	8	0
4	wAZZ-UWGVI	Apple Pay is so convenient, secure, and easy to use. I used it while a	34	2
5	wAZZ-UWGVI	We've been hounding my bank to adopt Apple pay. I understand why they	8	1
6	wAZZ-UWGVI	We only got Apple Pay in South Africa in 2020/2021 and it's widely ac	29	2
7	wAZZ-UWGVI	For now, I need both Apple Pay and the physical credit card.	7	1
8	wAZZ-UWGVI	In the United States, we have an abundance of retailers that accept Ap	2	2
9	wAZZ-UWGVI	In Cambodia, we have a universal QR code system, we scan and send mone	28	1
10	b3x28s61q3	Wow, you really went to town on the PSU test rack. That's a serious bi	1344	2
11	b3x28s61q3	The lab is the most exciting thing in IT I've seen for a while. This i	198	2
12	b3x28s61q3	Linus, I'm an engineer and love the LMG content across all the channel	365	2
13	b3x28s61q3	There used to be a time where Linus was the smartest guy in the room,	211	2
14	b3x28s61q3	Holy crap. I was looking at Chroma systems back when I was designing p	821	0
15	b3x28s61q3	I love the direction this channel is going. Most tech channels, even t	150	2
16	b3x28s61q3	I am more excited for the LTT Lab than I have been for a lot of conter	49	2
17	b3x28s61q3	I adore the working relationship Linus has with his team. 99% of emplc	19	2

图10.11　部分评论文本

图 10.11 中的这些文本有一定的情感倾向，可以用来做情感分析，也可以用来做话题模型。

注意

对于文本分析和自然语言处理，Python 集成的工具会比 MATLAB 更多。

以下是使用 MATLAB 文本工具包去除文本停用词和生成词袋模型的示例代码。

```
    data = readtable("text.csv",'TextType',"string");
    textData = data.Comment;
    customStopWords = [stopWords "down" "upon" "back" "though" "away" "that" "this"
"there" "A" "is" "are" "am"];
    documents = preprocessText(textData);
    bag = bagOfWords(documents);
    bag = removeInfrequentWords(bag,2);
    bag = removeEmptyDocuments(bag);
    function documents = preprocessText(textData)
    %对文本进行编码
    documents = tokenizedDocument(textData);
    %处理单词
    documents = addPartOfSpeechDetails(documents);
    documents = normalizeWords(documents,'Style','lemma');
    %开始文本清洗
    documents = erasePunctuation(documents);
    %停用词和低频词的过滤
    documents = removeStopWords(documents);
    documents = removeShortWords(documents,2);
    documents = removeLongWords(documents,15);
    end
```

文本工具包的一个主要功能是可以利用潜在狄利克雷分布（Latent Dirichlet Allocation，LDA）模型进行文本话题的区分。文本话题可以用不同的求解器进行训练。不同求解器的调用代码如下。

```
k = 20;
T = topkwords(bag,k);
numDocuments = numel(documents)
cvp = cvpartition(numDocuments,'HoldOut',0.3);
documentsTrain = documents(cvp.training);
documentsValidation = documents(cvp.test);
bagTrain = bagOfWords(documentsTrain);
bagTrain = removeInfrequentWords(bagTrain,2);
bagTrain = removeEmptyDocuments(bagTrain);
numTopics = 10;
solvers = ["cgs" "avb" "cvb0"];
lineSpecs = ["+-" "*-" "x-"];
validationData = bagOfWords(documentsValidation);
figure
for i = 1:numel(solvers)
    solver = solvers(i);
    lineSpec = lineSpecs(i);

    mdl = fitlda(bag,numTopics, ...
        'Solver',solver, ...
        'InitialTopicConcentration',1, ...
        'FitTopicConcentration',false, ...
        'ValidationData',validationData, ...
        'Verbose',0);

    history = mdl.FitInfo.History;

    timeElapsed = history.TimeSinceStart;
    validationPerplexity = history.ValidationPerplexity;
    idx = isnan(validationPerplexity);
    timeElapsed(idx) = [];
    validationPerplexity(idx) = [];

    semilogx(timeElapsed,validationPerplexity,lineSpec)
    hold on
end
hold off
xlabel("训练时间/s ")
ylabel("验证性能 ")
legend(solvers)
rng("default")
```

得到的不同求解器的性能如图 10.12 所示。

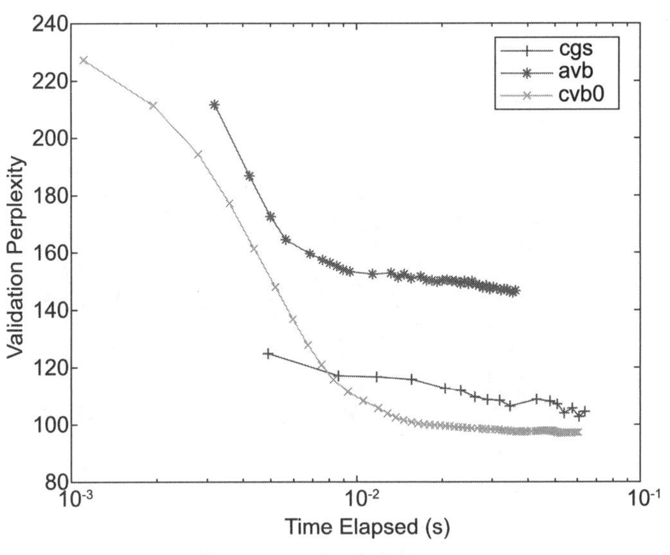

图10.12 不同求解器的性能

从图 10.12 中可以发现，求解器的性能都比较好，时间都在毫秒级，并且 cvb0 在验证 perplexity 的过程中收敛最快因而效果也是最好的，可以选取它进行模型训练。

注意

LDA 模型和线性判别分析是两个不同的概念。

经过词频分析等一系列处理后，可以发现该文本适合用四个话题来进行拟合。接下来，展开拟合过程并绘制四个话题的主题词与概率图。

```
numTopics = 4;
mdl = fitlda(bag,numTopics,'Verbose',0);
k = 5;
for topicIdx = 1:numTopics
    disp("Topic "+ topicIdx + " in Novels:");
    tbl = topkwords(mdl,k,topicIdx)
    topWords(topicIdx) = join(tbl.Word,", ");
end
figure
bar(mdl.CorpusTopicProbabilities)

xlabel("话题")
xticklabels(topWords);
ylabel("概率")
title("文档话题抽取 ")
```

主题词与概率图，如图 10.13 所示。

图10.13　四个话题的主题词与概率图

从图 10.13 可以看到，主题词和概率都处于较高的水平。四个话题的主题词分别为“make, work, really, year, love”“good, video, tech, love, say”“people, like, get, look, video”“get, take, thing, like, apple”。这些话题都与 video（视频）相关，且都是比较积极的词汇。在应用话题模型时可以根据这些主题词对话题进行概括，这也是社交媒体数据挖掘过程中一种常见的手段。

注意

在文本分析中，除了可以使用词频分析，还可以利用词云图来更直观地进行可视化呈现。

10.4　基本的信号处理

10.4.1　信号数据的统计指标

信号数据的统计特性包括时域、频域、时频域。

（1）提取的时域特征如下。

- 最大值。
- 最小值。
- 峰值。
- 偏度：用于表示统计数据分布偏斜方向和程度。

$$Skew(x(t)) = E\left[\left(\frac{x(t)-\mu_x}{\sigma_x}\right)^3\right]$$

- 整流平均值。

$$X_{\mathrm{arv}}=\frac{1}{T}\int_{t_0}^{t_0+T}|x(t)|\,dt$$

- 均值：信号中心值，随机信号在均值附近波动，其定义为：

$$\mu_x=\frac{1}{N}\sum_{i=1}^{N}x_i(t)$$

其中，N 为样本大小。

- 标准差：反映信号的波动程度，其大小与波动程度正相关。

$$\sigma_x=\sqrt{\frac{1}{N}\sum_{n=0}^{N-1}\left[x_i(t)-\mu_x\right]^2}$$

- 均方根值：有效值，能衡量振动信号的振动幅度和故障的严重程度。

$$X_{rms}=\sqrt{\frac{1}{N}\sum_{i=1}^{N-1}x_i^2(t)}$$

- 峰值指标：用于表示信号中是否存在冲击。

$$C=\frac{X_p}{X_{rms}}$$

式中的 C 为峰值指标，X_p 为信号的峰值。

- 峭度指标：用于反映信号中冲击的特征。

$$K=\frac{1}{N}\sum_{i=1}^{N}\left(\frac{x_i(t)-\mu_x}{\sigma}\right)^4$$

- 波形指标：用于检测信号中是否有冲击。

$$S_f=\frac{X_{rms}}{\frac{1}{N}\sum_{i=0}^{N}|x_i(t)|}$$

- 裕度指标：用于检测设备的磨损程度。

$$L=\frac{X_p}{\left|\frac{1}{N}\sum_{i=0}^{N}\sqrt{|x_i(t)|}\right|}$$

- 脉冲指标：用于检测信号中是否存在冲击。

$$I=\frac{X_p}{\frac{1}{N}\sum_{i=0}^{N}|x_i(t)|}$$

考虑到产生的信号可能不具有可积条件，不适合进行傅里叶变换，且随机信号的幅值、频率、相位等参量都是随机的，进行幅值谱和相位谱进行分析较为困难，所以可以采取功率谱密度进行分析。

（2）提取的频域特征如下。

- 重心频率：当设备发生故障时，某一处频率的振动幅值会发生变化，进而导致功率谱的重心位置发生变化，而重心频率可以反映功率谱的重心位置，故可用重心频率来判断故障状态。其定义为

$$FC=\frac{\sum_{i=1}^{N} f_i p_i}{\sum_{i=1}^{N} p_i}$$

其中，FC 为重心频率，f_i 和 p_i 分别为时刻 i 对应的频率值与幅值。

- 均方频率：可用于评判功率谱重心位置的变化。

$$MSF=\frac{\sum_{i=1}^{N} f_i^2 p_i}{\sum_{i=1}^{N} p_i}$$

- 频率方差：反映频率谱能量的分散程度。

$$VF=\frac{\sum_{i=1}^{N} (f_i-FC)^2 p_i}{\sum_{i=1}^{N} p_i}$$

（3）提取的时频域特征如下。

- 频带能量。
- 相对功率谱熵。

$$RPSD=-\frac{\sum_{i=1}^{n} \frac{p_i^2}{\sum_{j=1}^{N} p_j^2} \log_2 \frac{p_i^2}{\sum_{j=1}^{N} p_j^2}}{\log_2 n}$$

注意　我们可以利用 MATLAB 内置的函数或者编写函数来计算这些指标。时域、频域和时频域都是不同类型的统计描述指标。

10.4.2 MATLAB 的信号滤波

在信号处理和图像处理中一个最重要的预处理手段是傅里叶变换。傅里叶变换不仅可以实现一定的滤波功能，还可以绘制频谱图以分解信号中不同的频率成分，它是一种非常重要的分析方法。下面是一段频谱图绘制的代码。

```
x1=filter(b,a,g00(:,2));
x0=hilbert(x1);
x1=abs(x0);
fx1 = abs(fft(x1-mean(x1)))/(N/2);  %傅里叶变换
plot(f(1:Hz), fx1(1:Hz),'b','y',title('原始信号频域'),xlabel('frequency [Hz]'));
%绘制原始信号频域
legend("正常状态");
```

我们也可以将多个信号的频谱图绘制在一张图中，效果如图 10.14 所示：

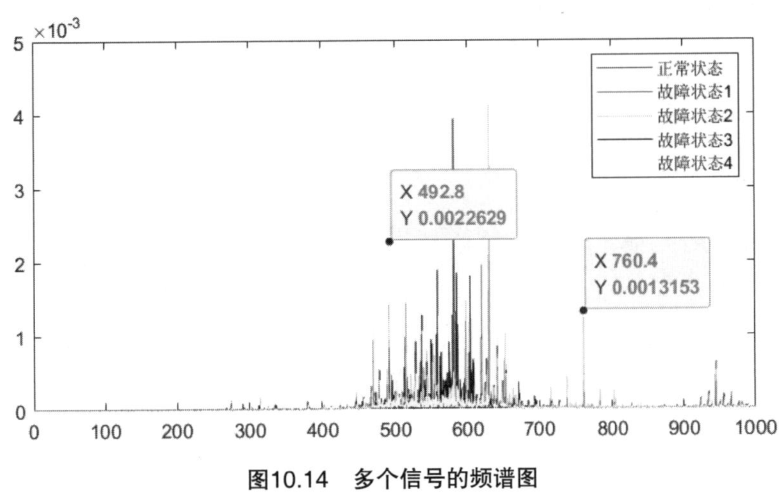

图10.14　多个信号的频谱图

从图中可以看到，信号的频域集中分布在 400~700Hz 频段，且近似正态分布。但故障状态 4 下的信号频域分布相对分散，故障状态 2 的均值更高。

频谱图是一种更为宏观的统计特性，它描述了信号的频率结构及频率与该频率信号幅度的关系。

除此以外，常见的变换还有小波变换、希尔伯特变换等。希尔伯特变换的积分形式为

$$\hat{x}(t)=H[x(t)]=\frac{1}{\pi}\int_{-\infty}^{\infty}\frac{x(\tau)}{t-\tau}d\tau$$

下面介绍不同滤波器的使用方法，示例代码如下。

```
clear;clc;
fs = 6400;  %重采样频率
T = 1/fs;  %周期
n = 5;  %1Hz频率被分成n段
N = fs*n;  %因为1Hz频率被分成了n段，所以频谱的x轴数组有fs*n个数
f = (0: N-1)*fs/N;  %将fs个频率细分成fs*n个（即原来是[0, 1, 2, …, fs]，现在是[0, 1/N,
2/N, …, (N-1)*fs/N]）
t = (0: N-1)*T;  %信号所持续的时长（N个周期）
nHz = 1000;  %画的频谱的横坐标到nHz
Hz = nHz*n;  %画的频谱的横坐标的数组个数
```

```
Wc=2*640/fs;
Wc1=2*512/fs; %下截止频率 1Hz
Wc2=2*640/fs;
[b,a]=butter(2,[Wc1, Wc2],'bandpass');  %二阶的巴特沃斯带通滤波

sr=xlsread('附件1.xls',1 );
x=sr(:,3);
subplot(2,3,1);
plot(x(1:1000),'r');
xlabel("time");ylabel("sensor 1");title("原始信号");

b  =  [1 1 1 1 1 1]/6;
x1 = filter(b,1,x);
fprintf("移动平均滤波信噪比\n");
-snr(x1,x-x1)
fprintf("均方根误差\n");
rms(x-x1)
subplot(2,3,2);
plot(x1(1:1000),'r');
xlabel("time");ylabel("sensor 1");title("移动平均滤波")

x1=medfilt1(x,10);
fprintf("中值滤波信噪比\n");
-snr(x1,x-x1)
fprintf("均方根误差\n");
rms(x-x1)
subplot(2,3,3);
plot(x1(1:1000),'r');
xlabel("time");ylabel("sensor 1");title("中值滤波")

[b,a]=butter(4,Wc,'low');  %四阶的巴特沃斯低通滤波
x1=filter(b,a,x);
fprintf("低通滤波信噪比\n");
-snr(x1,x-x1)
fprintf("均方根误差\n");
rms(x-x1)
subplot(2,3,4);
plot(x1(1:1000),'r');
xlabel("time");ylabel("sensor 1");title("低通滤波")



wpt = wpdec(x,3,'db1');
x1 = wpcoef(wpt,[2 1]);
fprintf("小波包滤波信噪比\n");
-snr(x1,x(1:7350)-x1)
fprintf("均方根误差\n");
```

```
rms(x(1:7350)-x1)
subplot(2,3,5);
plot(x1(1:1000),'r');
xlabel("time");ylabel("sensor 1");title("小波包滤波")

[b,a]=butter(2,[Wc1, Wc2],'bandpass');  %二阶的巴特沃斯带通滤波
x1=filter(b,a,x);
fprintf("带通滤波信噪比\n");
-snr(x1,x-x1)
fprintf("均方根误差\n");
rms(x-x1)
subplot(2,3,6);
plot(x1(1:1000),'r');
xlabel("time");ylabel("sensor 1");title("带通滤波")
```

不同滤波器的对比图如图 10.15 所示。

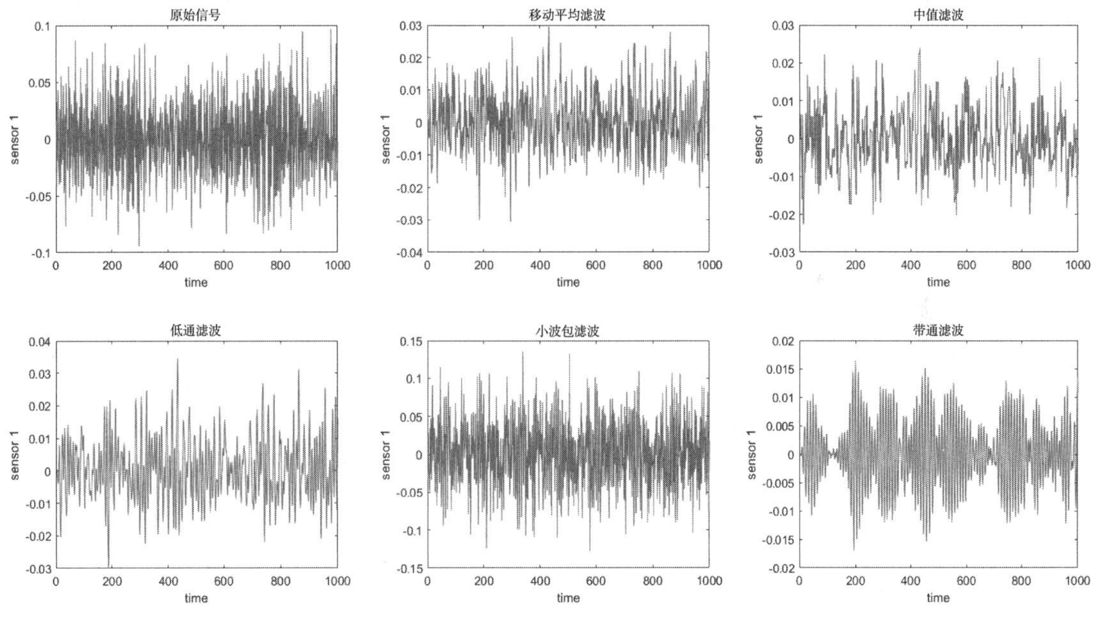

图10.15 不同滤波器的对比图

从图 10.15 中可以看到原始信号的分布无明显规律，且分布较为密集，不易从波形图中得到相应特征。滤波处理排除了无关频率成分的干扰，保留了所需频率附近的频率成分。处理后的信号的密度相较原始信号都有一定程度的下降。其中，经过带通滤波器处理的波形，信号分布较为均匀，幅值较有规律，在整体区间内的变化较为平滑。

注意 不同滤波器在处理具有不同特征的信号时效果有所不同。信噪比是衡量滤波效果的一个重要指标。这里建议大家使用小波包滤波，因为这种方法基于小波变换，是一种非常有效的滤波器。

本章简要介绍了其他常用的数学建模方法，以及图像、文本、信号等数据的基本处理方法。如果读者能够熟练掌握书中的知识，就能轻松应对一般的数学建模竞赛。

习题

1. 复现一个生命游戏的元胞自动机。
2. 深度学习在图像、文本、信号等数据中分别有哪些典型模型?

第 11 章

数学建模竞赛中的一些基本能力

前 10 章阐述了数学建模的基本理论，这一章将介绍数学建模中的一些基本能力。数学建模竞赛是三人团队协作任务，因此每个成员都必须掌握基本的模型理论和算法。在此基础上，每个成员可以有选择性地增强自己的某项基本能力。本章主要涉及的知识点如下。

- 文献检索能力。
- 模型架构能力。
- 程序设计能力。
- 数据可视化能力。
- 解释说理能力。
- 写作排版能力。

注意： 建模能力的提升，不是一朝一夕的事，它需要读者不断地进行实践和摸索。

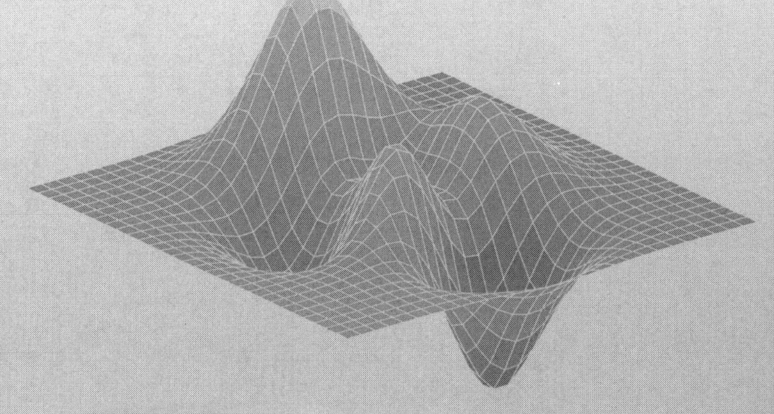

11.1 文献检索能力

文献检索能力是数学建模中必备的能力之一。

在检索文献时，除了可以根据作者和标题检索外，还可以基于关键词等多个主题进行检索。另外，中国知网提供了高级检索模式，可以按照不同的模式进行信息检索。检索后的论文可以根据时间、引用量和下载量三者进行排序。对这三者的权衡可以抽象为一个评价类模型。

1. 常见的论文检索网站

国内常见的论文检索网站包括中国知网、万方数据知识服务平台、维普网等。图 11.1 展示了中国知网的检索页面。

图11.1　使用中国知网进行检索

国外常见的论文检索网站有 ResearchGate 等。图 11.2 所示是 ResearchGate 的界面。

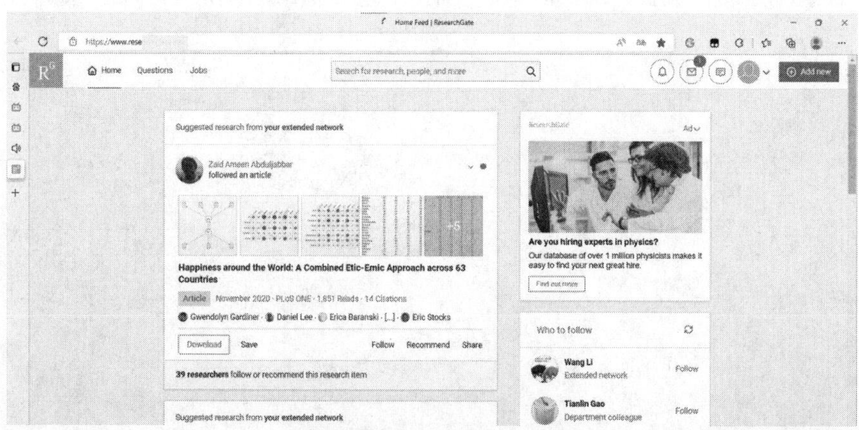

图11.2　ResearchGate的界面

2. 利用网络爬虫进行数据检索

数据检索往往比文献检索更加复杂。虽然有一些常用的数据库如世界银行等，但可能仍然需要使用爬虫技术。爬虫是指一种按照规则自动抓取万维网信息的程序或者脚本。爬虫可以验证超链接和 HTML 代码，用于网络抓取（Web Scraping）。互联网搜索引擎等或其他类似网站可以通过爬虫软件自动采集所有其能够访问的页面内容，以获取或更新这些网站的内容和检索方式。

网络爬虫按照系统结构和实现技术，大致可以分为批量性爬虫、增量型爬虫、垂直型爬虫。实际的网络爬虫系统通常是几种爬虫技术相结合实现的。Python 对网络爬虫提供了很多支持，如 Scrapy 框架、Feapder 框架等，以及简单一点的 urllib 库和 request 库等。

11.2 模型架构能力

1. 模型架构能力的要求

模型架构能力是指根据特定的问题构建好模型的能力。要想具备这些能力，需要扎实掌握数学建模的基本理论，并在此基础上利用数学建模实战训练积累经验。

一个好的模型具有以下三个特点。

- 合理：模型的原理和求解结果不违反常识，也不与公认的知识与定理冲突，每一步都有理有据。
- 简洁：模型的形式简洁，求解过程相对容易。
- 有效：模型的结果能够有效解决问题，或很好地解释现象。

2. 常见的模型及其原理

有些事自己不做就永远不知道，很多的模型是你自己在训练过程中积累的经验。这里总结一些常见的模型及其原理供读者参考。

- 如果问题是求最大值或最小值，可以考虑使用优化模型，如线性规划、非线性规划、整数规划、动态规划。其求解方法无非是找决策目标、优化函数和约束条件。
- 如果问题提供了一幅地图或者关系图，可以考虑用复杂网络或图论建模。在图论模型中可能还会用到优化模型，这时多半往整数规划方向靠，以节点之间有无连接或者直接以边为决策变量。优化目标往往是路径长或流量等，混合式规划问题常用智能优化算法求解。
- 如果问题是对某些对象做评价，那么很明显是考查评价模型。评价模型的核心在于权重和评分，然后基于评分排序。如果数据多，可以用客观评价中的 TOPSIS、熵权法、CRITIC、主成分分析、因子分析等；如果数据不多，首先应收集更多的数据，待数据完善后然后再使用层次分析法和模糊综合评价等方法进行评价。

- 如果问题是对时间序列进行预测，要观察数据的体量。如果只有十几条或二十几条数据，可以使用回归模型，不要使用机器学习；如果有几十条到几百条数据，可以试试灰色预测模型；如果是几百到几千条数据，可以使用 ARIMA 系列模型；如果数据量过千，可以尝试使用机器学习。
- 当进行原因分析或影响分析时，求解思路通常为：第一，用主成分分析或因子分析；第二，用回归分析各项系数；第三，用假设检验等方法，比如方差检验等；第四，数据量超过 200 条可以考虑使用自动化特征工程。

注意

模型的选择主要取决于问题的关键词和数据量。

11.3 程序设计能力

1. 程序设计能力与建模

程序设计能力是一种非常重要的能力，但它并不是数学建模的核心要素。所以一个人的编程能力不强并不意味着他不会建模。

2. 不要重复造“轮子”

在编程过程中，我们要善于利用现有的代码库，在其基础上进行必要的修改和扩展，避免不必要的重复工作，从头编写每一个代码段。一段代码最好的来源就是 MATLAB 提供的官方文档，这可以说是我见过最好的文档了。它的教学案例通常比我介绍的这些代码更加优美更加灵活。在建模过程中可以参考这些好代码，另外，这些文档中的示例代码在建模过程中可为我们提供重要参考。GitHub、Gitee 等平台上也有丰富的项目代码资源，我们可以从中寻找有用的信息。

另外，要定期清理和妥善管理代码，编写规范的代码注释，并遵循代码规范，包括函数名规范和变量名规范等。对于 MATLAB 函数文件，要更加注意管理。

11.4 数据可视化能力

1. 可视化的要求

可视化的要求包括如下几点。

- 图能达意：可视化图形应当能够解决特定问题，易于阅读，并且清晰地表达信息。

- 风格灵活：色彩、色调、线条的运用都恰到好处。
- 注重排版的美观性：合理摆放图的位置，多用并列式、宫格式排版。

2. 可视化不止于 MATLAB

可视化的工具有很多种，MATLAB 的可视化效果就非常不错，很多 SCI 期刊便是用 MATLAB 进行数据可视化；Python 的可视化工具有非常广泛的应用；R 语言、SPSS 等提供了很漂亮的可视化方式；EXCEL、PPT、PS，以及 echart.js 等前端框架也可以制作可视化效果。图 11.3 就是我在一篇数学建模论文中用 echart.js 做的一幅可视化图。

在写数学建模论文时最好将图片保存为 PNG 或 JPG 格式。SVG 或 PDF 格式也可行，它们不仅易于进行图片编辑，而且方便利用 PS 等工具进行二次可视化。但核心原则是：可视化要为文本内容服务。如果可视化是漫无目的的，那么就失去了其本身的意义和价值。

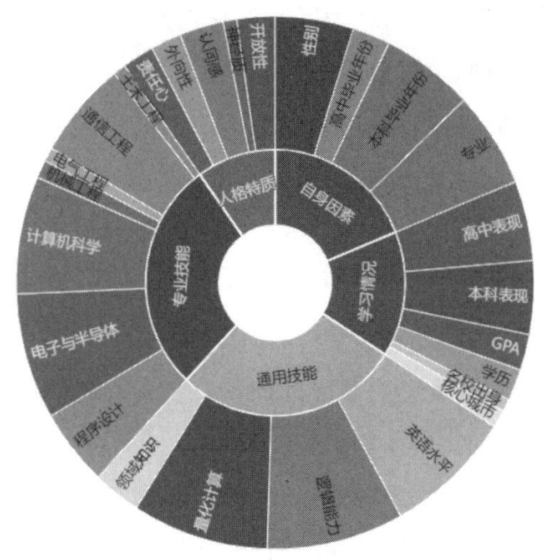

图11.3 echart.js可视化案例

11.5 解释说理能力

1. 数据的核心在于说理

解释说理能力要求编程者能够基于模型解释问题的答案。这是一个非常重要的能力，它是编程者赢得数学建模竞赛的关键。

2. 解释说理的两个例子

这里将结合两道数学建模竞赛试题来介绍如何做解释说理。

第一个例子是图 11.3 的数据。图形呈现的是一批印度毕业生的薪酬与其个人能力之间的可视化结果，使用的模型是岗位胜任力模型。图 11.3 中，岗位胜任力模型中权重排名前三的因素分别是通用技能、专业技能、自身因素，表明这三种因素都是印度企业看重的。权重排名第四的因素为学习情况，这与排名前三的因素的权重系数相比有较大的差距，反映了印度企业在选拔员工时对于学习情况并没有过多地看重。人格特征在岗位胜任力模型中的权重占比最小，显示印度企业对求职者的人格要求并不高，更看重求职者在其他方面的能力。整体而言，专业技能和通用技能的权重要大于自身因素，自身因素和学习情况的权重差不多。

在自身因素中，性别与专业对工程类毕业生的就业有较大影响，这反映印度部分企业对求职者的性别有一定偏见，而这则可能会导致男女薪资水平的不平等；专业在自身因素中的较大占比则表明企业会倾向于选择专业与职位要求更加匹配的求职者。

在学习情况中，高中与本科阶段的表现更受到印度企业的重视，GPA（平均学分绩点）的权重相对较低；同时，求职者的就读院校与所在地区并没有受到更多的关注，这反映了印度企业更加看重求职者的个人能力而非学校品牌。

在通用技能中，毕业生的量化计算、逻辑能力与英语水平的占比很大，表明印度企业对于工程类专业的解决项目的能力与跨文化沟通能力十分看重，体现出印度企业对个人能力的重视。

在专业技能中，程序设计、计算机科学、电子与半导体和通信工程专业的占比较高，表明在 21 世纪新型科技产业越发受到企业的重视；传统的工科类专业——机械工程、土木工程与电气工程的占比较小，表示这些行业已达到饱和，企业对其的重视程度也相对较低。

在占比最小的人格特质中，企业更加偏爱外向、有责任心和认同感、开放的求职者，具备这些人格特质的毕业生在求职时会拥有更大的优势。

第二个例子是一个路径分析图，如图 11.4 所示，在考虑到教育因素在模型中可能产生的影响后，我们运用结构方程与路径分析的方法，深入研究了居民人均可支配收入（以元为单位）与人口出生率（以千分率‰计算）之间的关联。

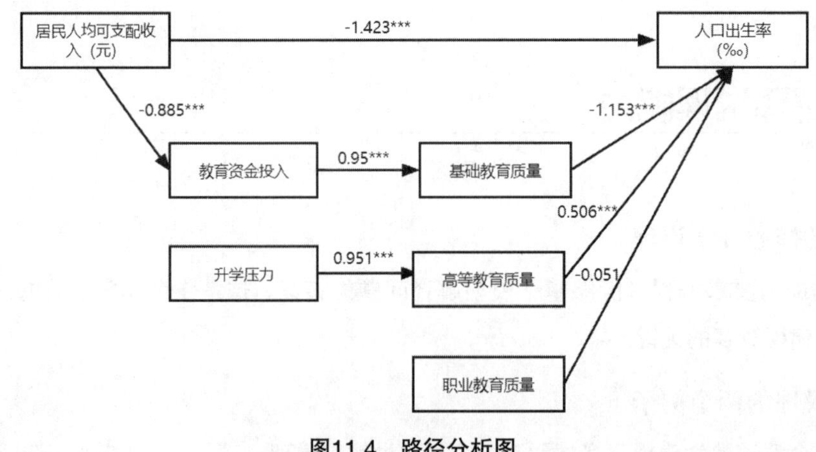

图11.4　路径分析图

从图 11.4 中可以看出，居民人均可支配收入与人口出生率有显著的预测作用，且教育资金投入和基础教育质量在居民人均可支配收入对人口出生率的影响中起到了链式中介作用。与此同时，高等教育质量降低了升学压力对于人口出生率的影响。当经济发展到一定程度时，出生率会呈现下降趋势，这一现象在很多发达国家中有所体现。与此同时，高等教育的发展为一部分人群提供了更好的生育条件，但是由于基础教育保障不足，因而对人口出生率有不同方向的影响。另外，职业教育质量对人口出生率无显著影响（$p > 0.05$）。

11.6 写作排版能力

1. 常用的文字处理软件

数学建模论文是数模竞赛最终成果，其排版效果对整体质量有着重要影响。文字处理软件主要有两个，Word 和 LaTeX。Word 大家应该基本上都会用，这里主要介绍 LaTeX 的用法。

2. 使用 Overleaf 写出漂亮的数模文档

LaTeX 的环境配置其实很麻烦，因此推荐大家使用 Overleaf 编写在线的 LaTeX 文件。Overleaf 的界面如图 11.5 所示。

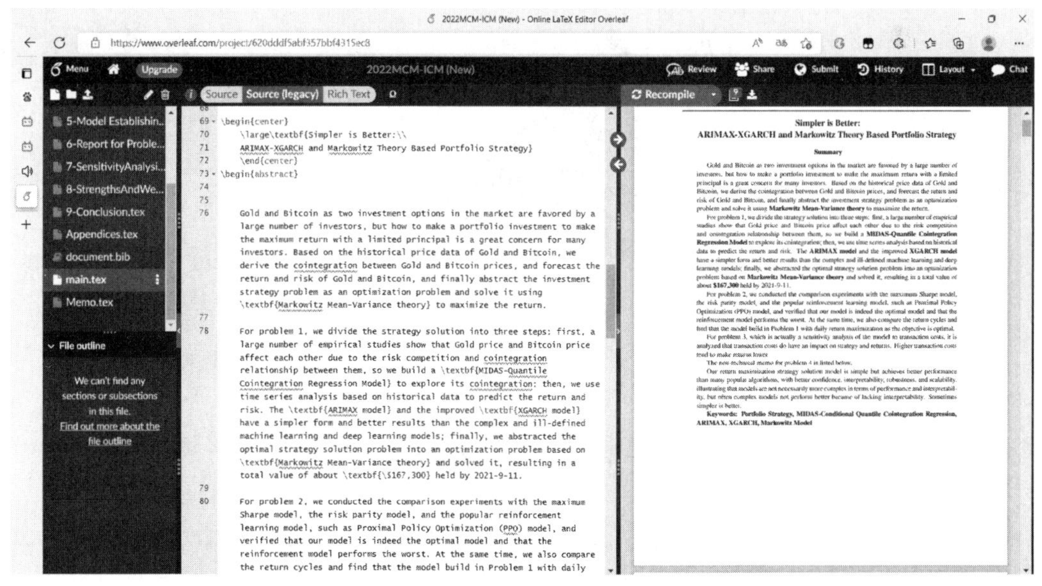

图11.5 Overleaf的界面

图 11.5 展示的是 2022 年美赛的一篇论文的 LaTeX 界面。LaTeX 的基本语法可以参考它的相关手册，当然国赛也有中文的 LaTeX 模板。它提供了一种类似于编程的方式去对文本进行排版。它

其实和 HTML 有点像，因为标签都是成对出现的，有 begin 就会有 end，以 \begin{document} 开启文本写作，再以 \end{document} 结束文本。文本排版时经过结构化解析，就变美观了。事实上，一些顶刊上的论文也是通过 LaTeX 排版的。

另外，如果要求用英文写数学建模论文，可以适当地使用翻译软件如谷歌翻译等，但摘要建议自己写，然后进行语法检查。

本章介绍了数学建模中的基本能力。读者可以根据本章内容的指引逐步提升自己的数学建模能力。

习题

1. 图 11.6 展示的是一个 Stewart（斯图尔特）平台的平台图，图中包括一个三角形平台（△ *ABC*），Stewart 平台位于一个由 3 个支柱（p_1、p_2 和 p_3）控制的固定平面内。三角形的尺寸由 3 条边的长度（L_1、L_2、L_3）确定。Stewart 平台的位置通过调整 3 个支柱的可变参数（p_1、p_2、p_3）来控制。

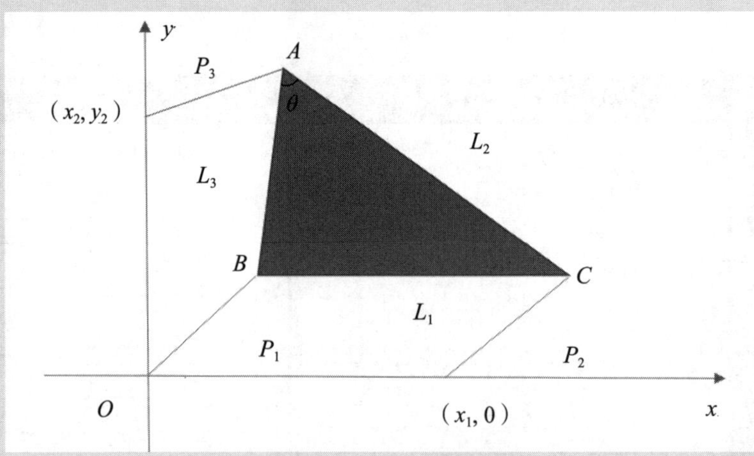

图11.6　Stewart平台平面图

（1）进行数学建模。参数 L_1、L_2、L_3、x_1、x_2、y_2 是固定常数，在给定一组参数 p_1、p_2、p_3 的值后，判断能否得到 Stewart 平台的一个位姿，即能否得到 A 点坐标（x, y）和角度 θ 的值。如果能，则称它为 Stewart 平台的一个位姿。但位姿并不是唯一的，请设计一个模型计算出一组固定参数下的全部位姿。

（2）进行模型检验。请利用参数“x_1=5, (x_2, y_2)=(0,6)，L_1=L_3=3, L_2=$3\sqrt{2}$, p_1=p_2=5, p_3=3”，计算出 Stewart 平台的全部位姿。

2. 现有一个质量为 10 千克、直径为 0.6 米的均质半球形薄铁锅。在铁锅的直径的两端有两个吊环（A、B），吊环直径可忽略不计。在吊环上安装相同的轻质等长硬弹簧，两根弹簧的末端也有吊环，并且两个吊环位于一根光滑杆上。吊环可以移动。当弹簧不受力时，长度均为 0.8 米，弹簧的劲度系数为 750 牛 / 米。假设弹簧只能伸长，不能弯曲。假设弹簧总是直立的，如图 11.7 所示，试回答如下问题。

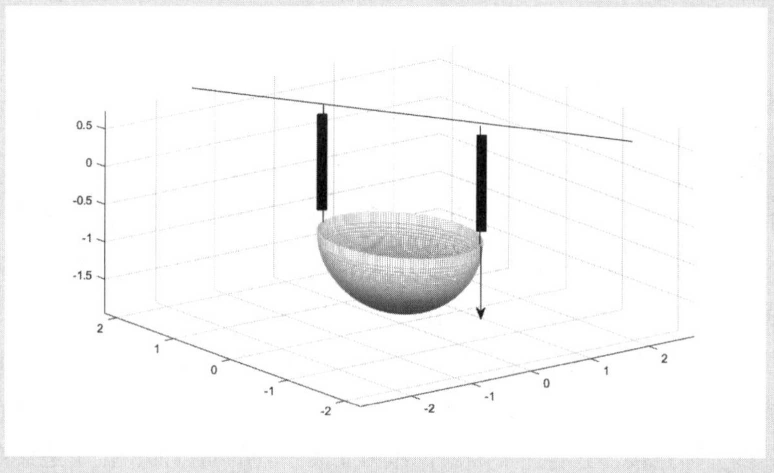

图11.7 铁锅

（1）如果在 A 点施加 90 牛的向下拉力，求在平衡状态下铁锅平面与水平面的夹角。

（2）如果以 0.1 秒的间隔去除在 A 点上施加的拉力，给出 10 秒内铁锅平面与水平面的夹角的变化数据。

3. 环境污染问题给人类生活带来极大影响，只有合理利用能源和有效控制污染，才能提升经济水平，美化人们的生活空间。

（1）请查找资料，构建评价环境污染的评分模型。

（2）利用问题（1）中建立的评分模型对比光伏发电和风力发电两种新能源在缓解环境污染方面的差异。

附录
数学建模竞赛题目

1 2022 年国赛 A 题

随着经济和社会的发展，人类面临能源需求和环境污染的双重挑战，发展可再生能源产业已成为世界各国的共识。波浪能作为一种重要的海洋可再生能源，分布广泛，储量丰富，具有可观的应用前景。波浪能装置的能量转换效率是波浪能规模化利用的关键问题之一。

附图 1.1 为一种波浪能装置示意图，由浮子、振子、中轴以及能量输出系统（PTO，包括弹簧和阻尼器）构成，其中振子、中轴及 PTO 被密封在浮子内部；浮子由质量均匀分布的圆柱壳体和圆锥壳体组成；两壳体连接部分有一个隔层，作为安装中轴的支撑面；振子是穿在中轴上的圆柱体，通过 PTO 系统与中轴底座连接。在波浪的作用下，浮子运动并带动振子运动（参见附件 1 和附件 2），通过两者的相对运动驱动阻尼器做功，并将所做的功作为能量输出。考虑海水是无黏及无旋的，浮子在线性周期微幅波作用下会受到波浪激励力（矩）、附加惯性力（矩）、兴波阻尼力（矩）和静水恢复力（矩）。在分析下面问题时，忽略中轴、底座、隔层及 PTO 的质量和各种摩擦。

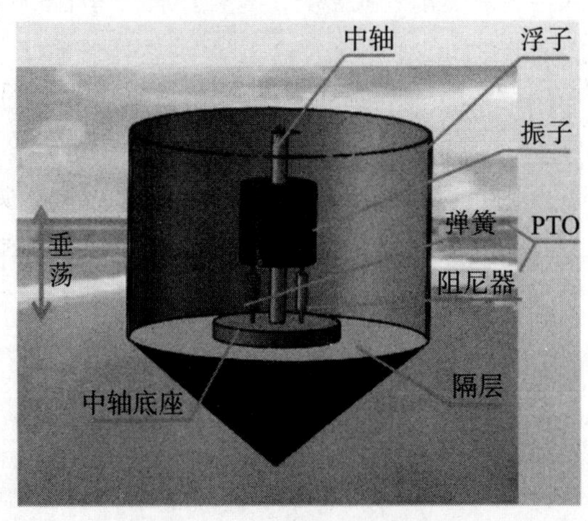

附图1.1　波浪能装置示意图

请建立数学模型解决以下问题。

问题 1：如附图 1.1 所示，中轴底座固定于隔层的中心位置，弹簧和直线阻尼器一端固定在振子上，一端固定在中轴底座上，振子沿中轴做往复运动。直线阻尼器的阻尼力与浮子和振子的相对速度成正比，比例系数为直线阻尼器的阻尼系数。考虑浮子在波浪中只做垂荡运动（参见附件 1），建立浮子与振子的运动模型。初始时刻浮子和振子平衡于静水中，利用附件 3 和附件 4 提供的参数值（其中波浪频率取 $1.4005s^{-1}$，这里及以下出现的频率均指圆频率，角度均采用弧度制），分别对以下两种情况计算浮子和振子在波浪激励力 $f\cos wt$（f 为波浪激励力振幅，w 为波浪频率）作用下前 40 个波浪周期内时间间隔为 0.2s 的垂荡位移和速度。

（1）直线阻尼器的阻尼系数为 10000N·s/m；

（2）直线阻尼器的阻尼系数与浮子和振子的相对速度的绝对值的幂成正比，其中比例系数取 10000，幂指数取 0.5。

将结果存放在 result1-1.xlsx 和 result1-2.xlsx 中。在论文中给出 10s、20s、40s、60s、100s 时，浮子与振子的垂荡位移和速度。

问题 2：仍考虑浮子在波浪中只做垂荡运动，分别对以下两种情况建立确定直线阻尼器的最优阻尼系数的数学模型，使得 PTO 系统的平均输出功率最大。

（1）阻尼系数为常量，阻尼系数在区间 [0,100000] 内取值；

（2）阻尼系数与浮子和振子的相对速度的绝对值的幂成正比，比例系数在区间 [0,100000] 内取值，幂指数在区间 [0,1] 内取值。

利用附件 3 和附件 4 提供的参数值（波浪频率取 $2.2143s^{-1}$）分别计算两种情况的最大输出功率及相应的最优阻尼系数。

问题 3：如附图 1.2 所示，中轴底座固定于隔层的中心位置，中轴架通过转轴铰接于中轴底座中心，中轴绕转轴转动，PTO 系统连接振子和转轴架，并处于中轴与转轴所在的平面。除了直线阻尼器，在转轴上还安装了旋转阻尼器和扭转弹簧，直线阻尼器和旋转阻尼器共同做功输出能量。在波浪的作用下，浮子进行摇荡运动，并通过转轴及扭转弹簧和旋转阻尼器带动中轴转动。振子随中轴转动，同时沿中轴进行滑动。扭转弹簧的扭矩与浮子和振子的相对角位移成正比，比例系数为扭转弹簧的刚度。

旋转阻尼器的扭矩与浮子和振子的相对角速度成正比，比例系数为旋转阻尼器的旋转阻尼系数。考虑浮子只做垂荡和纵摇运动（参见附件 2），建立浮子与振子的运动模型。初始时刻浮子和振子平衡于静水中，利用附件 3 和附件 4 提供的参数值（波浪频率取 $1.7152s^{-1}$），假定直线阻尼器和旋转阻尼器的阻尼系数均为常量，分别为 10000N·s/m 和 1000N·m·s，计算浮子与振子在波浪激励力和波浪激励力矩 $f\cos\omega t$，$L\cos\omega t$（f 为波浪激励力振幅，L 为波浪激励力矩振幅，ω 为波浪频率）作用下前 40 个波浪周期内时间间隔为 0.2s 的垂荡位移与速度和纵摇角位移与角速度。将结果存放在 result3.xlsx 中。在论文中给出 10s、20s、40s、60s、100s 时，浮子与振子的垂荡位移与速度和纵摇角位移与角速度。

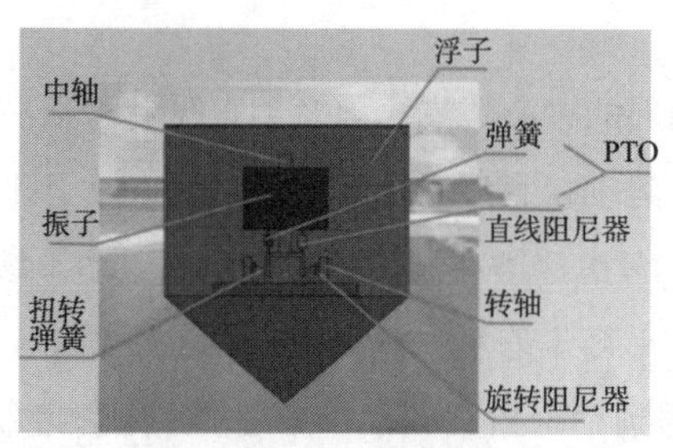

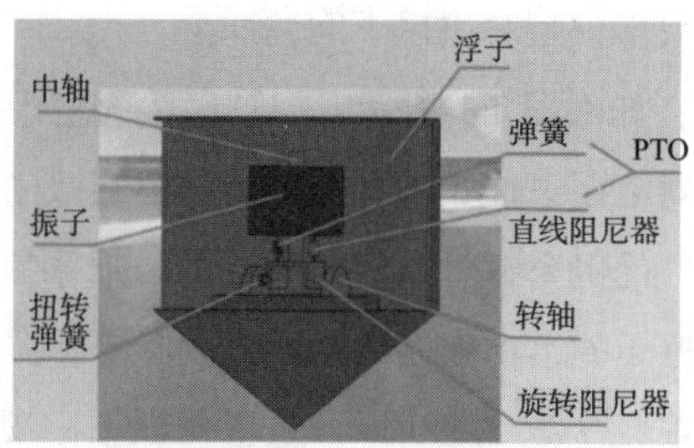

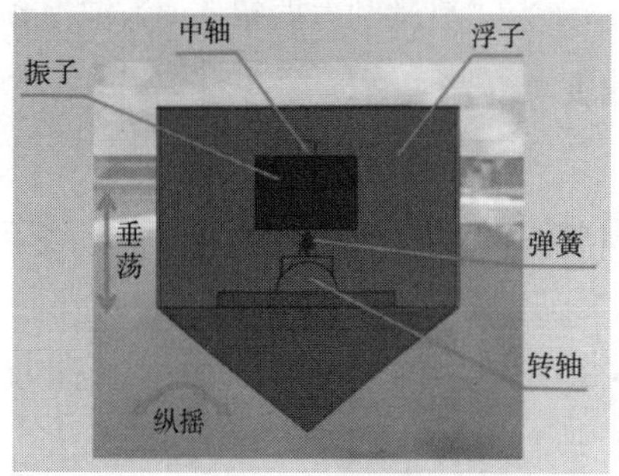

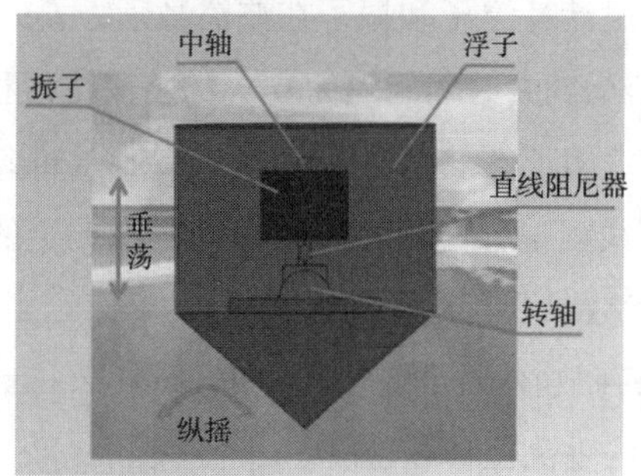

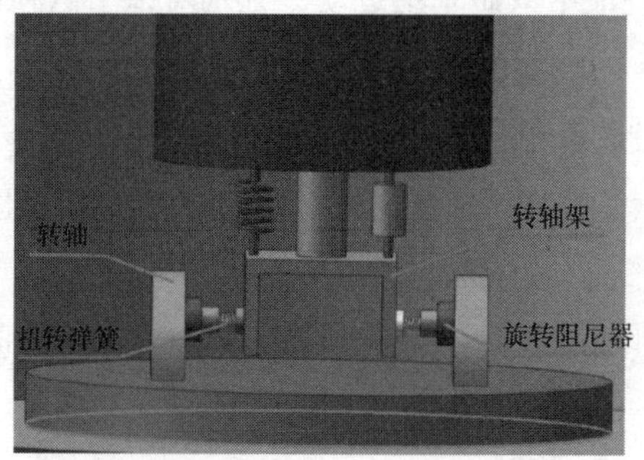

附图1.2　波浪能装置不同侧面的示意图

问题 4：考虑浮子在波浪中只做垂荡和纵摇的情形，针对直线阻尼器和旋转阻尼器的阻尼系数均为常量的情况，建立确定直线阻尼器和旋转阻尼器最优阻尼系数的数学模型，直线阻尼器和旋转阻尼器的阻尼系数均在区间 [0,100000] 内取值。利用附件 3 和附件 4 提供的参数值（波浪频率取 $1.9806s^{-1}$）计算最大输出功率及相应的最优阻尼系数。

附件 1：垂荡的动画。

附件 2：垂荡和纵摇的动画。

附件 3：不同入射波浪频率下的附加质量、附加转动惯量、兴波阻尼系数、波浪激励力（矩）振幅。

附件 4：浮子和振子的物理参数和几何参数值。

附录　术语

浮体在波浪的作用下做摇荡运动时，会受到海水的作用，包括附加惯性力（矩）、兴波阻尼力

（矩）和静水恢复力（矩）。

附加惯性力（矩）：使浮体在海水中获得（角）加速度，施加的额外的力（矩）。附加惯性力（矩）对应产生一个虚拟质量（虚拟转动惯量），即为附加质量（附加转动惯量）。

兴波阻尼力（矩）：浮体在海水中做摇荡运动时，产生的对浮体摇荡运动的阻力（矩）。兴波阻尼力（矩）与摇荡运动的（角）速度成正比，方向相反，比例系数称为兴波阻尼系数。

静水恢复力：浮体在海水中做垂荡运动时，受到的使浮体回到平衡位置的作用力。静水恢复力实际上是由浮体在垂荡运动时所受到的浮力变化引起的。

静水恢复力（矩）：浮体在海水中做纵摇运动时，受到的使浮体转正的力矩，其大小与浮体相对于静水面的转角成正比，比例系数称为静水恢复力矩系数。

这道题的第一问本质上是一个动力学问题。第一问和第二问相对比较好求解。第三问是“最烧脑”的，需要求解系统整体的转动惯量，并计算海平面下的体积以估算浮力，可以采用蒙特卡洛方法来完成。

2 2022年国赛B题

无人机集群在遂行编队飞行时，为避免外界干扰，应尽可能保持电磁静默，少向外发射电磁波信号。为保持编队队形，拟采用纯方位无源定位的方法调整无人机的位置，即由编队中某几架无人机发射信号，其余无人机被动接收信号，从中提取出方向信息进行定位，来调整无人机的位置。编队中每架无人机均有固定编号，且在编队中与其他无人机的相对位置关系保持不变。接收信号的无人机所接收到的方向信息约定为：该无人机与任意两架发射信号无人机连线之间的夹角，如附图2.1所示。例如，编号为FY01、FY02及FY03的无人机发射信号，编号为FY04的无人机接收到的方向信息是α_1、α_2和α_3。

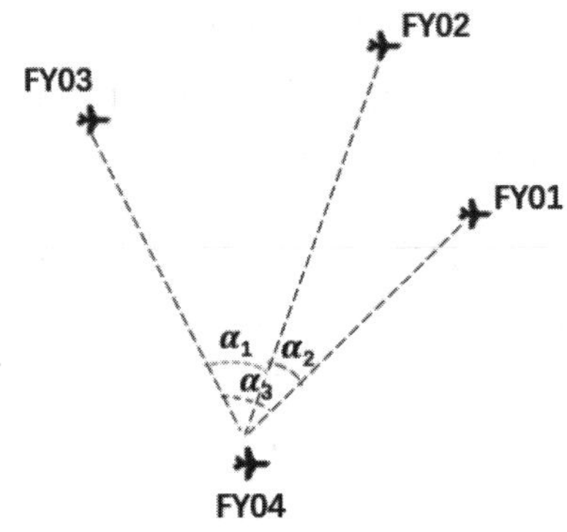

附图2.1 无人机接收到的方向信息示意图

请建立数学模型，解决以下问题。

问题 1：编队由 10 架无人机组成，形成圆形编队，其中 9 架无人机（编号 FY01~FY09）均匀分布在某一圆周上，另 1 架无人机（编号 FY00）位于圆心，如附图 2.2 所示。无人机基于自身感知的高度信息，均保持在同一个高度上飞行。

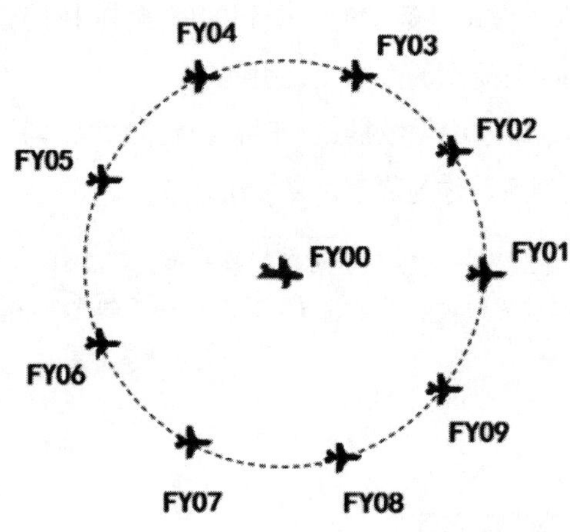

附图2.2　圆形无人机编队示意图

（1）位于圆心的无人机（FY00）和编队中另 2 架无人机发射信号，其余位置略有偏差的无人机被动接收信号。当发射信号的无人机位置无偏差且编号已知时，建立被动接收信号无人机的定位模型。

（2）某位置略有偏差的无人机接收到编号为 FY00 和 FY01 的无人机发射的信号，另接收到编队中若干编号未知的无人机发射的信号。若发射信号的无人机位置无偏差，除 FY00 和 FY01 外，还需要几架无人机发射信号，才能实现无人机的有效定位?

（3）按编队要求，1 架无人机位于圆心，另 9 架无人机均匀分布在半径为 100m 的圆周上。当初始时刻无人机的位置略有偏差时，请给出合理的无人机位置调整方案，即通过多次调整，每次选择编号为 FY00 的无人机和圆周上最多 3 架无人机遂行发射信号，其余无人机根据接收到的方向信息，调整到理想位置（每次调整的时间忽略不计），使得 9 架无人机最终均匀分布在某个圆周上。利用附表 2.1 给出的数据，仅根据接收到的方向信息来调整无人机的位置，请给出具体的调整方案。

附表 2.1　无人机的初始位置

无人机编号	极坐标 (m,°)
0	(0,0)
1	(100,0)
2	(98,40.10)

续表

无人机编号	极坐标 (m,°)
3	(112,80.21)
4	(105,119.75)
5	(98,159.86)
6	(112,199.96)
7	(105,240.07)
8	(98,280.17)
9	(112,320.28)

问题 2： 实际飞行中，无人机集群也可以是其他编队队形，如锥形编队队形（见附图 2.3），直线上相邻两架无人机的间距相等，如 50m）。仍考虑纯方位无源定位的情形，设计无人机位置调整方案。

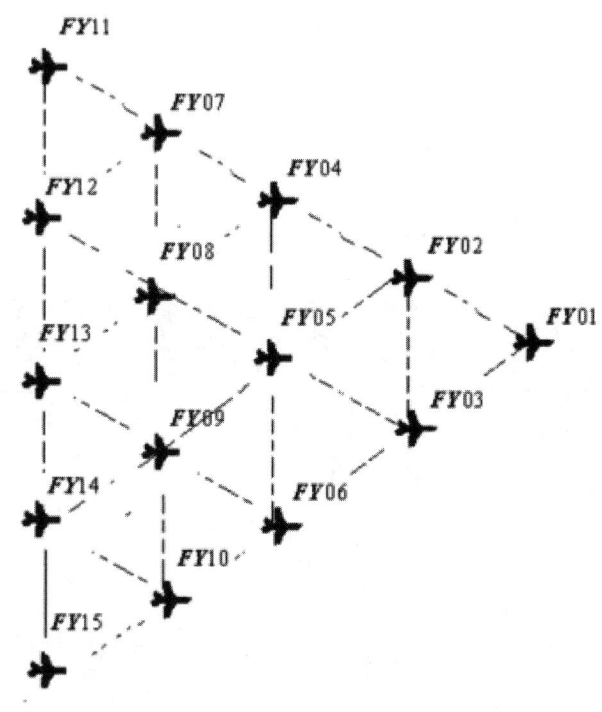

附图2.3　锥形无人机编队示意图

注意　这个问题并不复杂，只是讨论的情况比较多。因为需要 3 架无人机才能进行定位，即使中心位置确定了，另外 2 架无人机在圆周上的不同排列组合也会导致不同的情况，再加上其余无人机并不严格分布在圆周上，可能有偏差和扰动，所以还应规定扰动的可接受范围。

3 2022 年国赛 C 题

丝绸之路是古代中西方文化交流的通道，其中玻璃是早期贸易往来的宝贵物证。早期的玻璃在西亚和埃及地区常被制作成珠形饰品传入我国，我国古代玻璃吸收其技术后在本土就地取材制作，因此与外来的玻璃制品外观相似，但化学成分却不相同。

玻璃的主要原料是石英砂，主要化学成分是二氧化硅（SiO_2）。由于纯石英砂的熔点较高，为了降低熔化温度，在炼制时需要添加助熔剂。古代常用的助熔剂有草木灰、天然泡碱、硝石和铅矿石等，并添加石灰石作为稳定剂，石灰石煅烧以后转化为氧化钙（CaO）。添加的助熔剂不同，其主要化学成分也不同。例如，铅钡玻璃在烧制过程中加入铅矿石作为助熔剂，其氧化铅（PbO）、氧化钡（BaO）的含量较高，通常被认为是我国自己发明的玻璃品种，楚文化的玻璃就是以铅钡玻璃为主。钾玻璃是以含钾量高的物质如草木灰作为助熔剂烧制而成的，主要流行于我国岭南以及东南亚等区域。

古代玻璃极易受埋藏环境的影响而风化。在风化过程中，内部元素与环境元素进行大量交换，导致其成分比例发生变化，从而影响对其类别的正确判断。附图 3.1 所示的文物标记为表面无风化，表面能明显看出文物的颜色、纹饰，但不排除局部有较浅的风化；附图 3.2 所示的文物标记为表面风化，表面大面积灰黄色区域为风化层，是明显风化区域，紫色部分是一般风化表面。在部分风化的文物中，其表面也有未风化的区域。

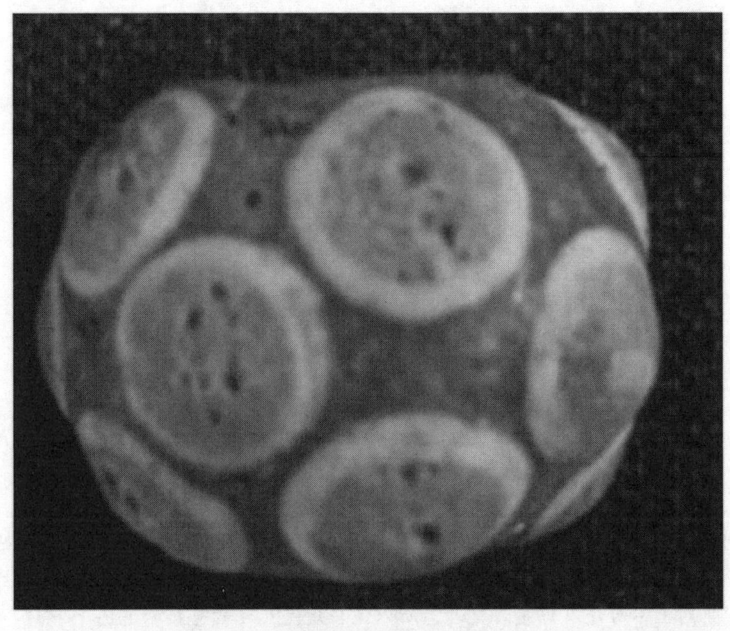

附图3.1　未风化的蜻蜓眼玻璃珠样品

附图3.2 风化的玻璃棋子样品

现有一批我国古代玻璃制品的相关数据，考古工作者依据这些文物样品的化学成分和其他检测手段已将其分为高钾玻璃和铅钡玻璃两种类型。附件表单 1 给出了这些文物的分类信息，附件表单 2 给出了相应的主要成分所占比例（空白处表示未检测到该成分）。这些数据的特点是成分性，即各成分比例的累加和应为 100%，但因检测手段等原因可能导致其成分比例的累加和非 100% 的情况。本题中将成分比例累加和介于 85%~105% 之间的数据视为有效数据。

请依据附件中的相关数据进行分析建模，解决以下问题。

问题 1：对这些玻璃文物的表面风化与其玻璃类型、纹饰和颜色的关系进行分析；结合玻璃的类型，分析文物样品表面有无风化化学成分含量的统计规律，并根据风化点检测数据，预测其风化前的化学成分含量。

问题 2：依据附件数据分析高钾玻璃、铅钡玻璃的分类规律；对于每个类别选择合适的化学成分对其进行亚类划分，给出具体的划分方法及划分结果，并对分类结果的合理性和敏感性进行分析。

问题 3：对附件表单 3 中未知类别玻璃文物的化学成分进行分析，鉴别其所属类型，并对分类结果的敏感性进行分析。

问题 4：针对不同类别的玻璃文物样品，分析其化学成分之间的关联关系，并比较不同类别之间的化学成分关联关系的差异性。

附件

表单 1：玻璃文物的基本信息。

表单 2：已分类玻璃文物的化学成分比例，具体信息如下。

（1）文物采样点为该编号文物表面某部位的随机采样，其风化属性与附件表单 1 中相应文物一致。

（2）部位 1 和部位 2 是文物造型上不同的两个部位，其成分与含量可能存在差异。

（3）未风化点是风化文物表面未风化区域内的点。

（4）严重风化点取自风化层。

表单 3：未分类玻璃文物的化学成分比例。

注意　由于数据量太少，这个问题适合用统计学方法而不是机器学习来求解。另外，这个问题想做出色需要在两个方面下功夫：一是数据预处理，做好数据的变换；二是做好数据的解释说理。